"十四五"职业教育国家规划教材

"十三五"职业教育国家规划教材

# 数控铣床编程与操作项目教程

## 第4版

主　编　朱明松　王　翔

副主编　朱德浩　陈雅雯

参　编　徐伏健　侯宏强　黄　健

　　　　黄小培　李平平

主　审　陶建东　谭印书

机 械 工 业 出 版 社

本书是"十四五"职业教育国家规划教材,是南京职业教育课程改革的系列理论研究和实践成果之一,是在第3版的基础上加入新技术、新工艺、新设备的相关内容修订而成的。本书以就业为导向,以国家职业标准铣工(中级)考核要求为基本依据,通过6个项目,讲述了数控铣床基本操作认知、平面油槽加工、孔加工、轮廓加工、凹槽加工、零件综合加工和CAD/CAM加工等基本技能。

本书在内容上,将目前使用广泛的发那科系统和西门子系统同时对比介绍,有利于学生理解和记忆;在结构上,从职业院校学生基础能力出发,遵循专业理论的学习规律和技能的形成规律,按照由易到难的顺序,设计一系列任务,使学生在任务引领下学习铣工技能及相关理论知识,避免理论教学与实践相脱节;在形式上,通过[学习目标][知识学习][任务实施][资料链接][操作注意事项]等环节,引导学生思考,突出关键部分和重点、难点。

本书采用项目式编写形式,为方便读者理解相关知识,以二维码的形式嵌入了大量视频资源,以便读者更深入地学习。

为方便教学,本书配有电子教案、电子课件、视频、电子题库、试卷及答案等资源,使用本书作为教材的教师可登录机械工业出版社教育服务网(www.cmpedu.com)注册并免费下载。本书还配有练习册(书号:978-7-111-34655-5),供读者练习选用。

本书可作为职业院校机械类和近机械类各专业的实训教材,也可以作为培训机构和企业的培训教材,以及相关技术人员的参考用书。

使用本书的教师均可利用上述资源在机械工业出版社旗下"天工讲堂"平台上进行在线教学、学习,实现翻转课堂与混合式教学。

**图书在版编目(CIP)数据**

数控铣床编程与操作项目教程 / 朱明松,王翔主编.
4版. -- 北京 : 机械工业出版社,2024.8(2025.6重印). -- ("十四五"职业教育国家规划教材). -- ISBN 978-7-111
-76136-5

Ⅰ. TG547

中国国家版本馆CIP数据核字第2024HE8232号

机械工业出版社(北京市百万庄大街22号　邮政编码100037)
策划编辑:王莉娜　　　　　　　　　责任编辑:王莉娜
责任校对:孙明慧　王小童　景 飞　封面设计:马若濛
责任印制:单爱军
保定市中画美凯印刷有限公司印刷
2025年6月第4版第3次印刷
210mm×285mm·16.75印张·347千字
标准书号:ISBN 978-7-111-76136-5
定价:54.00元

电话服务　　　　　　　　网络服务
客服电话:010-88361066　　机 工 官 网:www.cmpbook.com
　　　　　010-88379833　　机 工 官 博:weibo.com/cmp1952
　　　　　010-68326294　　金 书 网:www.golden-book.com
**封底无防伪标均为盗版**　　机工教育服务网:www.cmpedu.com

# 前　言

本书是根据《教育部办公厅关于印发〈"十四五"职业教育规划教材建设实施方案〉的通知》和《教育部办公厅关于组织开展"十四五"首批职业教育国家规划教材遴选工作的通知》等文件精神，依据教育部新公布的中等职业学校相关专业教学标准，同时参考数控铣工（中级工）职业资格标准和数控车铣加工（初级工）"1+X"证书中数控铣加工模块的要求修订而成的。

本书以职业能力培养为本位，以职业实践为主线，以数控铣床加工典型工作任务为载体，有机嵌入常用数控指令、加工工艺及操作技能等知识，体现"学中做""学中教"的现代职业教育课程改革理念。编写中注重吸收行业企业技术人员、能工巧匠的参考意见，紧跟产业发展趋势和行业人才需求，及时将产业发展的新理念、新技术、新工艺、新规范纳入教材内容，反映数控加工岗位（群）职业能力要求；注重安全生产、文明生产、操作规程的学习及评价；注重学生良好职业习惯、敬业精神和质量意识的养成训练和考核，践行"立德树人"作为新时代教育根本任务的综合教育理念。本书具有以下特点：

1. 采用目前市场上应用广泛的 FANUC 0i-MD 系统及 SINUMERIK 828D（840D sl）系统同步对比介绍。

2. 按铣削类零件特点及复杂程度设置数控铣床基本操作认知、平面油槽加工等六个项目，每个项目设置多个典型任务。

3. 每个任务以数控加工实践为主线，以典型零件为载体，融入有关数控刀具选择、数控加工工艺路径确定、数控指令与编程方法、数控机床加工等知识，体现"教""学""做"合一。

4. 每个任务由［学习目标］［知识学习］［任务实施］［资料链接］［操作注意事项］等环节构成，以任务为导向开展教学活动，旨在提高学生综合职业能力。

5. 每个任务均设置有任务检测与评价，评价标准中融入劳动精神、工匠精神、工作态度评价指标，以促进在任务实施中培养以工匠精神为主的核心素养。在拓展学习中，增加了大国工匠等内容，旨在加强爱国主义教育。

6. 每个任务均设置有操作注意事项环节，避免学生在完成任务中产生不规范操作，出现安全问题及产品质量问题，培养学生良好的职业习惯和产品质量意识，增强质量控制能力。

7. 本书配有 34 个教学视频资源并配备二维码索引，便于学生观看，化解教学难点，还配有 PPT 课件、电子教案、电子题库及测试卷等数字化教学资源，同时在超星泛雅教学平台建设同步配套的在线课程（网址：http://mooc1.chaoxing.com/course-ans/courseportal/231471562.html?clazzId=0）。

8. 本书配套有同步编程与加工训练册，题型有填充题、判断题、选择题、简答题及编程训练题，以便检测学生对相关理论知识的掌握情况，并对接"1+X"证书考核理论模块要求。

9. 本次修订增加了 HSK 真空高速切削刀柄、机内自动对刀仪等先进技术的使用介绍；增加了多工位装夹零件加工，对接技能大赛要求；CAD/CAM 自动编程与加工软件采用 CAXA2020 制造工程师软件替换原 CAXA2013 版软件。

10. 本书适应数控加工"1+X"证书中数控铣工中级工、数控车铣加工初级工（数控铣加工模块）手工编程、自动编程、加工工艺、机床操作、零件加工等要求；可作为数控技术应用专业、机械加工技术专业、机械制造技术专业"数控铣削编程与加工"课程教学用书。

本书主要教学内容及参考学时安排见下表。

| 项　目 | 任　务 | 参考学时数 | 合　计 |
|---|---|---|---|
| 项目一　数控铣床基本操作认知 | 任务一　数控铣床基础知识认知 | 4 | 22 |
| | 任务二　数控铣床面板功能认知 | 4 | |
| | 任务三　数控铣床手动操作与试切削 | 4 | |
| | 任务四　数控铣床程序的输入与编辑 | 4 | |
| | 任务五　数控铣床 MDI（MDA）操作及对刀 | 6 | |
| 项目二　平面油槽加工 | 任务一　直线型油槽加工 | 6 | 18 |
| | 任务二　圆弧型油槽加工 | 6 | |
| | 任务三　配油盘端盖油槽加工 | 6 | |
| 项目三　孔加工 | 任务一　钻孔 | 4 | 24 |
| | 任务二　铰孔 | 4 | |
| | 任务三　铣孔 | 4 | |
| | 任务四　镗孔 | 6 | |
| | 任务五　攻螺纹 | 6 | |

（续）

| 项　目 | 任　务 | 参考学时数 | 合　计 |
|---|---|---|---|
| 项目四　轮廓加工 | 任务一　平面加工 | 4 | 20 |
| | 任务二　平面外轮廓加工 | 6 | |
| | 任务三　平面内轮廓加工 | 6 | |
| | 任务四　轮廓综合加工 | 4 | |
| 项目五　凹槽加工 | 任务一　键槽加工 | 6 | 22 |
| | 任务二　直沟槽、圆弧槽加工 | 6 | |
| | 任务三　腔槽综合加工 | 6 | |
| | 任务四　环形槽及环形凸台加工 | 4 | |
| 项目六　零件综合加工和 CAD/CAM 加工 | 任务一　冲压模板加工 | 4 | 24 |
| | 任务二　底座板加工 | 4 | |
| | 任务三　油泵端盖加工 | 4 | |
| | 任务四　模具板 CAD/CAM 加工 | 6 | |
| | 任务五　槽轮及三角形模板加工 | 2 | |
| | 任务六　气缸垫圈模板加工 | 2 | |
| | 任务七　复合模板加工 | 2 | |
| 合　计 | | 130 | |

　　教学过程中，各个学校可根据实际情况选择发那科和西门子两套系统对比学习，或以其中一套系统为主开展教学活动，另一套系统用于学生课外拓展学习；机床设备不足的学校也可以一部分学生使用发那科系统，另一部分学生使用西门子系统开展教学活动。

　　本书由南京六合中等专业学校朱明松、南京江宁高等职业技术学校王翔任主编，南京六合中等专业学校朱德浩、陈雅雯任副主编，南京六合中等专业学校徐伏健、黄健、黄小培、李平平，江苏省太仓中等专业学校侯宏强参与编写。本书由南京市职业教育教学研究室陶建东、南京新浙数控机床有限公司谭印书主审。

　　本书坚持校企合作开发理念，在典型工作任务遴选、工作手册式教材框架设计、学生岗位职业素养评价等方面多次赴企业调研，其中南京新浙数控机床有限公司技术总监谭印书，江苏领跑梦毛勒智造科技集团有限公司总经理龚宗明，南京南油节能科技有限公司总经理陈卫宁对本书的修订工作进行了全程跟踪和指导，在此一并表示感谢。

　　限于编者知识和教学经验，书中不足和疏漏之处在所难免，敬请读者批评指正。

编　者

# 二维码索引

（续）

# 目　录

# 项目一　数控铣床基本操作认知

## 任务一　数控铣床基础知识认知

### 1. 知识目标

1) 了解数控铣床的种类。

2) 了解数控铣床的组成。

3) 了解数控铣床的特点。

4) 了解数控铣床的应用场合和安全文明生产知识。

### 2. 技能目标

1) 能认识各种数控铣床。

2) 能判断适合在数控铣床上加工的零件或表面。

知识学习

## 一、数控铣床

数控铣床是用计算机数字化信号控制的铣床。它把加工过程中所需的各种操作（如主轴变速、进刀与退刀、开机与停机、选择刀具、供给切削液等）和步骤以及刀具与工件之间的相对位移量都用数字化的代码表示，通过控制介质或数控面板等将数字信息送入专用或通用的计算机，由计算机对输入的信息进行处理与运算，发出各种指令来控制机床的伺服系统或其他执行机构，使机床自动加工出所需要的工件。

数控铣床（加工中心）上零件的加工过程如图 1-1 所示。

认识数控铣床

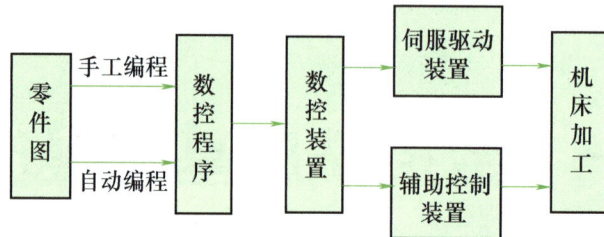

图 1-1 数控铣床（加工中心）上零件的加工过程

## 二、数控铣床的种类

### 1. 按数控铣床形态分类

数控铣床有立式数控铣床、卧式数控铣床和龙门式数控铣床三种。其中立式数控铣床、卧式数控铣床应用较广，本书主要以立式数控铣床为例。各种类型数控铣床及其特点见表 1-1。

表 1-1 数控铣床及其特点

| 数控铣床类型 | 图 例 | 特 点 |
|---|---|---|
| 立式数控铣床 |  | 立式数控铣床主轴处于垂直位置，适宜加工高度方向尺寸相对较小的工件，带刀库和自动换刀装置的立式数控铣床是立式加工中心 |
| 卧式数控铣床 |  | 卧式数控铣床主轴是水平设置的，结构比立式数控铣床复杂，占地面积较大，价格较高，宜加工箱体类零件，带刀库和自动换刀装置的卧式数控铣床称为卧式加工中心 |

（续）

| 数控铣床类型 | 图　例 | 特　点 |
|---|---|---|
| 龙门式数控铣床 | | 　龙门式数控铣床是具有门式框架和卧式长床身数控铣床，由立柱和顶梁构成门式布局，横梁可沿两立柱导轨做升降运动。横梁上有 1~2 个带垂直主轴的铣头，可沿横梁导轨做横向运动。两立柱上还分别安装有一个带有水平主轴的铣头，它可沿立柱导轨做升降运动。这些铣头可同时加工几个表面。每个铣头都具有单独的电动机、变速机构、操纵机构和主轴部件等，用以加工中型和大型工件 |

### 2. 按控制方式分类

按控制方式分，数控铣床可分为开环控制系统的数控铣床、半闭环控制系统的数控铣床和闭环控制系统的数控铣床三大类，见表 1-2。

表 1-2　开环控制系统、半闭环控制系统和闭环控制系统的数控铣床

| 数据铣床类型 | 图　例 | 说　明 |
|---|---|---|
| 开环控制系统的数控铣床 | | 　不带反馈装置的数控铣床，进给伺服系统采用步进电动机，数控系统每发出一个指令脉冲，经驱动电路功率放大后，驱动步进电动机旋转一个角度，然后经过减速齿轮和丝杠螺母机构，转换为刀架的直线移动。其结构简单、成本较低、精度较低，用于经济型数控铣床 |
| 半闭环控制系统的数控铣床 | | 　在伺服机构中装有角位移检测装置，通过检测伺服机构的滚珠丝杠转角间接测量移动部件的位移，然后反馈到数控装置中，与输入的原指令位移值进行比较，用比较后的差值进行控制，以弥补移动部件的位移。半闭环控制系统的数控铣床采用伺服电动机，结构简单、工作稳定、使用维修方便，应用广泛 |
| 闭环控制系统的数控铣床 | | 　在铣床移动部件上装有直线位移检测装置，将检测到的实际位移反馈到数控装置中，与输入的原指令位移值进行比较，用比较后的差值控制移动部件做补充位移，直至差值消除，达到精度要求。其优点是精度高，但结构复杂、维修困难、成本高，用于加工精度要求很高的场合 |

### 3. 按数控系统分类

目前工厂常用的数控系统有 FANUC（发那科）数控系统、SIEMENS（西门子）数控系统、华中数控系统、广州数控系统、三菱数控系统等。每一种数控系统又有多种型号，如 FANUC 系统从 0i 到 23i；SIEMENS 系统从 SINUMERIK 802C、802D 到 810D、828D、840D 等。各种数控系统指令各不相同，同一系统不同型号，其数控指令也略有差别，使用时应以数控系统说明书指令为准。本书以 FANUC 0i-MD 系统和 SINUMERIK 828D（840D sl）系统为例。

## 三、数控铣床的组成

数控铣床一般由机床主机、控制部分、驱动部分、辅助部分等组成，加工中心还包括刀库和自动换刀装置，见表 1-3。

表 1-3　数控铣床的组成

| 序号 | 组成部分 | 说　　明 | 图　　例 |
|---|---|---|---|
| 1 | 机床主机 | 它是数控铣床的机械主体，包括床身、床鞍、工作台、立柱、主轴箱、进给机构等 | |
| 2 | 控制部分 | 它是数控铣床的控制核心，由各种数控系统完成对数控铣床的控制 | 数控系统 |

（续）

| 序号 | 组成部分 | 说　明 | 图　例 |
|------|---------|--------|--------|
| 3 | 驱动部分 | 它是数控铣床执行机构的驱动部件，包括主轴电动机和进给伺服电动机 | <br>伺服放大器　伺服电动机<br>伺服电动机 |
| 4 | 刀库 | 用来储存刀具和其他辅助工具 | <br>圆盘式刀库　斗笠式刀库<br>链式刀库 |
| 5 | 自动换刀装置 | 用于将加工中心主轴上的刀具与刀库中的刀具进行交换的机构，由换刀指令完成加工中心的换刀 | <br>无机械手自动换刀装置<br>机械手换刀装置 |

（续）

| 序号 | 组成部分 | 说　明 | 图　例 |
|---|---|---|---|
| 6 | 辅助部分 | 它是数控铣床的一些配套部件，包括液压装置、气动装置、冷却系统、润滑系统、自动排屑装置等 | <br>液压冷却泵　数控机床润滑泵<br>冷却系统与润滑系统<br><br>自动排屑装置 |

## 四、数控铣床的加工特点（表1-4）

### 表1-4　数控铣床的加工特点

| 序号 | 加工特点 | 说　明 |
|---|---|---|
| 1 | 能加工形状复杂的工件 | 数控铣床（加工中心）因能实现多坐标联动，所以容易实现许多普通机床难以完成或无法加工的空间曲线、曲面的加工 |
| 2 | 具有高度柔性 | 柔性即"灵活""可变"，是相对"刚性"而言的。使用数控铣床，当加工的工件改变时，只需要重新编写（或修改）数控加工程序即可实现对新的工件的加工，不需要重新设计模具、夹具等工艺装备，对多品种、小批生产的工件，适应性强，生产周期短 |
| 3 | 加工精度高、质量稳定 | 数控铣床按照预定的加工程序自动加工工件。加工过程中消除了操作者人为的操作误差，能保证加工质量的一致性，而且还可以利用反馈系统进行找正及补偿加工精度。因此，可以获得比机床本身精度还要高的加工精度及重复精度 |
| 4 | 自动化程度高、工人劳动强度低 | 在数控铣床上加工工件时，操作者除了输入程序、装卸工件、对刀、关键工序的中间检测及观察机床运行之外，不需要进行其他复杂的手工操作，劳动强度和紧张程度均大为减轻。此外，机床上一般都具有较好的安全防护、自动排屑、自动冷却等装置，操作者的劳动条件大为改善 |
| 5 | 生产率高 | 数控铣床结构刚性好，主轴转速高，可以进行大切削用量的强力切削。此外，机床移动部件的空行程运动速度快，加工时所需的切削时间和辅助时间均比普通机床少，一般生产率比普通机床高2~3倍；加工形状复杂的工件，生产率可高十几倍到几十倍 |

（续）

| 序号 | 加工特点 | 说明 |
|---|---|---|
| 6 | 经济效益高 | 使用数控铣床加工工件时，分摊在每个工件上的设备费用较高，但在单件小批生产情况下，可以节省许多其他方面的费用，如减少划线、调整、检验时间，从而直接减少生产费用；节省工艺装备，减少装备费用等，从而获得良好的经济效益；此外，其加工精度稳定，减少了废品率；数控铣床还可实现一机多用，可节省厂房、建厂投资等 |
| 7 | 有利于生产管理的现代化 | 用数控铣床加工工件，能准确地计算工件的加工工时，并有效地简化了检验和工夹具、半成品的管理工作。其加工及操作均使用数字信息与标准代码输入，适于与计算机联系，是计算机辅助设计、制造及管理一体化的基础 |

## 五、数控铣床的应用场合

数控铣床相对于一般铣床具有许多优点，随着数控技术的发展，数控铣床的应用范围也在不断扩大，但因设备投资费用较高，还不能完全替代普通铣床，它最适用于以下几种情况。

1）加工形状复杂的工件。形状复杂的工件，如凸轮、样板、模具、叶片等，用普通铣床加工困难，有时甚至无法加工，因此不论其批量大小，都适宜采用数控铣床加工。

2）加工精度高、尺寸一致性要求高的工件。数控铣床通过数控程序控制工件尺寸精度，首件加工合格后，能保证一批工件的尺寸精度且不受人为因素的影响，尺寸一致性好，仅存在刀具磨损带来的误差影响。

3）加工多品种、小批生产的工件。工件生产批量与加工总费用存在一定关系，当生产批量在100件以下、具有一定复杂程度的工件用数控铣床加工时，加工费用最低，能获得较高的经济效益。

4）加工频繁改型的工件。当生产的产品不断更新时，使用数控铣床只需更改相应的数控加工程序，可节省大量的工艺装备，使综合费用降低。

5）加工价值昂贵、不允许报废的关键工件。

6）加工设计制造周期短的急需工件。

用数控铣床替代普通铣床，可提高生产率，减轻劳动者的工作强度，是技术发展不可逆转的方向和趋势。

## 六、安全文明生产知识

1）着装要求。正确穿戴工作服、工作鞋、防护眼镜、工作帽等劳动保护用品，女同学必须将头发塞入帽中，以免发生事故；操作时应佩戴防护眼镜，以防止切屑损伤眼睛。

2）纪律要求。严格听从实习指导教师安排，严格遵守上课纪律，不迟到、不早退，坚守岗位，不串岗、不离岗，严禁在车间打闹、嬉戏。

3）安全防护要求。牢固树立安全意识，不熟悉的设备、设施、按钮不私自乱开、乱动，不做有安全隐患的各种操作。如果在车间不慎受伤，应及时处理并尽快向指导教师汇报。

4）行为习惯和工作态度要求。认真聆听教师的每一步讲解，认真按教师的示范进行操作，认真执行岗位职责，严格遵守机床操作规程，不做与岗位无关的任何事情。

5）团队合作要求。能与他人和睦相处，学会与他人共事，能尊重、理解、帮助他人，能坦然面对竞争。

## 七、任务检测与评分标准（表1-5）

表1-5　数控铣床基础知识认知检测评价表

| 序号 | 检测项目 | 检测内容及要求 | 配分 | 学生自检 | 学生互检 | 教师检测 | 得分 |
|---|---|---|---|---|---|---|---|
| 1 | 职业素养 | 文明、礼仪 | 10 | | | | |
| 2 | | 安全、纪律 | 10 | | | | |
| 3 | | 行为习惯 | 10 | | | | |
| 4 | | 工作态度 | 10 | | | | |
| 5 | | 团队合作 | 10 | | | | |
| 6 | 数控铣床基础知识 | 数控铣床的工作原理 | 10 | | | | |
| 7 | | 数控铣床的种类 | 10 | | | | |
| 8 | | 数控铣床的组成 | 10 | | | | |
| 9 | | 数控铣床的加工特点 | 10 | | | | |
| 10 | | 数控铣床的应用场合 | 10 | | | | |
| | 综合评价 | | | | | | |

### 思考与练习

1. 数控铣床由哪几个部分组成？

2. 数控铣床的加工特点有哪些？

3. 数控铣床用于什么场合？

4. 访一访：走进您身边的机械加工企业，了解一下，企业中常用的数控系统有哪些？其加工工件的种类和加工表面有哪些？

# 任务二　数控铣床面板功能认知

## 学习目标

### 1. 知识目标

1）掌握 FANUC 0i-MD 系统数控铣床面板功能。

2）掌握 SINUMERIK 828D（840D sl）系统数控铣床面板功能。

3）掌握数控铣床安全操作规程。

4）熟悉数控铣床的日常维护及保养内容。

### 2. 技能目标

1）能熟练操作 FANUC 0i-MD 数控系统面板按键和数控机床操作面板按键。

2）能熟练操作 SINUMERIK 数控系统面板按键和数控机床操作面板按键。

3）能按数控铣床操作规程操作数控铣床。

4）能对数控铣床进行日常维护与保养。

## 知识学习

## 一、FANUC 0i-MD 系统数控铣床面板功能

### 1. CRT/MDI 数控操作面板

图 1-2 所示为 FANUC 0i-MD 系统数控操作面板，其按键功能见表 1-6。

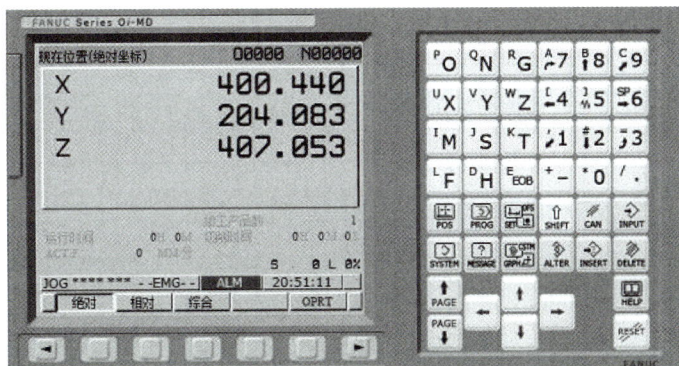

图 1-2　FANUC 0i-MD 系统数控操作面板

发那科系统数控
操作面板介绍

### 表 1-6　FANUC 0i-MD 系统数控操作面板按键功能

| 按键或旋钮 | | 名称及含义 |
|---|---|---|
| O Q N R A7 B8 C9 / U X V Y W Z [4 ]5 SP6 / I M J S K T /1 #2 =3 / L F D H E_EOB +- *0 /. | | 数字/字母键。用于输入数据到输入区域，系统自动判别取字母还是取数字。字母和数字键通过 SHIFT（上档）键切换输入，如：O—P，7—A |
| 编辑键 | E EOB | 回车换行键。结束一段程序的输入并换行 |
| | ↑ SHIFT | 上档键。用于切换数字/字母键中的输入字符 |
| | CAN | 取消键。消除输入区内的数据 |
| | ALTER | 替换键。用输入的数据替换光标所在的数据 |
| | INSERT | 插入键。把输入区之中的数据插入到当前光标之后的位置 |
| | DELETE | 删除键。删除光标所在的数据；删除一个程序或删除全部程序 |
| 界面切换键 | POS | 位置显示界面。位置显示有三种方式，用"PAGE"按键选择 |
| | PROG | 程序显示与编辑界面 |
| | OFS SET | 参数输入界面。按第一次进入坐标系设置界面，按第二次进入刀具补偿参数界面。进入不同的界面以后，用"PAGE"按键切换 |
| | SYSTEM | 系统参数界面 |
| | MESSAGE | 信息界面，如"报警"信息 |
| | CSTM GRPH | 图形参数设置界面 |
| | HELP | 系统帮助界面 |
| 翻页键 | ↑ PAGE | 向上翻页 |
| | PAGE ↓ | 向下翻页 |

（续）

| 按键或旋钮 | | 名称及含义 |
| --- | --- | --- |
| 光标移动键 | ↑ | 向上移动光标 |
| | ← | 向左移动光标 |
| | ↓ | 向下移动光标 |
| | → | 向右移动光标 |
| 输入键 | INPUT | 输入键。把输入区内的数据输入参数界面 |
| | RESET | 复位键 |

### 2. 铣床操作面板（以北京 FANUC 0i-M 数控铣床操作面板为例）

铣床操作面板如图 1-3 所示，主要用于控制铣床的运动和选择铣床运行状态，由模式选择旋钮、数控程序运行控制开关等多个部分组成，每一部分的详细说明见表 1-7。

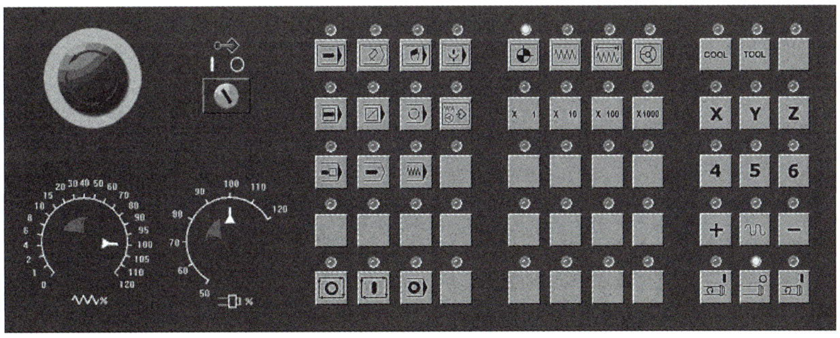

图 1-3　北京 FANUC 0i-M 数控铣床操作面板

发那科系统机床
操作面板介绍

表 1-7　FANUC 0i-M 数控铣床操作面板按键功能

| 按　键 | 功　能 |
| --- | --- |
|  → | AUTO（MEM）键（自动模式键）：进入自动加工模式 |
|  ⬦ | EDIT 键（编辑键）：用于直接通过操作面板输入数控程序和编辑程序 |
|  ◀ | MDI 键（手动数据输入键）：用于直接通过操作面板输入数控程序和编辑程序 |
|  ⬇ | 文件传输键：通过 RS232 接口把数控系统与计算机相连并传输文件 |

（续）

| 按　键 | 功　能 |
|---|---|
| | REF 键（回参考点键）：通过手动回机床参考点 |
| | JOG 键（手动模式键）：通过手动连续移动各轴 |
| | INC 键（增量进给键）：以手动脉冲方式进给 |
| | HNDL 键（手轮进给键）：按此键切换成手摇轮移动各坐标轴 |
| | 切削液开关键：按下此键，切削液开 |
| | 刀具选择键：按下此键，在刀库中选刀 |
| | SINGL 键（单段执行键）：自动加工模式和 MDI 模式中，单段运行 |
| | 程序段跳键：在自动模式下按此键，跳过程序段开头带有"/"的程序 |
| | 程序停键：自动模式下，遇有 M00 指令程序停止 |
| | 程序重启键：由于刀具破损等原因自动停止后，程序可以从指定的程序段重新启动 |
| | 机床锁住开关键：按下此键，机床各轴被锁住 |
| | 空运行键：按下此键，各轴以固定的速度运动 |
| | 机床主轴手动控制开关：手动模式下按此键，主轴正转 |
| | 机床主轴手动控制开关：手动模式下按此键，主轴停 |
| | 机床主轴手动控制开关：手动模式下按此键，主轴反转 |
| | 循环（数控）停止键：数控程序运行中按下此键，停止程序运行 |
| | 循环（数控）启动键：模式选择"AUTO"或"MDI"方式时按下此键，自动加工程序，其余时间按下无效 |
| | X 轴方向手动进给键 |

（续）

| 按　　键 | 功　　能 |
|---|---|
| Y | Y 轴方向手动进给键 |
| Z | Z 轴方向手动进给键 |
| + | 正方向进给键 |
| ⎍ | 快速进给键，手动方式下同时按住此键和一个坐标轴点动方向键，坐标轴以快速进给速度移动 |
| — | 负方向进给 |
| X 1 | 选择手动移动时每一步的距离。X1 为 0.001mm |
| X 10 | 选择手动移动时每一步的距离。X10 为 0.01mm |
| X 100 | 选择手动移动时每一步的距离。X100 为 0.1mm |
| X 1000 | 选择手动移动时每一步的距离。X1000 为 1mm |
| 程序编辑开关 | 程序编辑开关：置于"ON"或"0"位置，可编辑程序；置于"1"位置，程序保护 |
| 进给速度调节旋钮 | 进给速度（F）调节旋钮：调节进给速度，调节范围为 0~120% |
| 主轴速度调节旋钮 | 主轴速度调节旋钮：调节主轴速度，调节范围为 50%~120% |
| 紧急停止按钮 | 紧急停止按钮：按下此按钮，可使机床和数控系统紧急停止，旋转可释放 |

## 二、SINUMERIK 828D 数控铣床面板功能

### 1. 数控操作面板

SINUMERIK 828D 数控操作面板如图 1-4 所示。

图 1-4　SINUMERIK 828D 数控操作面板

各按键的符号及功能见表 1-8。

表 1-8　SINUMERIK 828D 数控操作面板按键功能

| 按键 | 功能 | 按键 | 功能 |
| --- | --- | --- | --- |
| &7 ~+ | 数字、字符键，用上档键转换 | Q '] | 字母、字符键，用上档键转换 |
| SHIFT | 上档键 | TAB | 制表键 |
| CTRL | 控制键 | ALT | ALT 键 |
| +/- | 空格键 | > | 菜单扩展键，位于屏幕下方软键右侧 |
| ∧ | 返回键，位于屏幕下方软键左侧 | ALARM CANCEL | 报警应答键 |
| CHANNEL | 通道转换键 | HELP | 信息键 |
| M POSITON | 加工操作区域键 | PROGRAM | 程序操作区域键 |
| OFFSET | 参数操作区域键 | PROGRAM MANAGER | 程序管理操作区域键 |
| ALARM | 报警/系统操作区域键 | CUSTOM | 自定义键 |

（续）

| 按　键 | 功　能 | 按　键 | 功　能 |
|---|---|---|---|
| | 返回主菜单键 | | 功能菜单键 |
| | 窗口切换键 | | 向上翻页键 |
| | 向下翻页键 | | 选择/转换键 |
| | 光标向上键 | | 光标向下键 |
| | 光标向左键 | | 光标向右键 |
| | 删除键（退格键） | DEL | 删除键 |
| | 插入键 | | 回车/输入键 |
| END | 在菜单界面或表格中将光标移至末位 | | |

### 2. 机床操作面板

SINUMERIK 828D 机床操作面板如图 1-5 所示，主要用于控制机床运行状态，由模式选择按钮、程序运行控制开关等多个部分组成，每一部分的详细说明见表 1-9。

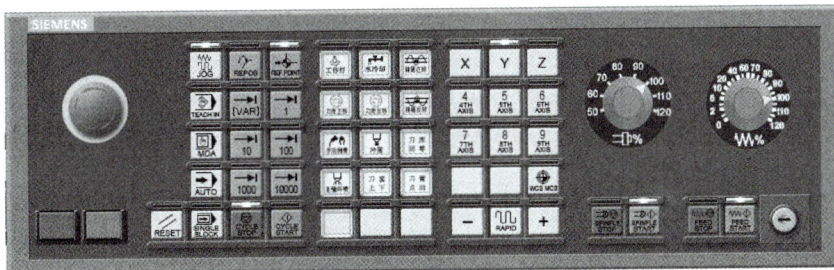

图 1-5　SINUMERIK 828D 机床操作面板

表 1-9　SINUMERIK 828D 机床操作面板按键功能

| 按　键 | 功　能 | 按　键 | 功　能 |
|---|---|---|---|
| | 紧急停止按钮 | | 机床电源关闭、启动按钮 |
| | 手动模式键 | | 示教模式键 |
| | 手动数据输入键 | | 自动模式键 |
| | 再定位、重新逼近轮廓键 | | 回参考点模式键 |
| [VAR] | 可变增量进给键 | | 增量进给，增量值为 1~10000 |

（续）

| 按　键 | 功　能 | 按　键 | 功　能 |
|---|---|---|---|
| RESET | 复位键 | SINGLE BLOCK | 程序单段运行键 |
| CYCLE STOP | 数控停止键 | CYCLE START | 数控启动键 |
| 工作灯 | 机床工作指示灯 | 水冷却 | 手动水冷却 |
| 排屑正转 | 排屑正转 | 排屑反转 | 排屑反转 |
| 手动润滑 | 手动润滑 | 冲屑 | 冲屑 |
| 刀库正转 | 刀库正转 | 刀库反转 | 刀库反转 |
| 刀库回零 | 刀库回零 | 刀库使舱 | 刀库使舱 |
| 刀架上下 | 刀架上下 | 刀臂点动 | 刀臂点动 |
| | 用户自定义键 | | 机床钥匙开关 |
| X Y Z | X、Y、Z轴选择键 | − ＋ | 运行方向键 |
| Rapid | 快速运行叠加 | MCS MCS | 工件坐标系与机床坐标系切换键 |
| 主轴转速倍率旋钮 | 主轴转速倍率旋钮 | 进给速度倍率旋钮 | 进给速度倍率旋钮 |
| SPINFLE STOP | 主轴停止键 | FEED STOP | 进给停止键 |
| SPINFLE START | 主轴启动键 | FEED START | 进给保持键 |

| | |
|---|---|
| 手持式操作器 | 左上侧旋钮为功能选择旋钮，用于选择所需移动的轴，OFF为关闭手轮模式<br>右上侧为步距选项旋钮，可选择 0.001×1（mm）、0.001×10（mm）、0.001×100（mm）的进给速度<br>下方为手摇轮，顺时针方向旋转手摇轮，各坐标轴正向移动；逆时针方向旋转手摇轮，各坐标轴负向移动（机床移动轴由功能选择旋钮确定，机床移动速度由步距选项旋钮确定） |

## 三、数控铣床安全操作规程

为了正确、合理地使用数控铣床，保证机床正常运转，必须制定比较完善的数控铣床操作规程，通常包括以下内容。

1）机床通电后，检查各开关、按钮、按键是否正常、灵活，机床有无异常现象。

2）检查电压、气压、油压是否正常（有手动润滑的部位先要进行手动润滑）。

3）检查各坐标轴是否回参考点，限位开关是否可靠；若某轴在回参考点前已在参考点位置，应先将该轴沿负方向移动一段距离后，再手动回参考点。

4）机床开机后应空运转 5~15min，使机床达到热平衡状态。

5）装夹工件时应定位可靠，夹紧牢固，所用螺钉、压板应不妨碍刀具运动，毛坯尺寸应无误。

6）数控刀具应选择正确，夹紧牢固，刀具应根据程序要求依次装入刀库。

7）首件加工应采用单段程序切削，并随时注意调节进给倍率，控制进给速度。

8）试切削和加工过程中，刃磨刀具、更换刀具后，一定要重新对刀。

9）加工结束后应清扫机床并加防锈油。

10）停机时应将各坐标轴停在中间位置。

## 四、数控铣床日常维护及保养

### 1. 数控铣床日常维护及保养

数控铣床日常
维护与保养

1）保持良好的润滑状态，定期检查、清洗自动润滑系统，增加或更换油
脂、油液，使丝杠、导轨等各运动部位始终保持良好的润滑状态，以减小机械磨损。

2）进行机械精度的检查调整，以减少各运动部件之间的装配精度。

3）经常清扫。周围环境对数控机床影响较大，如粉尘会被电路板上的静电吸引，从而产生短路现象；油、气、水过滤器、过滤网太脏，会使压力不够、流量不够、散热不好，造成机、电、液部分的故障等。

数控铣床日常维护内容见表 1-10。

表 1-10　数控铣床日常维护内容

| 序号 | 检查周期 | 检查部位 | 检查要求 |
|---|---|---|---|
| 1 | 每天 | 导轨润滑油箱 | 检查油标、油量，检查润滑泵能否定时起动供油及停止 |
| 2 | 每天 | X、Y、Z 轴向导轨面 | 清除切屑及脏物，导轨面应无划伤 |
| 3 | 每天 | 压缩空气气源压力 | 检查气动控制系统压力 |
| 4 | 每天 | 主轴润滑恒温油箱 | 工作正常，油量充足并能调节温度范围 |
| 5 | 每天 | 机床液压系统 | 油箱、液压泵无异常噪声，压力指示正常，管路及各接头无泄漏 |
| 6 | 每天 | 各种电气柜散热通风装置 | 各电气柜冷却风扇工作正常，风道过滤网无堵塞 |
| 7 | 每天 | 各种防护装置 | 导轨、机床防护罩等无松动、无漏水 |
| 8 | 每半年 | 滚珠丝杠 | 清洗丝杠上的旧润滑脂，涂上新润滑脂 |
| 9 | 不定期 | 切削液箱 | 检查液面高度，经常清洗过滤器等 |

（续）

| 序号 | 检查周期 | 检查部位 | 检查要求 |
|---|---|---|---|
| 10 | 不定期 | 排屑器 | 经常清理切屑 |
| 11 | 不定期 | 清理废油池 | 及时清理滤油池中的废油，以免外溢 |
| 12 | 不定期 | 调整主轴驱动带松紧程度 | 按机床说明书调整 |
| 13 | 不定期 | 检查各轴导轨上镶条 | 按机床说明书调整 |

### 2. 数控系统日常维护及保养

数控系统使用一定时间以后，某些元器件或机械部件会老化、损坏。为延长元器件的寿命和零部件的磨损周期，应在以下几方面注意维护。

（1）尽量少开数控柜和强电柜的门　车间空气中一般都含有油雾、潮气和灰尘。一旦它们落在数控装置内的电路板或电子元器件上，容易引起元器件间绝缘电阻下降，并导致元器件的损坏。

（2）定时清理数控装置的散热通风系统　散热通风口过滤网上的灰尘积聚过多，会引起数控装置内温度过高（一般不允许超过55°），致使数控系统工作不稳定，甚至发生过热报警。

（3）经常监视数控装置电网电压　数控装置允许电网电压在额定值的±10%范围内波动。如果超过此范围，就会造成数控系统不能正常工作，甚至引起数控系统内某些元器件损坏。为此，需要经常监视数控装置的电网电压。电网电压质量差时，应加装电源稳压器。

## 五、任务检测与评分标准（表1-11）

### 表1-11　数控铣床面板功能认知检测评价表

| 序号 | 检测项目 | 检测内容及要求 | 配分 | 学生自检 | 学生互检 | 教师检测 | 得分 |
|---|---|---|---|---|---|---|---|
| 1 | 职业素养 | 文明、礼仪 | 10 | | | | |
| 2 | | 安全、纪律 | 10 | | | | |
| 3 | | 行为习惯 | 10 | | | | |
| 4 | | 工作态度 | 10 | | | | |
| 5 | | 团队合作 | 10 | | | | |
| 6 | 数控铣床面板及按键功能 | 发那科系统数控面板功能及界面切换 | 5 | | | | |
| 7 | | 发那科系统数控铣床操作面板按键功能 | 5 | | | | |
| 8 | | 西门子系统数控面板功能及界面切换 | 5 | | | | |
| 9 | | 西门子系统数控铣床操作面板按键功能 | 5 | | | | |
| 10 | 机床操作 | 数控铣床安全操作规程 | 10 | | | | |
| 11 | | 数控铣床日常维护与保养 | 10 | | | | |
| 12 | | 数控系统日常维护与保养 | 10 | | | | |
| | 综合评价 | | | | | | |

## 资料链接

　　数控机床长期不用时也应定期进行维护保养，至少每周通电空运转一次，每次不少于1h，特别是在环境温度较高的雨季更应如此，以利用电子元器件本身的发热来驱散数控装置内的潮气，保证电子元器件性能的稳定可靠。如果数控机床闲置半年以上，应将直流伺服电动机的电刷取出来，以免化学腐蚀作用使换向器表面腐蚀，换向性能变坏，甚至损坏整台电动机。机床长期不用还会出现后备电池失效，使机床初始参数丢失或部分参数改变，因此应注意及时更换后备电池。

## 思考与练习

　　1. 简述数控铣床的安全操作规程。

　　2. 数控铣床日常维护保养的内容有哪些？

　　3. 简述数控机床各种加工模式及功能。

　　4. 做一做：在指导教师和带班师傅的指导下，按照数控铣床日常维护保养内容对数控铣床进行日常维护与保养。

# 任务三　数控铣床手动操作与试切削

## 学习目标

### 1. 知识目标

1）了解常用数控键槽铣刀（立铣刀）的种类和用途。

2）了解数控刀柄、机用平口钳等工艺装备。

3）掌握数控铣床机床坐标系知识。

### 2. 技能目标

1）会进行回参考点操作。

2）会装夹工件、装拆数控刀具。

3）会进行数控铣床手动（JOG）操作。

4）会进行数控铣床试切削。

## 一、键槽铣刀、立铣刀的种类和用途

键槽铣刀、立铣刀的形状和用途见表1-12。

表1-12　键槽铣刀、立铣刀的形状和用途

| 铣刀种类 | 图　示 | 用　途 |
|---|---|---|
| 二齿键槽铣刀 | | 粗铣轮廓、凹槽等表面，可沿垂直铣刀轴线方向进给加工（垂直下刀） |
| 立铣刀（3~5齿） | | 精铣轮廓、凹槽等表面，一般不能沿垂直铣刀轴线方向进给加工 |

键槽铣刀、立铣刀的材料及性能见表1-13。

表1-13　键槽铣刀、立铣刀的材料及性能

| 铣刀材料 | 性　能 | 价　格 |
|---|---|---|
| 普通高速钢 | 切削速度低，刀具寿命短 | 低 |
| 特种性能高速钢（钴高速钢） | 切削速度较高，刀具寿命较长 | 较高 |
| 硬质合金 | 切削速度高，刀具寿命长 | 高 |
| 涂层铣刀 | 切削速度更高，刀具寿命更长 | 更高 |

键槽铣刀、立铣刀按结构不同有整体式和可转位式，如图1-6所示。

数控铣床刀柄装拆

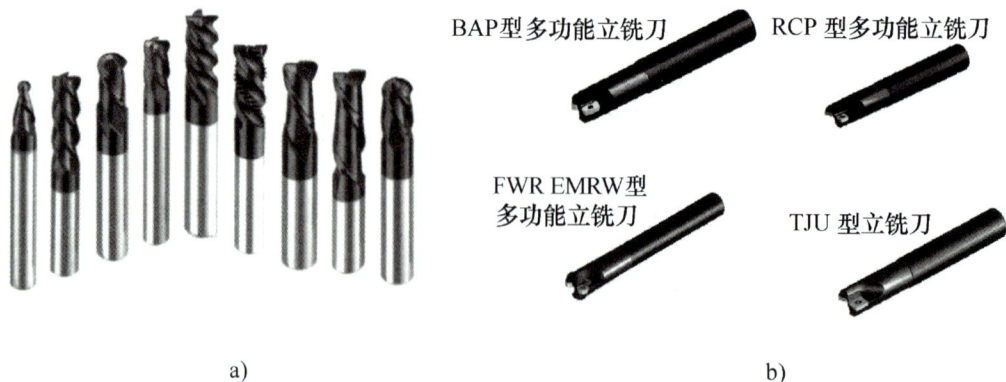

BAP型多功能立铣刀　RCP型多功能立铣刀

FWR EMRW型多功能立铣刀　TJU型立铣刀

a)　　　b)

图1-6　铣刀

a）整体式铣刀　b）可转位式铣刀

## 二、数控铣刀刀柄、卸刀座、机用平口钳等装夹设备

### 1. 数控铣刀刀柄

数控铣床使用的刀具通过刀柄与主轴相连，刀柄通过拉钉紧固在主轴上，由刀柄夹持铣刀传递转速、转矩。数控铣刀刀柄根据机床主轴锥孔常分为两大类，即锥度为 7∶24 的通用刀柄和 1∶10 的 HSK 真空刀柄。

（1）锥度为 7∶24 的通用刀柄　该刀柄有多种标准和规格，其中应用最广泛的是 BT40 和 BT50 系列刀柄，其又有弹簧夹头刀柄和莫氏锥孔刀柄。

弹簧夹头刀柄的结构及拉钉如图 1-7 所示。该刀柄用于装夹各种直柄立铣刀、键槽铣刀、直柄麻花钻等。装夹时先将卡簧装入数控铣刀刀柄前端，夹持数控铣刀并用螺母拧紧；再将拉钉拧紧在刀柄尾部的螺纹孔中，用于将刀柄拉紧在主轴上。对

图 1-7　弹簧夹头刀柄的结构及拉钉

于锥柄铣刀或锥柄麻花钻，则需要使用带扁尾或不带扁尾的莫氏圆锥孔刀柄。锥度为 7∶24 的通用刀柄在高速加工、连接刚性和重合精度三方面有局限性。

（2）1∶10 的 HSK 真空刀柄　该刀柄依靠刀柄的弹性变形，不仅使刀柄的 1∶10 锥面与机床主轴孔的 1∶10 锥面接触，而且使刀柄的法兰盘面与主轴面也紧密接触。这种双面接触系统在高速加工、连接刚性和重合精度上均优于锥度为 7∶24 的通用刀柄，其结构如图 1-8 所示。

图 1-8　1∶10 的 HSK 真空刀柄

### 2. 卸刀座

卸刀座是用于从铣刀柄上装卸铣刀的装置，如图 1-9 所示。

### 3. 机用平口钳

机用平口钳（图 1-10）用于装夹工件，并用螺钉固定在铣床工作台上。

图 1-9　卸刀座

图 1-10　机用平口钳

平口钳的
装夹与校正

## 三、数控铣床机床坐标系

在数控机床上，为确定机床运动的方向和距离，必须要有一个坐标系。这种机床固有的坐标系称为机床坐标系，也称为机械坐标系，该坐标系的建立必须依据一定的原则。

### 1. 机床坐标系的确定原则（GB/T 19660—2005）

1）假定刀具相对于静止的工件而运动的原则。这个原则规定，不论数控铣床是刀具运动还是工件运动，均以刀具的运动为准，工件看成静止不动，这样可按零件图轮廓直接确定数控铣床刀具的加工运动轨迹。

2）采用笛卡儿坐标系原则。如图 1-11 所示，张开食指、中指与拇指且使其相互垂直，中指指向+Z 轴，拇指指向+X 轴，食指指向+Y 轴。坐标轴的正方向规定为增大工件与刀具之间距离的方向。旋转坐标轴 A、B、C 的正方向根据右手螺旋法则确定。

3）机床坐标轴的确定方法。Z 坐标轴的运动由传递切削动力的主轴所规定，对于铣床，Z 坐标轴是带动刀具旋转的主轴；X 坐标轴一般是水平方向，它垂直于 Z 轴且平行于工件的装夹平面；最后根据笛卡儿坐标系原则确定 Y 轴的方向。

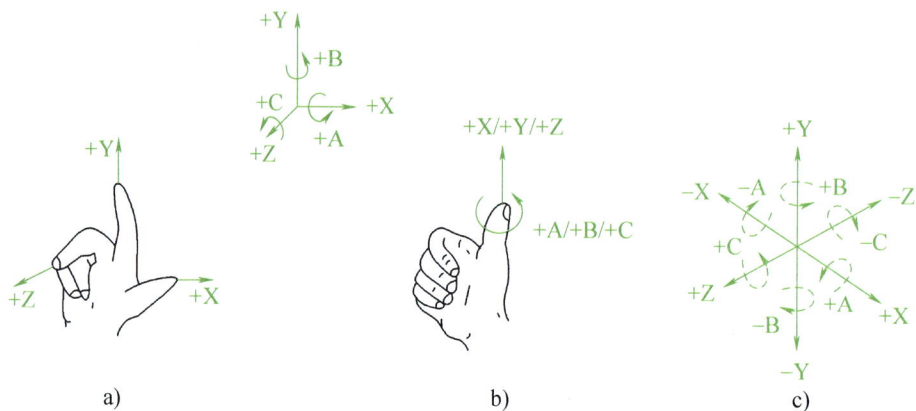

图 1-11　笛卡儿坐标系

### 2. 数控铣床机床坐标系

1）立式铣床坐标系如图 1-12 所示，Z 坐标轴与立式铣床主轴同轴，向上远离工件为正方向。站在工作台前，面对主轴，主轴向右移动方向为 X 坐标轴的正方向，Y 坐标轴的正方向为主轴远离操作者的方向。

2）卧式铣床坐标系，如图 1-13 所示，Z 坐标轴与卧式铣床的水平主轴同轴，远离工件方向为正；站在工作台前，主轴向左（工作台向右）运动方向为 X 坐标轴的正方向，Y 坐标轴的正方向向上。

### 3. 机床原点、机床参考点

1）机床原点即数控机床坐标系的原点，又称机床零点，是数控机床上设置的一个固定点，它在机床装配、调试时就已设置好，一般情况下不允许用户进行更改。数控机床原点又是数控机床进行加工运动的基准参考点，一般设置在刀具远离工件的极限位置，即各坐标轴正方向的极限点处。

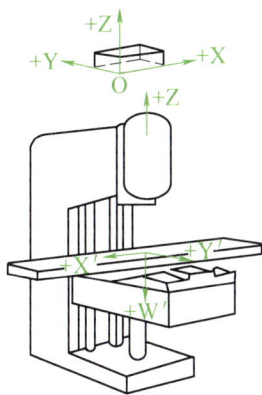

图 1-12  立式铣床坐标系

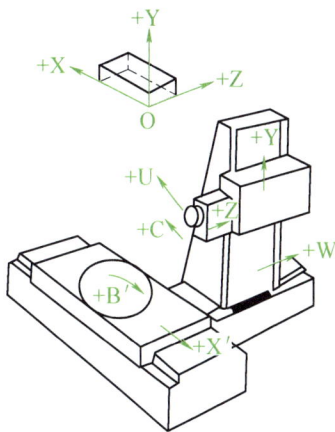

图 1-13  卧式铣床坐标系

2）机床参考点。该点在机床出厂时已调好，并将数据输入到数控系统中。对于大多数数控机床，开机时必须首先进行刀架返回机床参考点操作，以确认机床参考点。回参考点的目的就是为了建立数控机床坐标系，并确定机床坐标系的原点。只有机床回参考点以后，机床坐标系才建立起来，刀具移动才有了依据，否则不仅加工无基准，而且还会发生碰撞等事故。数控铣床回机床参考点后，屏幕显示机床坐标系坐标为"0"，故回机床参考点操作可称为"回零"。

### 任务实施

## 一、开机、回参考点

### 1. 数控铣床开机操作

操作步骤：接通数控铣床电源，打开机床电源开关，启动数控系统电源按钮。

发那科系统
开机与关机

### 2. 回参考点操作

操作步骤如下：

1）按回参考点键 ⚙，按住+Z、+Y、+X 键，即可回参考点。

2）在"回参考点"窗口中可观察是否已回参考点，如图 1-14 所示。

① 图 1-14a 所示为 FANUC 系统回参考点屏幕显示情况。

西门子系统
开机与关机

a)                                    b)

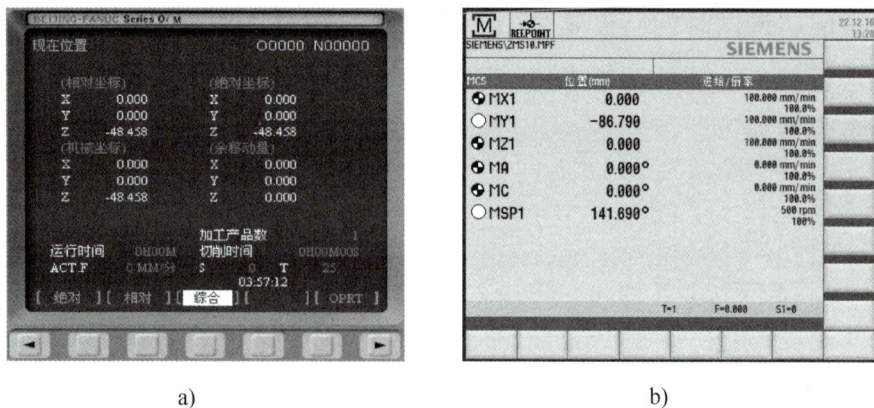

图 1-14    回参考点屏幕显示

a）FANUC 系统屏幕显示    b）SINUMERIK 系统屏幕显示

：机械坐标系坐标为 0 时，表明坐标轴已回到参考点，如 X、Y 轴。机械坐标系坐标不为 0 时，表明坐标轴尚未回到参考点，如 Z 轴。

② 图 1-14b 所示为 SINUMERIK 系统回参考点屏幕显示情况。

⊕ 表示坐标轴已到达参考点，如 X、Z 轴。

○ 表示坐标轴未到达参考点，如 Y 轴。

### 3. 操作注意事项

1）严格遵守数控铣床起动前操作要求。

2）开机后应首先执行"回参考点"操作。

3）"回参考点"只能在 REF 模式下进行。

4）X、Y、Z 三坐标轴可同时回参考点（一般应先回 Z 轴参考点，预防发生撞刀现象），未到达参考点前不可松开坐标轴点动方向键。

5）各坐标轴手动回参考点（回零）时，若某坐标轴在回参考点前已处于零位，则应将该轴沿负方向移动一段距离后，再回参考点。

6）回参考点后用 AUTO（MEM）自动、JOG（手动）或 MDA（MDI）手动输入等工作模式结束回参考点操作。

7）当数控机床断电（或按下紧急停止按钮）后，应重新回机床参考点。

## 二、手动（JOG）操作与试切削

### 1. 手动（JOG）操作

（1）坐标轴控制

1）按下 JOG 键 ▦，选择手动模式，按住方向键 ⊠ ⊠ ⊠ 或 ⊠ ⊠ ⊠（或先按坐标轴 X、Y、Z 键，再按+、-方向键）可以移动单轴、两轴或三轴，移动

发那科系统手动
操作与试切削

速度由进给倍率旋钮控制。

2）如果同时按下快速移动键 🔲 和相应的坐标轴键，则坐标轴以快进速度运行。

3）按下 JOG 键 🔲，选择手动模式，再按下手轮模式键（西门子系统打开手持操作控制器），可用手持式操作器控制各坐标轴增量移动，增量值大小由手持式操作器中的步距选项旋钮控制。

4）坐标轴以步进增量方式运行，见表 1-14。

表 1-14　发那科系统与西门子系统步进增量运行操作步骤

| 系　　　统 | 操 作 步 骤 |
|---|---|
| FANUC 系统 | 按下 🔲（INC）键，选择增量模式，按 X、Y 或 Z 键，选择待运行的轴，按 + 或 − 方向键，可使坐标轴以增量方式运行，增量值大小由 X1、X10、X100、X1000 键确定 |
| SINUMERIK 系统 | 分别按 ↗~↗ 键选定移动增量，按 X、Y 或 Z 键，选择待运行的轴，按 + 或 − 方向键，坐标轴即可按选定的步进增量移动 |

（2）主轴控制　按下 JOG 键 🔲，选择手动模式，按 🔲 键，主轴正转；按 🔲 键，主轴停；按 🔲 键，主轴反转。

### 2. 工件、刀具装夹训练

（1）工件装夹训练

1）将 0~150mm 的机用平口钳放置在铣床（加工中心）工作台上，并用 T 形螺钉将其固定在工作台上，校正机用平口钳位置的操作步骤如下。

松开机用平口钳旋转部位螺钉，将百分表座固定在机床主轴上，用百分表测头接触机用平口钳钳口，手动沿 X 方向往复移动工件台，观察百分表指针，校正钳口对 X 轴方向的平行度，百分表指针变化应不超过 0.03mm，拧紧旋转部位螺钉。

2）将工件安装在机用平口钳上，下垫垫铁，使工件高于钳口 10mm 左右，将工件放置平稳并夹紧。

（2）刀具装夹训练　选择 $\phi$10mm 键槽铣刀（或立铣刀），8~10mm 弹簧夹头，把刀柄放置在卸刀座上，通过弹簧夹头把键槽铣刀（或立铣刀）装夹到铣刀刀柄中并夹紧，再把刀柄装夹到机床主轴中。加工结束后，把刀柄从铣床主轴上卸下，放到卸刀座上，再拆下铣刀及弹簧夹头。训练中所用工、量、刃具见表 1-15。

铣床上
工件的装夹

表 1-15　工、量、刃具清单

| 种　类 | 序　号 | 名　称 | 规　格 | 分度值/mm | 单　位 | 数　量 |
|---|---|---|---|---|---|---|
| 工具 | 1 | 机用平口钳 | QH135 | | 个 | 1 |
| | 2 | 扳手 | | | 把 | 1 |
| | 3 | 平行垫铁 | | | 副 | 1 |

（续）

| 种　　类 | 序　　号 | 名　　称 | 规　　格 | 分度值/mm | 单　　位 | 数　　量 |
|---|---|---|---|---|---|---|
| 工具 | 4 | 塑胶锤子 | | | 个 | 1 |
| | 5 | 磁性表座 | | | 副 | 1 |
| 量具 | 1 | 游标卡尺 | 0~150mm | 0.02 | 把 | 1 |
| | 2 | 百分表 | 0~5mm | 0.01 | 只 | 1 |
| 刀具 | 1 | 键槽（立）铣刀 | φ10mm | | 把 | 1 |

西门子系统手动
操作与试切削

### 3. 试切削训练

1）按 JOG 键，选择手动模式，按 ▣ 键，使主轴正转。

2）按下相应方向键，使铣刀接近工件上表面任意一角，距离为 2~5mm。

3）调小进给速度，进给倍率一般选 2%~4%。按下 ▣ 键，使刀具试切到工件上表面。

4）移动 X 或 Y 坐标，使刀具离开工件。

5）Z 坐标向下移动 1~2mm。

6）调节进给速度旋钮，选择 30~60mm/min 的进给速度，依次按下 ▣、▣ 方向键，移动 X、Y 坐标，完成工件上表面的试切削。

7）切削结束，拆下工件和铣刀并清理机床。

### 资料链接

数控铣床（加工中心）回机床参考点动作一般由系统及生产厂家设置确定，常有以下三种情况：①在回机床参考点模式下一直按 ▣ ▣ ▣ 键或 ▣ ▣ ▣ 键直至回到机床参考点；②在回机床参考点模式下，点按 ▣ ▣ ▣ 键或 ▣ ▣ ▣ 键即可实现机床回参考点；③采用绝对编码器的数控机床，开机后自动完成回参考点动作。本书以第一种回参考点方式为准。

### 操作注意事项

1）机床回参考点后切换成手动模式时不能再按 ▣ ▣ ▣ 键，否则机床会因超程而报警；沿-X、-Y、-Z 移动时也应注意不能超过机床移动行程。

2）刚开始训练时应尽量不用 ▣ 键（快速移动键），尤其是-Z 方向，以避免刀具撞到工件表面或机床工作台等。

3）工件的装夹、铣刀的拆卸应严格遵守安全操作规程。

4）试切削过程中，应随时注意调节进给速度旋钮，避免因进给速度过快而损伤铣刀。

## 三、任务检测与评分标准（表1-16）

**表1-16　数控铣床手动操作与试切削检测评价表**

| 序号 | 检测项目 | 检测内容及要求 | 配分 | 学生自检 | 学生互检 | 教师检测 | 得分 |
|---|---|---|---|---|---|---|---|
| 1 | 职业素养 | 文明、礼仪 | 10 | | | | |
| 2 | | 安全、纪律 | 10 | | | | |
| 3 | | 行为习惯 | 10 | | | | |
| 4 | | 工作态度 | 10 | | | | |
| 5 | | 团队合作 | 10 | | | | |
| 6 | 机床操作 | 数控铣刀、刀柄及弹簧夹头的选择 | 5 | | | | |
| 7 | | 铣刀在铣刀柄上的安装与拆卸 | 5 | | | | |
| 8 | | 铣刀柄在铣床上的安装与拆卸 | 5 | | | | |
| 9 | | 机用平口钳的安装与拆卸 | 5 | | | | |
| 10 | | 工件的安装与拆卸 | 10 | | | | |
| 11 | | 开机、回机床参考点 | 10 | | | | |
| 12 | | 手动操作与试切削 | 10 | | | | |
| 综合评价 | | | | | | | |

### 思考与练习

1. 常用键槽铣刀和立铣刀有何区别？各用于哪些场合？
2. 建立机床坐标系的原则有哪些？
3. 数控铣床机床原点一般处于什么位置？
4. 想一想：数控铣床在什么情况下需回参考点？

# 任务四　数控铣床程序的输入与编辑

### 学习目标

1. 知识目标

1）掌握数控铣床程序的结构与组成。

2）掌握数控铣床程序的命名规则。

3）了解数控铣床程序段、程序字的含义。

### 2. 技能目标

1）会输入数控程序。

2）会对数控程序进行复制、删除等编辑操作。

3）会进行程序内容的编辑处理。

## 知识学习

为使机床自动加工而给数控机床发出的一组指令称为数控程序，包括程序名、程序内容、程序结束等。在数控加工中，数控程序起决定和控制作用，且必须依据机床规定的代码和一定的编程规则进行编写，系统不同，其代码和编程规则也不相同。

### 1. 程序名

所有数控程序都要有一个程序名，用于存储、调用程序。不同的数控系统有不同的命名规则，发那科系统和西门子系统程序命名规则见表1-17。

**表1-17 发那科系统和西门子系统程序命名规则**

| 系　　统 | 程序命名规则 |
|---|---|
| 发那科系统 | 以字母"O"开头，后跟四位数字，即O0000~O9999，如O0030、O0230、O0456等 |
| 西门子系统 | 2~24位字母、数字和下划线组成，开始两位必须是字母或一条下划线和一个字母，如：MDA123、_D48等。为避免与Windows应用冲突，不允许使用CON、PRN等程序名 |

注：数控程序有主程序与子程序之分，发那科系统主程序与子程序命名规则相同；西门子系统主程序名用后缀".MPF"，子程序名用后缀".SPF"来区分。

### 2. 程序内容

程序内容由程序段组成，每一程序段完成数控机床某种执行动作，前一程序段动作结束后才开始执行下一程序段内容。发那科系统程序段与程序段之间用EOB（；）分隔，西门子系统用段结束符"LF"分隔，在程序输入过程中换行时按回车/输入键可以自动产生段结束符。具体示例见表1-18。

**表1-18 发那科系统与西门子系统程序段示例**

| 数控系统 | 程序示例 |
|---|---|
| 发那科系统 | N10 G54 G40 G90 M3 S1000 T01；<br>N20 G0 X0 Y0 Z100；<br>N30 G1 X10 Y10 Z5；<br>……<br>每段程序输完后按 EOB E 键再按 INSERT 键换行 |
| 西门子系统 | N10 G54 M3 S1000 T01<br>N20 G0 X0 Y0 Z100<br>N30 G1 X10 Y10 Z5<br>……<br>在输入程序时，每段程序结束后按回车/输入键即自动产生段结束符"LF" |

### 3. 程序结束

发那科系统和西门子系统都可用指令 M02 或 M30 结束程序。

M02 程序结束，光标停在程序结束处；M30 程序结束，光标自动返回程序开头处。

### 4. 程序段的组成

程序段是由程序字（一般有七大类功能字）组成的，程序字又由字母（或地址）和数字组成，如 N20 M3 S1000 T01。

程序字是机床数字控制的专用术语。它的定义是：一套有规定次序的字符，可以作为一个信息单元存储、传递和操作，如 X50 就是一个程序字或称功能字（或字）。程序字按其功能不同可分为七种类型，分别称为顺序号字、尺寸字、进给功能字、主轴转速功能字、刀具功能字、辅助功能字和准备功能字（具体见项目二　任务一）。

**任务实施**

## 一、数控程序的输入

### 1. 发那科系统新程序输入

1) 按 EDIT 键 ，选择编辑模式。

2) 按程序键 ，显示程序界面或程序目录界面，如图 1-15 所示。

3) 输入新程序名，如 "O0004;"。

4) 按插入键 ，开始输入程序。

5) 按 → 键，换行后继续输入程序，如图 1-15a 所示。

6) 按 可依次删除输入到缓冲器中的最后一个字符，按 列 表 软键可显示数控系统中已有的程序目录，如图 1-15b 所示。

发那科系统程序
输入与编辑

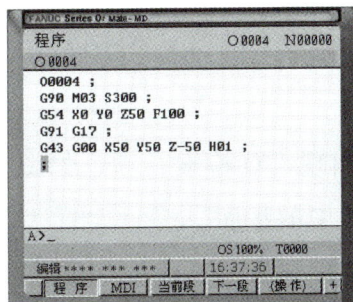
a)

b)

**图 1-15　程序界面**

a）发那科系统程序输入界面　b）发那科系统程序列表界面

### 2. 西门子系统新程序输入

1) 按数控面板上的程序管理键 ，出现如图 1-16 所示的程序管理界面。

2）按 新建 软键，屏幕出现新程序界面，如图 1-17 所示，在"类型"框格内，用选择/转换键 SELECT 确定是".MPF 主程序"还是"子程序 SPF"。移动光标至"名称"框格内，输入程序名"ZMS10"。

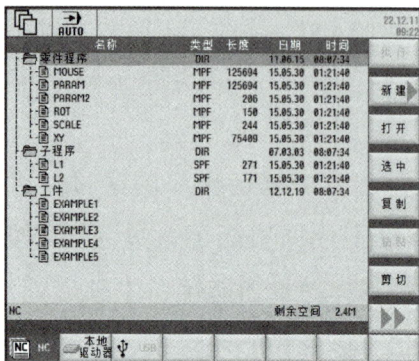

图 1-16　程序管理界面

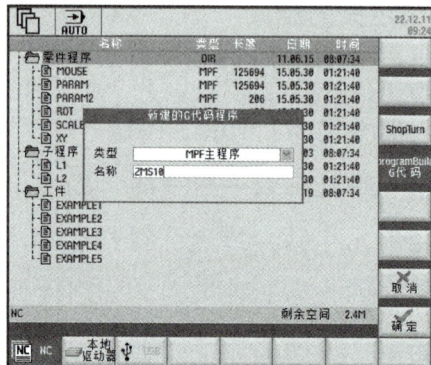

图 1-17　新程序界面

3）按 确定 软键，出现如图 1-18 所示程序输入界面，即可输入程序。

4）一段程序输入完成，按 键，换行后可继续输入程序。

5）程序输入结束后，按 M 或 键即可退出程序输入。

## 二、数控程序的编辑

### 1. 发那科系统程序编辑

图 1-18　程序输入界面

（1）程序的查找与打开

方法一：

1）按 EDIT 键 或 MEM 键 ，使机床处于编辑或自动模式下。

2）按 PROG（程序）键，显示程序界面。

3）按［程序］软键，再按［操作］软键，出现［O 检索］项，如图 1-15 所示。

4）按［O 检索］软键，便可依次打开存储器中的程序。

5）输入程序名（如"O0003"），再按［O 检索］软键，便可打开该程序。

方法二：

1）按 键或 键，使机床处于编辑或自动模式下。

2）按 PROG 键，显示程序界面。

3）输入要打开的程序名，如"O0003"。

4）按 键即可打开该程序。

（2）程序的复制　步骤如下：

1）按 ☑ 键，使机床处于编辑模式下。

2）按 PROG 键，显示程序界面。

3）按下［操作］软键。

4）按扩展键。

5）按下［EX-EDT］软键。

6）检查复制的程序是否已经被选中并按下［COPY］软键。

7）按下［ALL］软键。

8）输入新建的程序号（只输入数字，不输入地址"O"）并按下 INPUT 键。

9）按下［EXEC］软键即可。

（3）程序的删除　步骤如下：

1）按 ☑ 键，使机床处于编辑模式下。

2）按 PROG 键，显示程序界面。

3）输入要删除的程序名。

4）按 DELETE （删除）键，即可把该程序删除。

5）如输入"0-9999"，再按 DELETE 键，可删除所有程序。

（4）字的找查　打开某一程序，并处于编辑模式下。

方法一：

1）按光标键 →，光标向后一个字一个字地移动，光标显示在所选的字上。

2）按光标键 ←，光标向前一个字一个字地移动，光标显示在所选的字上。

3）按光标键 ↑，光标检索上一程序段的第一个字。

4）按光标键 ↓，光标检索下一程序段的第一个字。

5）按翻页键 PAGE↓，显示下一页，并检索该页中的第一个字。

6）按翻页键 PAGE↑，显示前一页，并检索该页中的第一个字。

方法二：

1）输入要找查的字，如"T03"。

2）按下［检索↑］软键向上查找，光标停留在"T03"上。

3）按下［检索↓］软键向下查找，光标停留在"T03"上。

4）若按下相反方向的软键，会执行相反方向的检索操作。

（5）字的插入　步骤如下：

1）查找字要插入的位置。

2）输入要插入的字。

3）按下 INSERT 键即可。

（6）字的替换　步骤如下：

1）查找将要被替换的字。

2）输入替换的字。

3）按下 ALERT 键即可。

（7）字的删除　步骤如下：

1）查到将要删除的字。

2）按下 DELETE 键即可删除。

### 2. 西门子系统程序编辑

（1）程序的查找与打开　步骤如下：

1）按数控面板上的程序管理键 PROGRAM MANAGER，出现如图1-16所示的程序管理界面。

2）按上下光标键 ▲ ▼ 查找程序名，按 打开 软键即可打开程序。

（2）程序的复制　步骤如下：

1）按数控面板上的程序管理键 PROGRAM MANAGER，出现如图1-16所示的程序管理界面。

2）按上下光标键 ▲ ▼ 查找要复制的程序名。

3）按 复制 软键，按 粘贴 软键。

4）按提示输入复制的新程序名。

5）按 确定 软键。

（3）程序的删除　步骤如下：

1）按数控面板上的程序管理键 PROGRAM MANAGER，出现如图1-16所示的程序管理界面。

2）按上下光标键 ▲ ▼ 查找要删除的程序名。

3）按 删除 软键（或按 ▶▶ 扩展软键，再按 删除▶ 软键）。

4）按 确定 软键。

（4）程序内容的编辑　步骤如下：

1）按数控面板上的程序管理键 PROGRAM MANAGER，出现如图1-16所示的程序管理界面。

2）按上下光标键 ▲ ▼ 查找程序名，按 打开 软键打开要编辑的程序，如图1-19所示。

3）按上下光标键 ▲ ▼ 查找要编辑的程序段。

4）按 PAGE UP PAGE DOWN 键可翻页查找要编辑的程序段。

5）按左右光标键 ▶ ◀，查找要编辑的位置。

6）直接输入要添加的程序字、地址、数据。

7）按 BACK SPACE 键一次可删除一位光标前的字符；

连续按，可连续删除。此外，选中程序段后，按面板上的 复制 、 粘贴 、 剪切 按键，可进

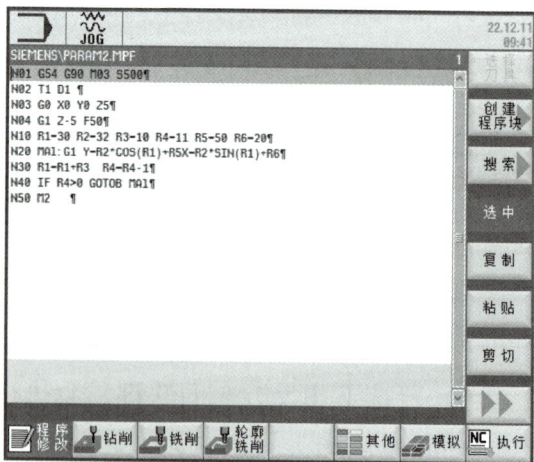

图 1-19　程序内容编辑界面

行程序段的复制、粘贴和剪切等编辑操作。

8）程序编辑结束后，按 [M] 或 [PROGRAM MANAGER] 键即可退出程序编辑状态。

### 资料链接

　　构成程序字的最小单元是字符，如26个英文字母、数字和小数点、正负号等，而数控系统与通用计算机一样只能接受二进制数信息，故必须把字符转换成二进制数才能被数控系统所接受，即需把字符进行编码，把每一个字符与一个二进制八位数对应。早期的数控机床都是采用八单位穿孔纸带作为信息载体，穿孔纸带上的每一行有八个信息孔和一个同步孔，由每行八个信息孔位上有孔与无孔的排列来表示一个二进制八位数，即代表一个字符，输入时用光电阅读机把纸带上有孔、无孔的排列转变成二进制八单位电信号传入数控系统的编码系统。国际上普遍采用两种编码规则，一种是ISO代码（国际标准化代码），另一种是EIA代码（美国电子工业信息码）。如今数控系统与普通计算机日益接近，数控机床通信功能日益强大，已基本不用穿孔纸带作为信息载体，但编码规则没变，且在大多数数控机床上两种代码都可以使用。

### 操作注意事项

1）给程序命名时不能用相同的程序名。
2）不可随意删除程序，特别是机床内部的固定程序。
3）禁止修改机床参数值。
4）不允许随意进入不熟悉的数控界面进行操作。

## 三、任务检测与评分标准（表1-19）

表1-19　数控铣床程序的输入与编辑检测评价表

| 序号 | 检测项目 | 检测内容及要求 | 配分 | 学生自检 | 学生互检 | 教师检测 | 得分 |
|---|---|---|---|---|---|---|---|
| 1 | 职业素养 | 文明、礼仪 | 10 | | | | |
| 2 | | 安全、纪律 | 10 | | | | |
| 3 | | 行为习惯 | 10 | | | | |
| 4 | | 工作态度 | 10 | | | | |
| 5 | | 团队合作 | 10 | | | | |
| 6 | 机床操作 | 程序输入正确、快速 | 10 | | | | |
| 7 | | 程序查找、打开正确 | 10 | | | | |
| 8 | | 程序复制、粘贴正确 | 10 | | | | |
| 9 | | 程序内容编辑正确，无遗漏 | 10 | | | | |
| 10 | | 程序删除正确 | 10 | | | | |
| | 综合评价 | | | | | | |

**思考与练习**

1. 数控机床程序由哪些部分组成？

2. 程序字的功能如何？程序字是由什么组成的？

3. 发那科系统与西门子系统程序名各有什么要求？

4. 比一比：指定本书后面某项目任务的参考程序，进行小组内成员、小组之间的程序输入竞赛，看谁输入程序又快，正确率又高。

# 任务五　数控铣床 MDI（MDA）操作及对刀

**学习目标**

### 1. 知识目标

1）掌握工件坐标系及其建立方法。

2）掌握可设定的零点偏置指令。

3）掌握主轴正转、反转、主轴转速指令。

### 2. 技能目标

1）会进行 MDI（MDA）操作。

2）会进行数控铣床对刀及验证。

3）会处理数控铣床简单报警。

4）会对图 1-20 所示零件进行对刀，并将工件原点设置在工件左下角上表面处。

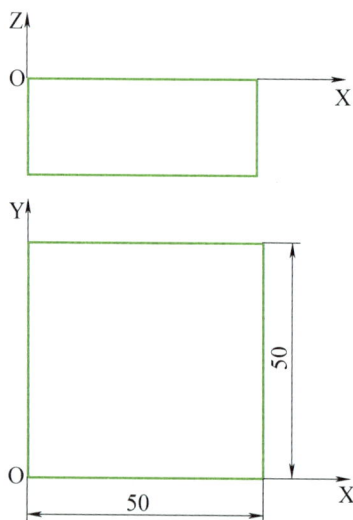

图 1-20 "对刀"练习毛坯图

**知识学习**

## 一、工件坐标系

### 1. 工件坐标系的概念

工件坐标系又称编程坐标系，是编程人员为方便编写数控程序而人为建立的坐标系，一般建立在工件上或零件图样上。

### 2. 工件坐标系的建立原则

为编程方便，建立工件坐标系应有一定的准则，否则无法编写数控加工程序或编写的数控程序无法加工，具体有以下几方面。

（1）工件坐标系方向的选择　工件坐标系的方向必须与所采用的数控机床坐标系一致，如在立式数控铣床上加工工件，工件坐标系 Z 轴正方向应垂直向上，X 轴正方向水平向右，Y 轴正方向向前，与立式铣床机床坐标系方向一致，如图 1-21 所示。

（2）工件坐标系原点位置的选择　工件坐标系原点又称为工件原点或编程原点。理论上编程原点的位置可以任意设定，但为编程时方便求解工件轮廓上的基点坐标，一般按以下要求进行设置。

图 1-21　工件坐标系

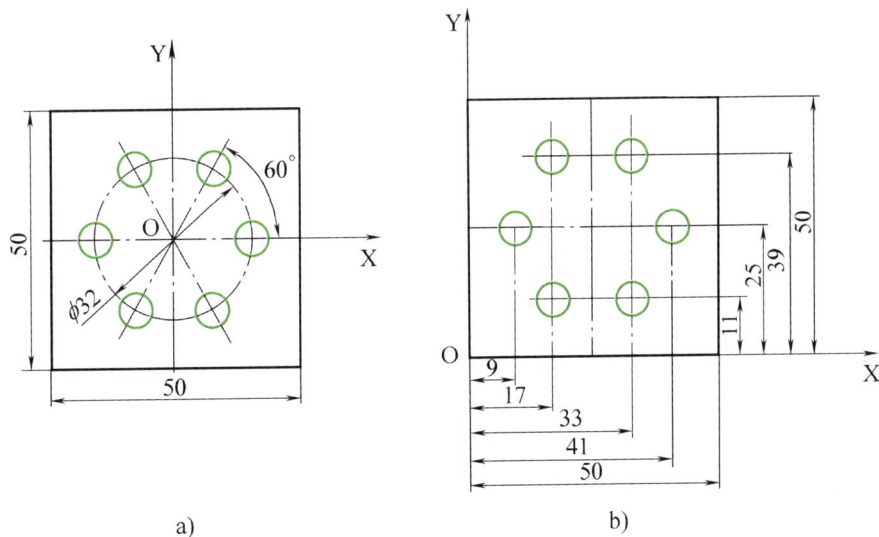

1）工件原点应尽量选择在零件的设计基准或工艺基准上。

2）工件原点尽量选择在精度较高的工件表面上，以提高加工精度。

3）对于对称的工件，工件原点应选择在对称中心上。

4）对于一般工件，工件原点可选择在工件外轮廓的某一角上。

5）Z 坐标原点一般设置在工件上表面。

**例**　如图 1-22 所示，钻六个孔，确定钻孔工件坐标系。

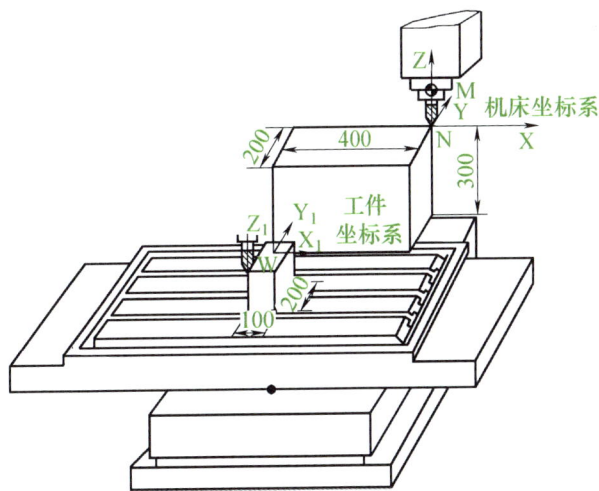

a)

b)

图 1-22　钻孔工件坐标系

**解**：工件坐标系 Z 坐标原点都设置在工件上表面。

X、Y 坐标原点因工件标注方式不同，设计基准不一样而不同。图 1-22a 所示设计基准为工件几何中心，故工件坐标系原点设置在工件几何中心上，各个孔的坐标很容易求解。

图 1-22b 所示六个孔的设计基准为工件的左边和下边，故工件坐标系原点设置在工件左下角，六个孔的坐标一目了然。

## 二、程序指令

### 1. 选择机床坐标系指令

选择机床坐标系指令后，刀具将在机床坐标系中运行，发那科系统与西门子系统选择机床坐标系的指令格式、指令含义及使用说明见表 1-20。

### 2. 选择工件坐标系指令（或可设定的零点偏置指令）

选定工件坐标系指令后，可以实现刀具在选定的工件坐标系中运行。通过对刀测出工件坐标系原点在机床坐标系中的位置（偏移量）并输入到数控系统相应的存储器（G54、G55 等）中，可将机床坐标系原点偏移到工件原点上，运行程序时调用 G54、G55 等指令，即可实现使刀具在工件坐标系中运行的目的。发那科系统一般称为选择工件坐标系指令，西门子系统称为可设定的零点偏置指令。其指令代码、含义及使用说明见表 1-21。

表 1-20　发那科系统与西门子系统选择机床坐标系的指令格式、指令含义及使用说明

| 数控系统 | 发那科系统 | 西门子系统 |
|---|---|---|
| 指令格式 | G53 X_ Y_ Z_; | G500；取消可设定的零点偏移（选择机床坐标系）<br>G53；取消可设定的零点偏移（选择机床坐标系） |
| 指令含义 | 指定 G53 后，刀具快速移动到机床坐标系中该位置 | 指定 G500、G53 后，刀具在机床坐标系中运行 |
| 使用说明 | 1. G53 指令为程序段有效指令，后跟绝对值，若跟增量值，则刀具移到换刀点位置<br>2. 指定 G53 之前，必须先建立机床坐标系，即通过手动回参考点或 G28 指令返回参考点<br>3. 使用指令后，将取消一切刀具半径补偿、长度补偿 | 1. G500 为模态有效指令且程序启动时生效<br>2. G53 为程序段有效指令<br>3. 指令 G500 或 G53 前必须先建立机床坐标系，即通过手动回参考点或 G74 指令返回参考点<br>4. 使用指令后，将取消一切刀具半径补偿、长度补偿 |

表 1-21　发那科系统选择工件坐标系指令与西门子系统可设定的零点偏置指令的指令代码、含义及使用说明

| 数控系统 | 发那科系统 | 西门子系统 |
|---|---|---|
| 指令代码 | G54；工件坐标系 1<br>G55；工件坐标系 2<br>G56；工件坐标系 3<br>G57；工件坐标系 4<br>G58；工件坐标系 5<br>G59；工件坐标系 6 | G54；第一可设定的零点偏置<br>G55；第二可设定的零点偏置<br>G56；第三可设定的零点偏置<br>G57；第四可设定的零点偏置<br>G58；第五可设定的零点偏置<br>G59；第六可设定的零点偏置 |

（续）

| 示　例 | 例：N10 G53 G0 X0 Y0 Z-50.0；　刀具运行到机床坐标系中坐标为（0，0，-50）位置<br>N20 G54；　　　　　　　　调用 G54 零点偏置指令<br>N30 G0 X0 Y0 Z20.0；　　　刀具运行到工件坐标系中（0，0，20）位置 |
|---|---|
| 使用说明 | （1）G54~G59 均为模态有效代码，一经使用，一直有效<br>（2）6 个工件坐标系指令功能一样，可任意使用其中之一<br>（3）使用工件坐标系（或零点偏移）指令后，机床原点偏移至工件原点，但机床不做移动，只是在执行程序时把工件原点在机床坐标系中的位置偏移量带入数控系统内部计算 |

### 3. 主轴转速功能指令

地址：S；

功能：表示主轴的转速，单位为 r/min。例如，S1500 表示主轴转速为 1500r/min。

### 4. 主轴正、反转指令

功能：M03 表示主轴正转；M04 表示主轴反转。

M03、M04 指令一般与 S 指令结合在一起使用，例如，M03 S1000；表示主轴正转，转速为 1000r/min。

### 任务实施

## 一、MDI（MDA）手动数据输入操作

### 1. 发那科系统与西门子系统手动数据输入操作步骤（表 1-22）

表 1-22　发那科系统（MDI）与西门子系统（MDA）手动数据输入操作步骤

| 数 控 系 统 | 手动输入数据操作步骤 | |
|---|---|---|
| 发那科系统 | ① 按下 █ 键，使机床运行于 MDI 工作模式<br>② 按下程序键 █，屏幕显示如图 1-23 所示<br>③ 按 **MDI** 软键，自动出现加工程序名 "O0000"<br>④ 输入测试程序，如 "M3　S500；"<br>⑤ 按数控启动键 █，运行测试程序<br>⑥ 遇 M2 或 M30 指令停止运行，按复位键 █ 结束运行 | 发那科系统<br>MDI操作 |
| 西门子系统 | ① 按 █ 键，屏幕显示如图 1-24 所示<br>② 输入测试程序，如 "M3　S500"<br>③ 按数控启动键 █，运行测试程序<br>④ 遇 M2 或 M30 指令停止运行，按复位键 █ 结束运行 | 西门子系统<br>MDA操作 |

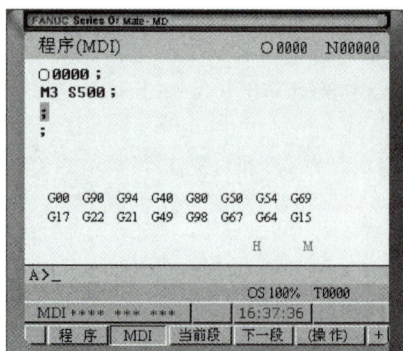

图 1-23　发那科系统 MDI 手动数据输入界面　　图 1-24　西门子系统 MDA 手动数据输入界面

### 2. MDI（MDA）手动数据输入操作说明

1）MDI（MDA）手动数据输入不能被存储。

2）按"数控启动"键后，运行中的程序段不能被编辑。

3）执行完毕后，输入区的内容仍保留，当"数控启动"键再次被按下时，机床重新运行。

4）MDI（MDA）方式下只能输入有限个字符的程序，发那科 0i-MD 系统一般不超过 511 个字符。

## 二、试切法对刀及检验方法

### 1. 工件装夹

机用平口钳安装在铣床（加工中心）工作台上，用百分表校正钳口与 X 轴方向平行。将 50mm×50mm×20mm 的坯料装入机用平口钳中，下垫垫铁，使工件露出钳口 10mm，放平且夹紧。

### 2. 刀具装夹

把 φ10mm 的键槽铣刀（立铣刀）和 8~10mm 卡簧装入铣刀刀柄，再把铣刀刀柄连同铣刀装入铣床主轴。

### 3. 对刀操作

使用 G54、G55、…、G59 等零点偏置指令，将机床坐标系原点偏置到工件坐标系原点上。本次对刀，工件坐标系原点在工件左下角上表面处（图 1-20），通过对刀将偏置距离测出并输入、存储到 G54 中，步骤如下：

1）在 MDI（或 MDA）模式下输入 M3 S500 指令，按循环启动键 ▣ 使主轴转动，或在手动模式下按主轴正转按钮 ▣，使主轴转动。

2）X 轴对刀。在手动模式下移动刀具，让刀具刚好接触工件左侧面，沿 Z 方向提起刀具，进行面板操作，操作步骤见表 1-23。

表 1-23 发那科系统与西门子系统 X 轴对刀面板操作步骤

| 数控系统 | 面板操作步骤 |
|---|---|
| 发那科系统 | ① 按参数键 ▦ （OFFSET），出现如图 1-25 所示的界面<br>② 按 坐标系 软键，出现坐标系设定界面，如图 1-26 所示<br>③ 将光标移至 G54 的 X 轴数据<br>④ 输入刀具在工件坐标系中的 X 坐标值，此处为 X-5，按 测量 软键，完成 X 轴对刀 |
| 西门子系统 | ① 按参数操作区域键 ▦，出现如图 1-27 所示的刀具表界面（刀具半径为零）<br>② 按 零偏 软键，出现如图 1-28 所示的零点偏置界面<br>③ 按 设值偏 软键后，按 测量工件 软键，出现如图 1-29 所示的对刀界面<br>④ 按 X 软键，移动光标至"零偏"框格，按选择/转换键 ▦，框格内显示 G54<br>⑤ 移动光标至"测量方向"框格，按 ▦ 键，使刀具出现在工件左侧<br>⑥ 移动光标至"X0"设置位置框格，输入刀具到工件坐标系 X 方向的距离，此处为"5"<br>⑦ 按 设定偏 软键，完成 X 轴对刀 |

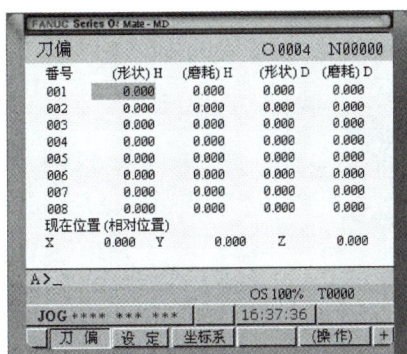

发那科系统试切法对刀及验证

西门子系统试切法对刀及验证

图 1-25 发那科系统刀具补偿界面

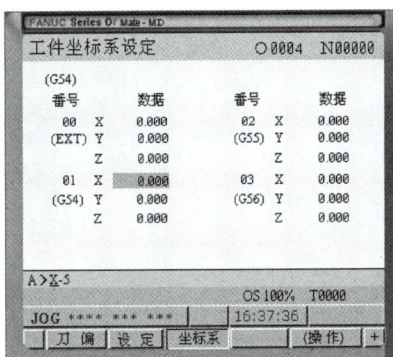

图 1-26 发那科系统坐标系设定界面

3）Y 轴对刀。在手动模式下移动刀具，让刀具刚好接触工件前侧面，沿 Z 方向提起刀具，进行面板操作，操作步骤见表 1-24。

表 1-24 发那科系统与西门子系统 Y 轴对刀面板操作步骤

| 数控系统 | 面板操作步骤 |
|---|---|
| 发那科系统 | ① 按 ▦ 键，出现如图 1-25 所示的界面<br>② 按 坐标系 软键，出现如图 1-26 所示的界面<br>③ 将光标移至 G54 的 Y 轴数据<br>④ 输入刀具在工件坐标系中的 Y 坐标值，此处为 Y-5，按 测量 软键，完成 Y 轴对刀 |
| 西门子系统 | ① 按 ▦ 键，出现如图 1-27 所示的刀具表界面<br>② 按 零偏 软键，出现如图 1-28 所示的零点偏置界面<br>③ 按 设值偏 软键后，按 测量工件 软键，出现如图 1-29 所示的对刀界面<br>④ 按 Y 软键，移动光标至"零偏"框格，按 ▦ 键，框格内显示 G54<br>⑤ 移动光标至"测量方向"框格，按 ▦ 键，刀具出现在工件左侧<br>⑥ 移动光标至"Y0"框格，输入刀具到工件坐标系 Y 方向的距离，此处为"5"<br>⑦ 按 设定偏 软键，完成 Y 轴对刀 |

图 1-27　西门子系统刀具表界面

图 1-28　西门子系统零点偏置界面

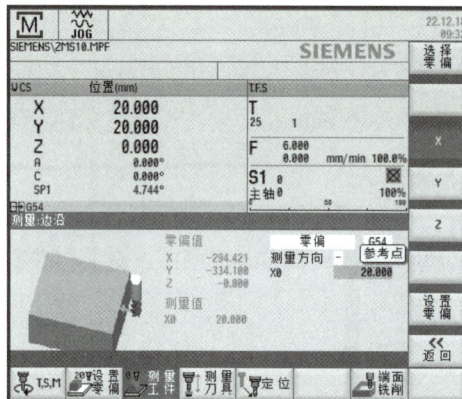

图 1-29　西门子系统对刀界面

4）Z向对刀。在手动模式下移动刀具，让刀具刚好接触工件上表面，进行面板操作，操作步骤见表 1-25。

表 1-25　发那科系统与西门子系统 Z 向对刀面板操作步骤

| 数 控 系 统 | 面板操作步骤 |
|---|---|
| 发那科系统 | ① 按 ▦ 键，出现如图 1-25 所示的界面<br>② 按 坐标系 软键，出现如图 1-26 所示的界面<br>③ 将光标移至 G54 的 Z 轴数据<br>④ 输入 Z0，按 测 量 软键<br>⑤ 沿 Z 方向提起刀具，完成对刀 |
| 西门子系统 | ① 按 OFFSET PARAM 键，出现如图 1-27 所示的刀具表界面<br>② 按 零偏 软键，出现如图 1-28 所示的零点偏置界面<br>③ 按 选择零偏 软键后，按 测量工件 软键，出现如图 1-29 所示的对刀界面<br>④ 按 Z 软键，移动光标至"零偏"框格，按 ⊙ 键，框格内显示 G54<br>⑤ 移动光标至"Z0"框格，输入刀具到工件坐标系 Z 方向的距离，此处为"0"<br>⑥ 按 设置零偏 软键，再提起刀具，完成 Z 轴对刀 |

## 4. 对刀检验（步骤见表 1-26）

**表 1-26　发那科系统与西门子系统对刀检验步骤**

| 数 控 系 统 | 对刀检验步骤 |
|---|---|
| 发那科系统 | ① 按下 🔘 键，使机床运行于 MDI 模式<br>② 按下 🔘 键<br>③ 按［MDI］软键，自动出现加工程序名 "O0000"<br>④ 输入测试程序 "G0 G54 X0 Y0 Z10;"（或 "G1 G54 X0 Y0 Z10 F500;"）<br>⑤ 按循环启动键 🔘，运行测试程序<br>⑥ 程序运行结束后，观察刀具是否处于工件左下角工件原点上方 10mm 处，如 "是" 则对刀正确；如 "不是" 则对刀操作不正确，需查找原因，重新对刀 |
| 西门子系统 | ① 按 🔘 键，屏幕显示如图 1-24 所示<br>② 输入测试程序 "G00 G54 X0 Y0 Z10"（或 G01 G54 X0 Y0 Z10 F500）<br>③ 按 🔘 键，运行测试程序<br>④ 程序运行结束后，观察刀具是否处于工件左下角工件原点上方 10mm 处，如 "是" 则对刀正确；如 "不是" 则对刀操作不正确，查找原因，重新对刀 |

## 三、数控铣床报警与诊断

当数控铣床出现故障、操作失误或程序错误时，数控系统就会报警，出现报警界面（或报警信息），机床将停止运行。数控机床报警后，应查找报警原因并加以排除，之后才能继续进行机床操作或工件加工。

### 1. 发那科系统报警及处理

（1）报警界面　当发那科系统出现报警时，出现报警界面，显示报警信息，如图 1-30 所示。报警信息由错误代码＋编号及报警原因组成，有时不出现报警界面，但在显示屏下方有 ALM 显示，按信息功能键 🔘，则显示报警界面。

（2）报警履历　发那科系统有多达 50 个最近发生的 CNC 报警被存储起来并显示在报警界面上，可按如下操作步骤查看：

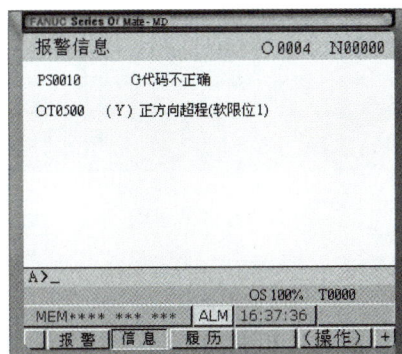

**图 1-30　发那科系统报警界面**

1）按信息功能键 🔘，出现报警界面。

2）按［履历］软键，界面上显示报警履历。报警履历内容包括报警发生的日期和时刻、报警类别、报警号、报警信息和存储报警件数等。

3）按翻页键进行换页，可查找其他报警信息。

（3）报警处理　根据报警原因或查阅发那科系统说明书中报警一览表，排除引起报警的原因，然后按复位键。

## 2. 西门子系统报警及处理

西门子系统报警时，在显示屏上方出现报警信号，按报警/系统操作区域键 ，出现报警界面，显示日期、删除、报警号及文本信息，如图 1-31 所示。

通过报警界面右侧软键可删除 HMI 报警、报警答应和 cancel 删除报警等。

通过报警界面下方软键，可查阅报警信息、报警日志及进行远程诊断等操作。

查阅西门子系统报警诊断说明书，查找原因，排除报警；常见删除报警方法的符号如下：

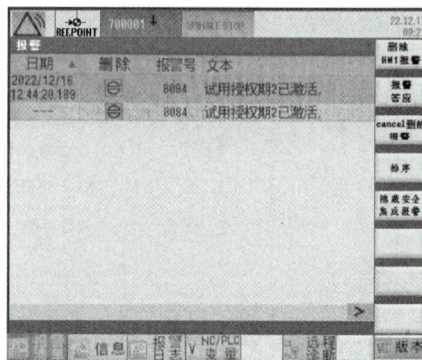

图 1-31　西门子系统报警界面

☑ 按 RESET 键（复位键）删除。

◐ 按 CYCLESTAR 键（数控启动键）删除。

▬ 按"报警答应"键删除。

◐ 控制器断电再通电删除。

## 3. 常见报警情况及原因分析（表 1-27）

表 1-27　数控机床常见报警情况、原因分析及删除方法

| 序号 | 报警类型 | 报警情况、原因分析及删除方法 |
|---|---|---|
| 1 | 回参考点失败 | 原因：回参考点时，方向选择错误或中途松开按键、回参考点起点太靠近参考点或紧急停止按钮被按下等<br>删除方法：释放紧急停止按钮，按复位键后重回参考点 |
| 2 | X、Y、Z 方向超程 | 原因：手动移动各坐标轴过程中或编写程序中，刀具移动位置超出 +X、+Y、+Z 或 -X、-Y、-Z 极限开关<br>删除方法：在手动模式下，反方向移动该坐标轴或修改程序中 X、Y、Z 数据，再按复位键 |
| 3 | 操作模式错误 | 原因：在前一工作模式未结束的情况下，启用另一工作模式<br>删除方法：按复位键后重新启用新的工作模式 |
| 4 | 程序错误 | 原因：非法 G 代码、指令格式错误、数据错误等<br>删除方法：修改程序 |
| 5 | 机床硬件故障 | 原因：机床限位开关松动、接触器跳闸、变频器损坏等<br>删除方法：修理机床硬件 |

🔄 **操作注意事项**

1）进行 MDI（MDA）手动数据输入操作、对刀练习前，机床应已回参考点。

2）进行 MDI（MDA）手动数据输入操作时，不可随意运行快速移动等指令，以避免撞刀。

3）在手动模式下，移动方向不能错，否则会损坏刀具、机床。

4）对刀练习中，刀具接近工件侧面、上表面时，进给倍率应较小，一般为 1%～2%。进给倍率过大会损坏刀具或机床设备。

5）测试对刀时，应调小进给倍率，避免速度过快发生撞刀。

6）对刀测试程序尽可能用"G1 G54 X0 Y0 Z10 F500;"，以避免对刀错误引起撞刀事故。

## 四、任务检测与评分标准（表 1-28）

### 表 1-28　数控铣床 MDI（MDA）操作及对刀检测评价表

| 序号 | 检测项目 | 检测内容及要求 | 配分 | 学生自检 | 学生互检 | 教师检测 | 得分 |
|------|----------|----------------|------|----------|----------|----------|------|
| 1 | 职业素养 | 文明、礼仪 | 10 | | | | |
| 2 | | 安全、纪律 | 10 | | | | |
| 3 | | 行为习惯 | 10 | | | | |
| 4 | | 工作态度 | 10 | | | | |
| 5 | | 团队合作 | 10 | | | | |
| 6 | 机床操作 | 开机、回参考点操作正确、熟练 | 5 | | | | |
| 7 | | 工件装夹熟练且符合要求 | 5 | | | | |
| 8 | | 刀具装夹熟练且正确 | 5 | | | | |
| 9 | | MDI（MDA）操作熟练、正确 | 10 | | | | |
| 10 | | 简单报警信息的处理 | 10 | | | | |
| 11 | | 试切法对刀操作 | 15 | | | | |
| | 综合评价 | | | | | | |

**资料链接**

数控机床操作中如发生意外事故，可采取以下几种办法解决。

1）把进给倍率调到 0%。

2）按复位键，停止机床动作。

3）按下紧急停止按钮。

4）关闭电源开关。

**拓展学习**

国家的发展，离不开各种现代化设备，更离不开高素质的劳动者。大国工匠就是高素质劳动者的杰出代表。他们追求职业技能的完美和极致，靠着传承和钻研，凭着专注和坚守，缔造了一个又一个"中国制造"的传奇。

大国工匠

### 思考与练习

1. 什么是工件坐标系？建立工件坐标系的原则有哪些？

2. 简述发那科系统与西门子系统对刀步骤。

3. 想一想：对如图 1-32、图 1-33 所示工件，工件坐标系如何建立比较科学、合理？为什么？

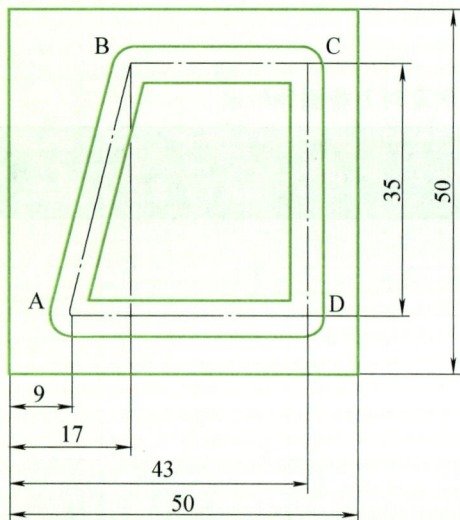

图 1-32　工件一

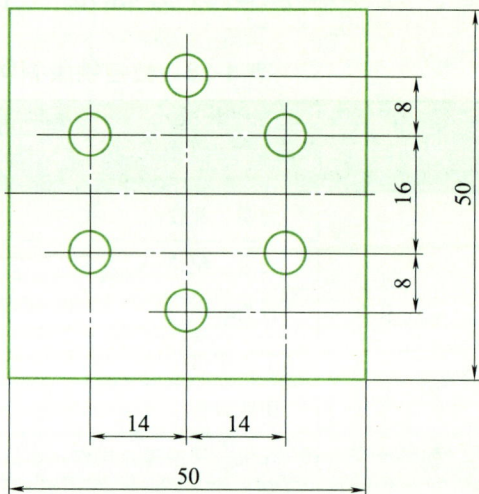

图 1-33　工件二

4. 赛一赛：在技能大赛中，对刀的速度和准确率是影响比赛结果的关键因素之一。它除了考验参赛者的心理素质，也检验对刀基本功。请在小组内、小组之间开展数控铣刀对刀竞赛，看谁对刀又快，准确率又高。

# 项目二　平面油槽加工

## 学习目标

### 1. 知识目标

1）掌握 N、F、S、T、M、G 等七大类程序字功能。

2）掌握 G00、G01、M 指令及应用。

3）掌握编制完整的数控加工程序的方法。

4）了解发那科系统与西门子系统常用 G 指令。

### 2. 技能目标

1）会制订油槽加工方案。

2）会进行空运行及单段加工。

3）能按要求加工出直线型油槽。

本任务完成图 2-1 所示直线型油槽的加工，其三维效果图如图 2-2 所示，材料为硬铝。

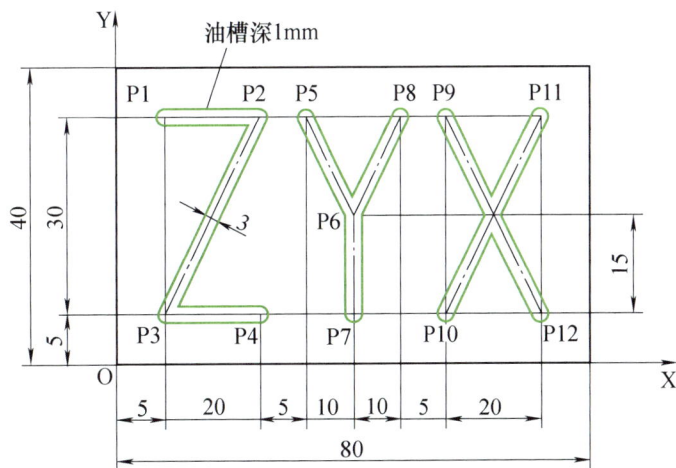

图 2-1　零件图

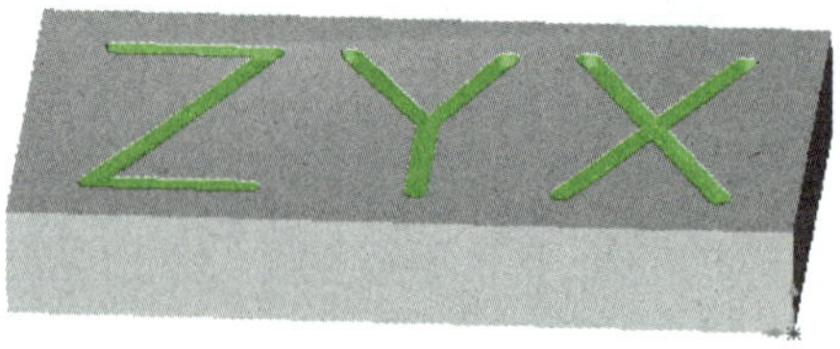

图 2-2　三维效果图

**知识学习**

## 一、程序指令

### 1. 七大类数控机床程序字（功能字）

数控机床每个程序字表示一种功能，由程序字组成一个个程序段，完成数控机床某一预定动作。根据程序字的功能，程序字通常有七大类，分别为顺序号字、尺寸功能字、进给功能字、刀具功能字、主轴转速功能字、辅助功能字和准备功能字，其地址、含义及说明见表 2-1 和表 2-2。

表 2-1　常用功能字地址、含义及说明

| 序号 | 功 能 字 | 地址或代码 | 含义及说明 | 示 例 |
|---|---|---|---|---|
| 1 | 程序段号功能字或顺序号字 | N | 从 N0000～N9999，表示程序段段号，常放在程序段段首位置，不代表程序段的执行顺序，仅用于程序的检索和校验，可以不连续 | N10<br>N20<br>N30 |
| 2 | 尺寸功能字 | X、Y、Z、A、B、C、I、J、K | 表示坐标尺寸、位移、转角或半径等，单位有公制和英制之分，公制单位用毫米（mm）表示，英制单位用英寸（in）表示 | 如 X100.0 表示 X 方向坐标为 100mm，Z30.0 表示 Z 方向坐标为 30mm |
| 3 | 进给功能字 | F | 表示刀具进给速度大小，单位为 mm/min 或 mm/r，数控车床进给速度单位常用毫米/转（mm/r），数控铣床进给速度单位常用毫米/分钟（mm/min） | 如 N10 G01 X20 Y10 F70；表示刀具进给速度为 70mm/min |
| 4 | 刀具功能字 | T | 表示刀具代号 | 如 T01 表示 1 号刀具，T03 表示 3 号刀具 |
| 5 | 主轴转速功能字 | S | 表示主轴转速大小 | 如 S1500 表示主轴转速为 1500r/min |
| 6 | 辅助功能字 | M | 从 M00～M999，前置的"0"可省略不写，如 M02 与 M2、M03 与 M3 可以互用，表示机床辅助动作的接通或断开，一般由 PLC（可编程控制器）控制 | 常用辅助功能指令及含义见表 2-2 |

（续）

| 序号 | 功 能 字 | 地址或代码 | 含义及说明 | 示 例 |
|---|---|---|---|---|
| 7 | 准备功能字 | G | 从 G00~G99（或 G999），前置的"0"可省略不写，如 G00 与 G0、G02 与 G2 可以互用，表示机床做好某种准备动作，有模态代码和非模态代码两种，模态代码一经使用持续有效，直至同组 G 代码出现为止，非模态代码仅在本程序段中有效，又称为程序段有效代码 | 常用 G 功能指令见附录 |

表 2-2 FANUC 0i-Mate 和 SINUMERIK 828D（840D sl）系统常用辅助功能指令及含义

| 指 令 | 含 义 | 指 令 | 含 义 |
|---|---|---|---|
| M00 | 程序停止 | M06 | 换刀 |
| M01 | 计划停止 | M08 | 切削液开 |
| M02 | 程序结束 | M09 | 切削液关 |
| M03 | 主轴正转 | M30 | 程序结束 |
| M04 | 主轴反转 | M19 | 主轴定向停止 |
| M05 | 主轴停 | | |

程序段中，程序字的位置可以不固定，但为书写和查阅方便，一般按 N…G…X…Y…Z…F…S…T…M…等方式排列。

### 2. 快速点定位 G00（或 G0）指令

指刀具以机床规定的快速移动速度从所在位置移动到目标点位置。其指令格式、参数含义及使用说明见表 2-3。

表 2-3 G00 指令格式、参数含义及使用说明

| 指令格式 | G00 X_ Y_ Z_ |
|---|---|
| 参数含义 | X、Y、Z：指定目标点坐标 |
| 示 例 | 刀具空间快速运动至 P 点（40，30，5），数控程序为：<br>G00 X40.0 Y30.0 Z5.0; |
| 使用说明 | （1）G00 指令刀具移动速度由机床规定，无须在程序段中指定<br>（2）G00 指令为模态有效代码，一经使用持续有效，直到被同组 G 代码（G01、G02…）取代为止<br>（3）G00 指令移动速度快，只能使用在空行程或退刀场合，以缩短时间，提高效率<br>（4）G00 指令目标点不能设置在工件表面上，应距离工件表面 3~10mm 的安全距离，且在移动过程中不能碰到机床、夹具等，如图 2-3 所示<br>（5）发那科系统与西门子系统指令格式相同 |

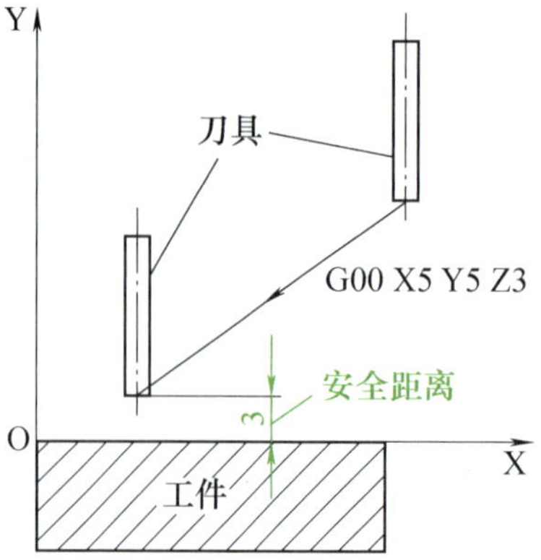

图2-3 安全距离

### 3. 直线插补G01（或G1）指令

指刀具以编程指定的进给速度移动到目标点。其指令格式、参数含义及使用说明见表2-4。

表2-4 G01指令格式、含义及使用说明

| 指 令 格 式 | G01 X_ Y_ Z_ F_; |
|---|---|
| 参 数 含 义 | X、Y、Z：指定直线插补目标点坐标<br>F：指定直线插补进给速度 |
| 示 例 | 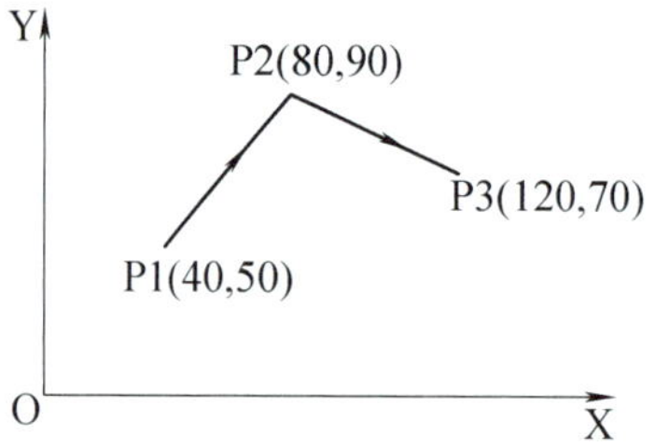 <br><br>刀具起点在P1点，直线加工至P2点，再直线加工至P3点，数控程序为：<br>N20　G01　X80.0　Y90.0　F70；　　由P1直线插补至P2，进给速度为70mm/min<br>N30　　X120.0　Y70.0；　　　　　　由P2直线插补至P3，（G01、F70为续效指令，可不写） |
| 使 用 说 明 | （1）G01指令用于零件切削加工，加工中必须指定刀具进给速度，且一段程序中只能指定一个进给速度<br>（2）G01指令移动速度较慢，空行程或退刀过程中用此指令则走刀时间长，效率低<br>（3）G01指令为模态有效代码，一经使用持续有效，直至被同组G代码（G00、G02…）取代为止<br>（4）发那科系统与西门子系统指令格式相同 |

## 二、加工工艺分析

### 1. 工、量、刃具选择

（1）工具选择　工件采用机用平口钳装夹，下垫垫铁，其他工具见表2-5。

（2）量具选择　加工尺寸精度要求不高，量具用 0～150mm 游标卡尺，另用百分表校正机用平口钳，具体规格、参数见表 2-5。

（3）刀具选择　本任务加工的油槽深度为 1mm，加工材料为硬铝，铣刀直径选取与油槽的宽度相同，为 3mm，铣刀材料选用价格较低的普通高速钢，加工中需垂直下刀，故选用键槽铣刀为宜，见表 2-5。

表 2-5　直线型油槽加工工、量、刃具清单

| 工、量、刃具清单 | | | | | 图　号 | 图 2-1 |
| 种　类 | 序　号 | 名　称 | 规　格 | 分度值/mm | 单　位 | 数　量 |
|---|---|---|---|---|---|---|
| 工具 | 1 | 机用平口钳 | QH135 | | 个 | 1 |
| | 2 | 扳手 | | | 把 | 1 |
| | 3 | 平行垫铁 | | | 副 | 1 |
| | 4 | 塑胶锤子 | | | 个 | 1 |
| 量具 | 1 | 游标卡尺 | 0～150mm | 0.02 | 把 | 1 |
| | 2 | 百分表及表座 | 0～10mm | 0.01 | 只 | 1 |
| 刃具 | 1 | 键槽铣刀 | φ3mm | | 把 | 1 |

### 2. 加工工艺方案

（1）加工工艺路线　不用分粗、精加工，一次垂直下刀至要求的深度尺寸。加工路线考虑路径最短原则即可，对于不连续油槽，应注意设置刀具抬刀工艺，图 2-4 所示为参考路线。

刀具从 P1 点下刀→直线加工至 P2 点→直线加工至 P3 点→直线加工至 P4 点→抬刀（加工"Z"字形油槽）。

刀具空间移动至 P5 点上方→下刀→直线加工至 P6 点→直线加工至 P7 点→抬刀→刀具空间移动至 P8 点上方→下刀→直线加工至 P6 点→抬刀（加工"Y"字形油槽）。

刀具空间移至 P9 点上方→下刀→直线加工至 P12→抬刀→刀具空间移动至 P11 点上方→下刀→直线加工至 P10 点→抬刀结束（加工"X"字形油槽）。

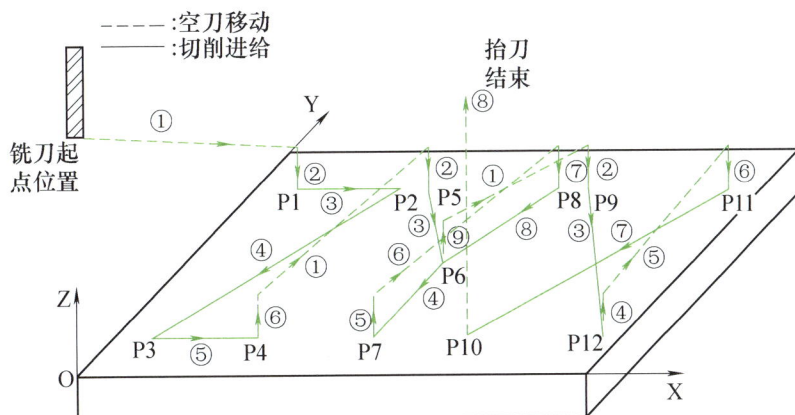

图 2-4　加工工艺路线

（2）合理选择切削用量　加工材料为硬铝，硬度较低，切削力较小，主轴转速可选得较高；刀具直径得较小，进给速度应选择得较小；油槽深1mm，一次下刀至深度，具体如下：

主轴转速：1200r/min。

进给速度：垂直加工，50mm/min。

表面加工，70mm/min。

### 三、参考程序编制方法

（1）工件坐标系建立　根据工件坐标系建立原则，Z坐标零点设置在工件上表面，X、Y零点设置在设计基准上，此工件宜设置在工件左下侧顶点上（图2-1）。

（2）基点坐标计算　零件各几何要素之间的连接点称为基点，如零件轮廓上两条直线的交点、直线与圆弧的交点或切点等，基点坐标是编程中需要的重要数据。

如图2-1所示，计算出P1～P12等基点的坐标，见表2-6。

表 2-6　基点坐标　　　　　　　　　　　　　　　　（单位：mm）

| 基　　点 | 坐标（X，Y） | 基　　点 | 坐标（X，Y） | 基　　点 | 坐标（X，Y） |
|---|---|---|---|---|---|
| P1 | （5，35） | P5 | （30，35） | P9 | （55，35） |
| P2 | （25，35） | P6 | （40，20） | P10 | （55，5） |
| P3 | （5，5） | P7 | （40，5） | P11 | （75，35） |
| P4 | （25，5） | P8 | （50，35） | P12 | （75，5） |

（3）程序编制　加工前必须做好各项准备工作，编程时这些准备工作的数控指令应编写在第一、二段程序内，然后才开始编写加工程序，准备工作指令一般有：

1）将机床坐标系原点偏置到工件坐标系原点指令：G54、G55、G56、G57等。

2）主轴正转及转速指令：M03（或M04，反转，很少用）、S指令代码等。

3）加工所用的刀具号，即T指令代码，如T1、T2等。

4）切削液打开指令，即M08（如不用切削液，则可不编写）。

5）发那科系统初始状态设置指令，如取消刀具半径补偿（G40）、取消刀具长度补偿（G49）、绝对值编程（G90）、每分钟进给（G94）、毫米输入（G21）、取消固定循环（G80）、取消坐标系偏转（G69）、XY平面选择（G17）等指令。西门子系统初始状态指令可不必编写。

6）刀具起点位置（也可不设置刀具起点位置，但必须保证刀具运行时不发生撞刀）。

以上加工准备指令可写在同一程序段内，也可分别写在不同程序段内；大多数加工程序第一段、第二段程序都差不多，不同的是工艺参数略有差异，如：

N10 G54 G40 G90 G94 M3 S1200 T01；

N20 M08 G0 X0 Y0 Z100；

发那科系统在第一、二段程序内还需编写其他初始状态设置指令。准备工作做好后，就可以按刀具加工工艺路径依次编写其他加工程序段。

（4）参考程序　程序名：发那科系统程序名"O0021"；西门子系统程序名"XX0021.MPF"。本任务发那科系统与西门子系统程序基本相同，参考程序见表2-7。

表2-7　直线型油槽加工参考程序

| 程序段号 | 程序内容 | 程序说明 |
| --- | --- | --- |
| N10 | G54 G90 G40 M3 S1200 T01； | 设置零点偏置，主轴正转，转速为1200r/min，T01号刀具 |
| N20 | G00 X5 Y35 Z5； | 刀具空间快速移动到P1点上方5mm处 |
| N30 | G01 Z-1 F50； | 以G01速度垂直下刀，深1mm，进给速度为50mm/min |
| N40 | X25 F70； | 以G01速度加工到P2点，进给速度为70mm/min |
| N50 | X5 Y5； | 以G01速度加工到P3点，进给速度为70mm/min |
| N60 | X25； | 以G01速度加工到P4点，进给速度为70mm/min |
| N70 | G00 Z5； | 以G00速度抬刀，Z方向坐标5mm |
| N80 | X30 Y35； | 刀具空间快速移动到P5点上方5mm处 |
| N90 | G01 Z-1 F50； | 以G01速度垂直下刀，深1mm，进给速度为50mm/min |
| N100 | X40 Y20 F70； | 以G01速度加工到P6点，进给速度为70mm/min |
| N110 | Y5； | 以G01速度加工到P7点，进给速度为70mm/min |
| N120 | G00 Z5； | 以G00速度抬刀，Z方向坐标5mm |
| N130 | X50 Y35； | 刀具空间快速移动到P8点上方5mm处 |
| N140 | G01 Z-1 F50； | 以G01速度垂直下刀，深1mm，进给速度为50mm/min |
| N150 | X40 Y20 F70； | 以G01速度加工到P6点，进给速度为70mm/min |
| N160 | G00 Z5； | 以G00速度抬刀，Z方向坐标5mm |
| N170 | X55 Y35； | 刀具空间快速移动到P9点上方 |
| N180 | G01 Z-1 F50； | 以G01速度垂直下刀，深1mm，进给速度为50mm/min |
| N190 | X75 Y5 F70； | 以G01速度加工到P12点，进给速度为70mm/min |
| N200 | G00 Z5； | 以G00速度抬刀，Z方向坐标5mm |
| N210 | X75 Y35； | 刀具空间快速移动到P11点上方 |
| N220 | G01 Z-1 F50； | 以G01速度垂直下刀，深1mm，进给速度为50mm/min |
| N230 | X55 Y5 F70； | 以G01速度加工到P10点，进给速度为70mm/min |
| N240 | G00 Z100； | 以G00速度抬刀，Z方向坐标100mm |
| N250 | M02； | 程序结束 |

注：发那科系统在第一段程序中一般还需添加G49（取消刀具长度补偿）、G21（选择毫米输入）、G80（取消固定循环）等指令，如第一段程序指令过多，可把第一段程序分成两段编写；西门子系统一般不需编写G71、G90、G40等初始状态指令。另外，模态有效代码在下一个程序段中可省略不写。

**资料链接**

1）数控机床程序字除常用的七大类功能字外，还有一些表示其他功能的字，一般由字母及数字组成，发那科系统常见的其他字有：D 表示刀具半径补偿号；H 表示刀具长度补偿号；R 表示圆弧半径；P 表示子程序指定和重复次数等。西门子系统程序字还可包含多个字母，采用多个字母时，数值与字母间用"＝"隔开，如 CR＝10。西门子系统常用的程序字见表 2-8。

表 2-8　西门子系统常用的程序字

| 地　址 | 功　能 | 说　明 |
|---|---|---|
| CR | 圆弧半径 | 在 G02、G03 中确定圆弧半径 |
| D | 刀具补偿号 | 一个刀具最多有 9 个补偿号 |
| R | 计算参数 | 用于数值设定、加工循环传递、循环内部计算 |
| F | 进给速度或停顿时间 | 与 G04 结合使用，表示停顿时间 |
| P | 子程序调用次数 | 如 P3：在同一程序段中调用 3 次子程序 |
| L | 子程序名或子程序调用 | 从 L1～L9999999，使用时为一独立程序段 |
| RND | 倒圆 | 在两个轮廓之间以给定的半径值插入过渡圆弧 |
| CHF | 倒角 | 在两个轮廓之间插入给定长度的倒角 |
| RPL | 偏转角度 | 坐标系偏转指令 ROT、AROT 中指偏转角度 |
| AP | 极角 | 使用极坐标指令时，极半径与工作平面水平轴之间的角度 |
| RP | 极半径 | 使用极坐标指令时，选定点到极点的距离 |

2）除准备功能指令分为模态有效和程序段有效两种类型外，其他功能指令也分为模态有效和程序段有效两类。模态有效一经出现持续有效，直到被同组指令取代为止；程序段有效则只在本程序段中有效。大多数尺寸指令、刀具指令、进给指令、辅助指令等都是模态有效指令。

**任务实施**

## 一、加工准备

1）检查毛坯尺寸。

2）开机、回参考点。

3）程序输入：把编写好的程序通过数控面板输入数控机床。

4）工件装夹：先把机用平口钳装夹在铣床工作台上，用百分表校正机用平口钳，使钳口与铣床 X 方向平行。将工件装夹在机用平口钳上，下垫垫铁，使工件放平并伸出钳口 5～10mm，夹紧工件。

5）刀具装夹：选用 φ3mm 键槽铣刀、2~4mm 弹簧夹头，把弹簧夹头装入铣刀刀柄中，再装入铣刀并夹紧；最后把刀柄装入铣床或加工中心主轴。

## 二、对刀

X、Y、Z 轴均采用试切法对刀，并把操作得到的零点偏置值输入到 G54 等偏置寄存器中。

## 三、空运行

空运行是指刀具按机床预先规定的速度运行，刀具运行速度与程序中编写的进给速度无关，用来在机床不安装工件时检查刀具的运动轨迹（一般为避免撞刀，常把基础坐标系中的 Z 值提高 50~100mm 后运行程序）。此外，还可用机床锁住、辅助功能锁住等功能来配合检查数控程序是否正确。

### 1. 发那科系统

（1）空运行操作

1）按参数键 🔲。

2）按 坐标系 软键。

3）把基础坐标系中的 Z 方向值变为 +50（把刀具抬高，避免撞刀）。

4）选择 MEM（自动加工）模式，按下空运行开关，按下循环启动按钮，观察程序及加工轨迹。

5）空运行结束后，把空运行开关复位，基础坐标系中的 Z 值恢复为 0。

（2）机床锁住操作　按下机床操作面板上的机床锁住开关，在自动加工模式下启动程序后，刀具不再移动，但是显示器上每一轴运动的位移都在变化，就像刀具在运动一样。

（3）辅助功能锁住操作　按下机床操作面板上的辅助功能锁住开关，M、S、T 代码被禁止输出并且不能执行，与机床锁住功能结合进行检验程序。有些数控机床无此项功能，此时以机床说明书为准。

### 2. 西门子系统

1）把基础坐标系中的 Z 方向值设为 +50（把刀具抬高，避免撞刀）。

2）按 🔲 键选择自动加工模式，按程序管理键 🔲，按 打开 软键，按 执行 软键打开并执行要运行的程序。

3）按 程序控制 软键，出现如图 2-5 所示界面，按 ▲ ▼ 光标移动键，将光标移至 □DRY 空运行进给 处，按 🔲 键选中"空运行"，按 🔲 键即可使机床以规定的速度快速运行程序。

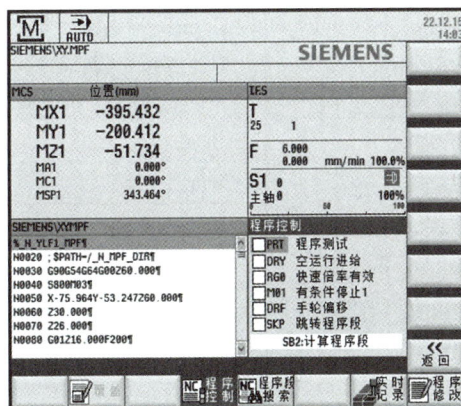

图 2-5　西门子系统程序控制界面

4）若选中 ▣▣ 软键，则机床锁住，只快速运行程序一遍，刀具不移动。

## 四、程序单段运行加工

程序单段运行加工模式是按下数控启动键后，刀具在执行完程序中的一段程序后停止，再次按数控启动键则再次执行一段程序。通过单段加工模式可以一段一段地执行程序，便于仔细检查和调试数控程序。

（1）发那科系统操作步骤　按单段运行开关 ▣，选择自动加工模式，调好进给倍率，打开程序，按下循环启动键进行程序加工。每段程序运行结束后，继续按循环启动键，即可一段一段地执行加工程序。

（2）西门子系统操作步骤　打开程序，选择自动加工模式，按机床操作面板上的程序单段运行键 ▣，再按数控启动键加工。每段程序运行结束后，继续按数控启动键，即可一段一段地执行加工程序。

## 五、任务检测与评分标准（表2-9）

表2-9　直线型油槽加工检测评价表

| 序号 | 检测项目 | 检测内容及要求 | 配分 | 学生自检 | 学生互检 | 教师检测 | 得分 |
|---|---|---|---|---|---|---|---|
| 1 | 职业素养 | 文明、礼仪 | 5 | | | | |
| 2 | | 安全、纪律 | 10 | | | | |
| 3 | | 行为习惯 | 5 | | | | |
| 4 | | 工作态度 | 5 | | | | |
| 5 | | 团队合作 | 5 | | | | |
| 6 | 制订工艺 | 1）选择装夹与定位方式<br>2）选择刀具<br>3）选择加工路径<br>4）选择合理的切削用量 | 5 | | | | |
| 7 | 程序编制 | 1）编程坐标系选择正确<br>2）指令使用与程序格式正确<br>3）基点坐标正确 | 10 | | | | |
| 8 | 机床操作 | 1）开机前检查、开机、回参考点<br>2）工件、刀具装夹与对刀<br>3）程序输入与校验 | 5 | | | | |
| 9 | 零件加工 | 3mm | 5 | | | | |
| 10 | | 5mm（4处） | 10 | | | | |
| 11 | | 10mm（2处） | 10 | | | | |
| 12 | | 15mm | 5 | | | | |
| 13 | | 20mm（2处） | 10 | | | | |
| 14 | | 30mm | 5 | | | | |
| 15 | | 1mm | 5 | | | | |
| | 综合评价 | | | | | | |

### 操作注意事项

1）加工时垂直进给，刀具只能选用二齿键槽铣刀，不能使用立铣刀。

2）刀具、工件应按要求夹紧。

3）对刀操作应准确、熟练，时刻注意手动移动方向及调整进给倍率大小，避免因移动方向错误和进给倍率过大而发生撞刀现象。

4）加工前应仔细检查程序，尤其检查垂直下刀不用使用 G00 指令、一个轮廓加工完毕是否设置抬刀程序段，以避免撞刀现象的发生。

5）加工时应关好防护门。

6）首次切削禁止采用自动加工模式，以避免意外事故发生。

7）发那科系统机床坐标系和工件坐标系的位置关系在机床锁住前后有可能不一致，故使用机床锁住功能后，应手动重回参考点。

8）尽可能采用机床锁住（西门子系统是程序测试）功能检验程序，若采用空运行，必须将刀具抬高，以避免撞刀。

9）如有意外事故发生，应按复位键或紧急停止按钮，查找原因。

### 思考与练习

1. 如何完整编写加工一个零件的数控程序？

2. 常用数控程序功能字有哪几大类？各有何功能？

3. G00、G01 指令格式如何？使用时二者有何区别？

4. 做一做：编写加工图 2-6 所示图形的加工程序（图形深 1mm）并进行加工。

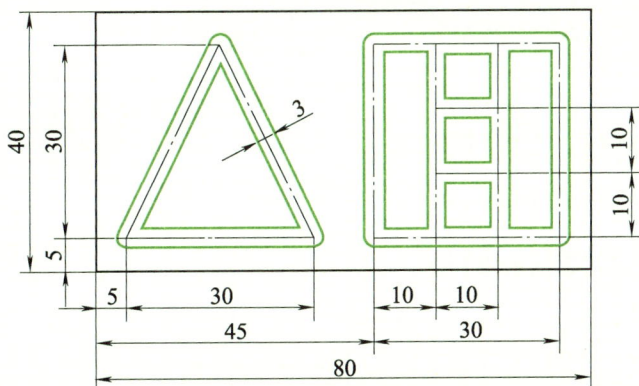

图 2-6　4 题图

任务二　圆弧型油槽加工

## 🔄 学习目标

### 1. 知识目标

1) 了解 G17、G18、G19 平面选择指令的含义。

2) 掌握 G02、G03 圆弧插补指令及应用。

3) 掌握圆弧加工方法。

### 2. 技能目标

1) 会计算基点坐标。

2) 会利用数控机床仿真功能检查数控程序。

3) 采用自动加工方法完成图 2-7 所示零件的加工，其三维效果图如图 2-8 所示，材料为硬铝。

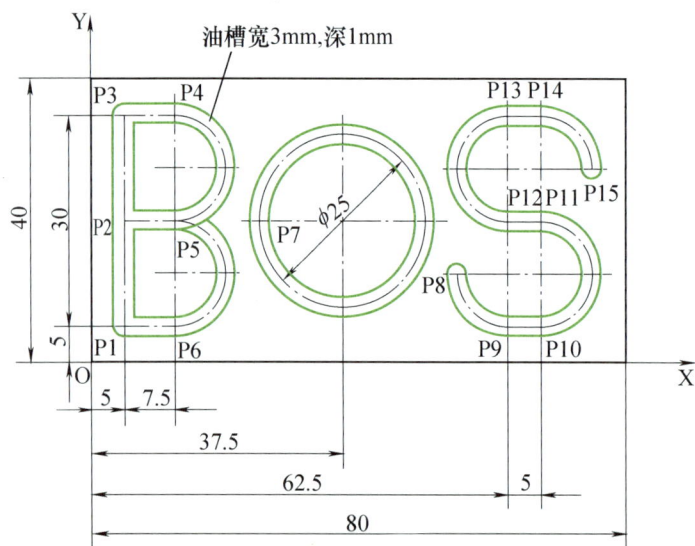

图 2-7　BOS 油槽零件图

图 2-8　三维效果图

## 🔄 知识学习

## 一、编程指令

### 1. 平面选择指令（G17、G18、G19）

（1）指令功能　在进行圆弧插补、刀具半径补偿及刀具长度补偿时必须首先确定一个平面，即确定一个由两个坐标轴构成的坐标平面。在此平面内可以进行圆弧插补、刀具半径补偿，在与此平面垂直的坐标轴方向可进行刀具长度补偿。铣床三个坐标轴构成三个平面，发那科系统与西门子系统平面选择指令相同，指令代码见表2-10和图2-9。

表2-10 平面选择指令代码

| G 代码 | 平　　面 | 垂直坐标轴（在钻削、铣削时的刀具长度补偿） |
|---|---|---|
| G17 | XY | Z |
| G18 | XZ | Y |
| G19 | YZ | X |

（2）指令使用　在立式铣床及加工中心上，圆弧插补及刀具半径补偿平面为XY平面，即G17平面，刀具长度补偿方向为Z轴方向，且G17代码在程序启动时生效。

图2-9　平面选择指令

G02、G03
圆弧加工指令

### 2. 圆弧插补指令

圆弧插补指令是使刀具按给定的进给速度沿圆弧方向进行切削加工。发那科系统与西门子系统圆弧插补指令代码、插补方向判别相同，其含义见表2-11。

表2-11　发那科系统与西门子系统圆弧插补指令代码及插补方向判别

| 指令代码 | G02（或G2）：顺时针方向圆弧插补<br>G03（或G3）：逆时针方向圆弧插补 |
|---|---|
| 判别原则 | 从不在圆弧插补平面的坐标轴正方向向负方向看，顺时针方向用G02，逆时针方向用G03 |
| 不同平面顺、逆时针插补方向判别 |  |

（1）圆弧插补终点坐标+半径指令格式　发那科系统与西门子系统圆弧插补终点坐标+半径指令格式见表2-12。

表 2-12　发那科系统与西门子系统圆弧插补终点坐标+半径指令格式、参数含义及使用说明

| 数控系统 | 发那科系统 | 西门子系统 |
|---|---|---|
| 指令格式 | G17 G02/G03　X_　Y_　R_　F_ | G90 G17 G02/G03　X_　Y_　CR =_　F_ |
| 参数含义 | X、Y：圆弧插补终点的绝对坐标<br>R：圆弧半径，大于180°的圆弧为负值，小于等于180°的圆弧为正值<br>F：进给速度 | X、Y：圆弧插补终点的绝对坐标<br>CR：圆弧半径，大于180°的圆弧为负值，小于等于180°的圆弧为正值<br>F：进给速度 |
| 示　例 | | |
| | 发那科系统圆弧插补程序<br>N30 G17 G02 X90 Y40 R52 F60 | 西门子系统圆弧插补程序<br>N30 G17 G02 X90 Y40 CR = 52 F60 |
| 使用说明 | 1. G02、G03 指令为模态有效指令，一经使用持续有效，直到被同组 G 代码（G00、G01）取代为止<br>2. R（CR）为程序段有效代码，在指令格式中不能省略<br>3. 该指令格式不能用于整圆的加工 | |

（2）圆弧插补终点坐标+圆心坐标指令格式　当某段圆弧只给定终点坐标及圆心相对于圆弧起点坐标而未指定半径时，需用终点坐标+圆心坐标指令格式编程，发那科系统与西门子系统指令格式相同，其指令格式、参数含义及使用说明见表 2-13。

表 2-13　圆弧插补终点坐标+圆心坐标指令格式、参数含义及使用说明

| 指令格式 | G17 G02/G03 X_　Y_　I_　J_　F_； |
|---|---|
| 参数含义 | X、Y：圆弧插补终点绝对坐标<br>I、J：圆弧圆心相对于圆弧起点的增量坐标，有正负之分，与坐标轴方向相同为正，相反为负<br>F：进给速度 |
| 示　例 | <br>程序：G17 G02 X100 Y44 I19 J-48 F60； |
| 使用说明 | 1. 终点坐标+圆心坐标格式不仅可用于加工一般圆弧，还可用于整圆加工<br>2. 终点坐标+圆心坐标格式中不管是用 G90 还是用 G91 指令，I、J 均表示圆弧圆心相对于圆弧起点的增量值 |

**例**　如图 2-10 所示，加工整圆，刀具起点在 A 点，逆时针加工，编制其加工程序。

**解：**用格式一（终点坐标+圆弧半径）把整圆分两段加工，先加工半圆再加工另半圆。

用格式二（终点坐标+圆心坐标）直接用一段程序即可加工出整圆。

参考程序见表 2-14。

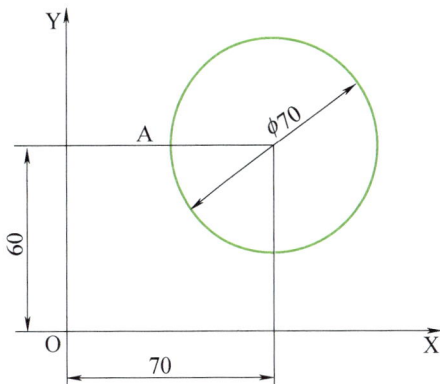

图 2-10　加工整圆

表 2-14　参考程序

| 数 控 系 统 | 发那科系统 | 西门子系统 |
|---|---|---|
| 格式一程序 | N10 G03 X105 Y60 R35 F50；<br>N20 X35 Y60 R35； | N10 G03 X105 Y60 CR = 35 F50<br>N20 X35 Y60 CR = 35 |
| 格式二程序 | N10 G03 X35 Y60 I35 J0 F50； | |

## 二、加工工艺分析

### 1. 工、量、刃具选择

（1）工具选择　工件采用机用平口钳装夹，下垫垫铁，其他工具见表 2-15。

（2）量具选择　加工尺寸精度要求不高，用游标卡尺测量，另用百分表校正机用平口钳，其规格、参数见表 2-15。

（3）刃具选择　本任务加工的油槽深度为 1mm，加工材料为硬铝，铣刀直径选择与油槽宽度相同，为 3mm，铣刀材料选用价格较低的普通高速钢，加工中需垂直下刀，故选用键槽铣刀为宜，见表 2-15。

表 2-15　圆弧型油槽加工工、量、刃具清单

| 工、量、刃具清单 | | | | | 图　号 | 图 2-7 |
|---|---|---|---|---|---|---|
| 种　类 | 序　号 | 名　称 | 规格/mm | 分度值/mm | 单　位 | 数　量 |
| 工具 | 1 | 机用平口钳 | | | 个 | 1 |
| | 2 | 扳手 | | | 把 | 1 |
| | 3 | 平行垫铁 | | | 副 | 1 |
| | 4 | 塑胶锤子 | | | 个 | 1 |
| 量具 | 1 | 游标卡尺 | 0~150 | 0.02 | 把 | 1 |
| | 2 | 百分表及表座 | 0~10 | 0.01 | 只 | 1 |
| 刃具 | 1 | 键槽铣刀 | φ3 | | 把 | 1 |

### 2. 加工工艺方案

（1）加工工艺路线　不分粗、精加工，一次垂直下刀至深度尺寸，加工出油槽。对于不连续油槽，应设置抬刀工艺（图2-7），参考路线如下：

刀具移动到P2点上方→下刀→直线加工至P3点→直线加工至P4点→顺时针圆弧加工至P5点→直线加工至P2点→直线加工至P1点→直线加工至P6点→逆时针圆弧加工至P5点→抬刀（加工"B"字形油槽）。

刀具移至P7点上方→下刀→圆弧加工至P7点→抬刀（加工"O"字形油槽）。

刀具移至P8点上方→下刀→逆时针圆弧加工至P9点→直线加工至P10点→逆时针圆弧加工至P11点→直线加工至P12点→顺时针圆弧加工至P13点→直线加工至P14点→顺时针圆弧加工至P15点→抬刀结束（加工"S"字形油槽）。

（2）合理选择切削用量　加工材料为硬铝，硬度较低，切削力较小，切削速度可选大些；刀具直径较小，进给速度选得小一些；油槽深1mm，一次下刀至深度。

主轴转速：1200r/min。

进给速度：垂直进给速度50mm/min；表面进给速度70mm/min。

## 三、参考程序编制

（1）建立工件坐标系　根据工件坐标系建立原则：X轴、Y轴零点取在工件的设计基准或工艺基准上，Z轴零点取在工件上表面，故工件坐标系设置在O点，如图2-7所示。

（2）计算基点坐标　坐标系建立后应计算基点P1、P2、…、P15等（图2-7）坐标，其中B、S圆弧半径为7.5mm，油槽"O"圆弧半径为12.5mm，具体基点坐标见表2-16。

表2-16　基点坐标　　　　　　　　　　　　　　　（单位：mm）

| 基　点 | 坐标（X，Y） | 基　点 | 坐标（X，Y） |
|---|---|---|---|
| P1 | （5，5） | P9 | （62.5，5） |
| P2 | （5，20） | P10 | （67.5，5） |
| P3 | （5，35） | P11 | （67.5，20） |
| P4 | （12.5，35） | P12 | （62.5，20） |
| P5 | （12.5，20） | P13 | （62.5，35） |
| P6 | （12.5，5） | P14 | （67.5，35） |
| P7 | （25，20） | P15 | （75，27.5） |
| P8 | （55，12.5） | | |

（3）参考程序　发那科系统程序名为"O0022"；西门子系统程序名为"XX0022.MPF"。两套系统程序相同，见表2-17。

表 2-17　圆弧型油槽加工参考程序

| 程序段号 | 程序内容 | 程序说明 |
| --- | --- | --- |
| N10 | G0 G54 G17 G90 X0 Y0 Z100 M3 S1200 T01； | 设置工件坐标系，起刀点位置，主轴正转，转速为 1200r/min，刀具号 T01 |
| N20 | X5 Y20 Z5； | 刀具快速运动到 P2 点上方 5mm 处 |
| N30 | G01 Z-1 F50； | 以 G01 速度下刀，深 1mm |
| N40 | Y35 F70； | 从 P2 点直线加工到 P3 点，进给速度为 70mm/min |
| N50 | X12.5； | 从 P3 点直线加工到 P4 点 |
| N60 | G02 X12.5 Y20 I0 J-7.5； | 顺时针圆弧加工到 P5 点 |
| N70 | G01 X5； | 直线加工到 P2 点 |
| N80 | Y5； | 直线加工到 P1 点 |
| N90 | X12.5； | 直线加工到 P6 点 |
| N100 | G03 Y20 I0 J7.5； | 逆时针圆弧加工到 P5 点 |
| N110 | G00 Z5； | "B" 字形油槽加工完毕抬刀，Z 坐标 5mm |
| N120 | X25 Y20； | 刀具快速运动到 P7 点上方 |
| N130 | G01 Z-1 F50； | 以 G01 速度下刀，深 1mm |
| N140 | G02 I12.5 J0 F70； | 用圆弧终点坐标+圆心坐标格式加工 "O" 字形油槽 |
| N150 | G00 Z5； | 加工完毕抬刀，Z 坐标 5mm |
| N160 | X55 Y12.5； | 刀具快速运动到 P8 点上方 |
| N170 | G01 Z-1 F50； | 以 G01 速度下刀，深 1mm |
| N180 | G03 X62.5 Y5 I7.5 J0 F70； | 逆时针圆弧加工到 P9 点 |
| N190 | G01 X67.5； | 直线加工到 P10 点 |
| N200 | G03 X67.5 Y20 I0 J7.5； | 逆时针圆弧加工到 P11 点 |
| N210 | G01 X62.5； | 直线加工到 P12 点 |
| N220 | G02 Y35 I0 J7.5； | 顺时针圆弧加工到 P13 点 |
| N230 | G01 X67.5； | 直线加工到 P14 点 |
| N240 | G02 X75 Y27.5 I0 J-7.5； | 顺时针圆弧加工到 P15 点 |
| N250 | G00 Z100； | 加工完毕抬起刀具 |
| N260 | M5； | 主轴停转 |
| N270 | M02； | 程序结束 |

注：1. 发那科系统在第一段程序中一般还需添加 G49（取消刀具长度补偿）、G21（选择毫米输入）、G80（取消固定循环）等指令，如第一段程序指令过多，可把第一段程序分成两段编写。

　　2. 圆弧加工若用终点坐标+半径指令格式，则发那科系统与西门子系统程序略有不同。

**资料链接**

在 G18 或 G19 平面中进行圆弧插补时，若采用圆弧终点坐标+圆心坐标指令，其格式不同于 G17 平面中的圆弧插补。

### 1. G18（X、Z）平面圆弧插补格式

G18 G2/G3 X＿＿ Z＿＿ I＿＿ K＿＿ F＿＿；

其中，X、Z 为圆弧终点坐标；I 为圆弧起点到圆心的 X 轴方向增量值；K 为圆弧起点到圆心的 Z 轴方向增量值；F 为刀具进给速度。

### 2. G19（Y、Z）平面圆弧插补格式

G19 G2/G3 Y＿＿ Z＿＿ J＿＿ K＿＿ F＿＿；

其中，Y、Z 为圆弧终点坐标；J 为圆弧起点到圆心的 Y 轴方向增量值；K 为圆弧起点到圆心的 Z 轴方向增量值；F 为刀具进给速度。

## 任务实施

## 一、加工准备

1）检查毛坯尺寸。

2）开机、回参考点。

3）程序输入：把编写好的程序通过数控面板输入数控机床。

4）工件装夹：先把机用平口钳装夹在铣床工作台上，用百分表校正机用平口钳，使钳口与铣床 X 方向平行，再将工件装夹在机用平口钳上，下垫垫铁，使工件放平并伸出钳口 5~10mm，夹紧工件。

5）刀具装夹：选用 $\phi$3mm 键槽铣刀、2~4mm 弹簧夹头，把弹簧夹头装入铣刀刀柄中，再装入铣刀并夹紧，最后把刀柄装入铣床或加工中心主轴。

## 二、对刀

X、Y、Z 轴均采用试切法对刀，并把操作得到的零偏值输入到 G54 等偏置寄存器中。

数控加工
图形仿真

## 三、机床仿真加工

一般数控机床都带有仿真功能，可模拟刀具运动轨迹，以检查数控程序。

（1）发那科系统仿真加工操作步骤　选择自动模式，打开程序，按图形参数功能键▨，按 参数 软键，出现图形参数设置界面，可以设置图形范围、图形比例、图形中心点、自动擦除及刀具轨迹颜色等。

按 图形 软键，出现如图 2-11 所示的刀具运动轨迹仿真界面，按下机床锁住按钮▭（也可同时按下空运行按钮，以提高运行速度），按循环启动按钮▣，观察加工轨迹，检验程序。仿真加工结束后，将空运行和机床锁住按钮复位，机床重回参考点。

（2）西门子系统仿真加工操作步骤　选择自动模式，打开程序，通过▨ 软键选择

选项（图 2-5），按 模拟 软键，出现如图 2-12 所示的轨迹仿真界面。按下数控启动键，观察刀具运行轨迹。模拟之前也可通过程序控制设置"空运行"选项，以提高刀具运行速度，缩短模拟时间。通过 //、顶视图、3维视图 等软键，可进行运行、复位、顶视图观看、3D 视图观看等操作。仿真加工结束后，取消空运行和程序测试选项。

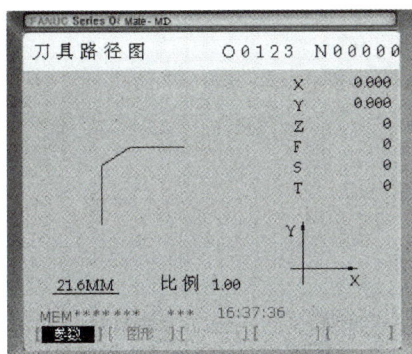

图 2-11　发那科系统刀具运动轨迹仿真界面

图 2-12　西门子系统刀具运动轨迹仿真界面

有些厂家的数控机床，按 模拟 软键能自动选中程序测试功能，仿真时机床被锁住不动，具体操作以机床说明书为准。

## 四、零件自动加工方法

发那科系统：选择自动模式，打开程序，调好进给倍率，按下循环启动按钮。

西门子系统：取消空运行和程序测试有效功能，打开程序，选择自动模式，按数控启动按钮。

## 五、任务检测与评分标准（表 2-18）

表 2-18　圆弧型油槽加工检测评价表

| 序号 | 检测项目 | 检测内容及要求 | 配分 | 学生自检 | 学生互检 | 教师检测 | 得分 |
|---|---|---|---|---|---|---|---|
| 1 | 职业素养 | 文明、礼仪 | 5 | | | | |
| 2 | | 安全、纪律 | 10 | | | | |
| 3 | | 行为习惯 | 5 | | | | |
| 4 | | 工作态度 | 5 | | | | |
| 5 | | 团队合作 | 5 | | | | |
| 6 | 制订工艺 | 1）选择装夹与定位方式<br>2）选择刀具<br>3）选择加工路径<br>4）选择合理的切削用量 | 5 | | | | |

（续）

| 序号 | 检测项目 | 检测内容及要求 | 配分 | 学生自检 | 学生互检 | 教师检测 | 得分 |
|------|---------|---------------|------|---------|---------|---------|------|
| 7 | 程序编制 | 1）编程坐标系选择正确<br>2）指令使用与程序格式正确<br>3）基点坐标计算正确 | 10 | | | | |
| 8 | 机床操作 | 1）开机前检查、开机、回参考点<br>2）工件、刀具的装夹与对刀<br>3）程序输入与校验 | 5 | | | | |
| 9 | | 3mm | 5 | | | | |
| 10 | | 5mm（3处） | 10 | | | | |
| 11 | | 7.5mm | 5 | | | | |
| 12 | 零件加工 | 30mm | 5 | | | | |
| 13 | | 37.5mm | 5 | | | | |
| 14 | | 62.5mm | 5 | | | | |
| 15 | | 1mm | 5 | | | | |
| 16 | | $\phi25$mm | 10 | | | | |
| | 综合评价 | | | | | | |

## 六、加工结束，清理机床

### 操作注意事项

1）刀具、工件应按要求夹紧。

2）加工前做好各项检查工作。

3）铣刀直径较小，垂直下刀应调小进给倍率。

4）首件加工时可采用单段加工，确定程序准确无误后，再采用自动加工，以避免意外。加工时关好机床防护门。

### 思考与练习

1. 分析圆弧插补指令中终点坐标+半径与终点坐标+圆心坐标两种指令格式有何区别。用终点坐标+半径格式分别编写图 2-7 所示零件的发那科系统与西门子系统加工程序。

2. 指出立式铣床圆弧插补所在平面。

3. 如图 2-13 所示，圆弧起点分别在 A、B、C、D 点时，用终点坐标+圆心坐标编写整圆加工程序。

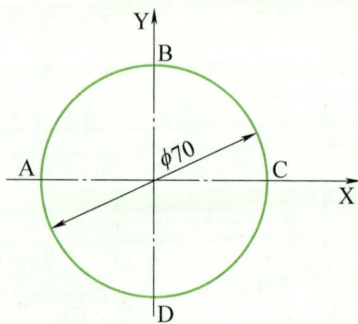

图 2-13 3题图

4. 做一做：编写图 2-14 所示"CNC"形油槽的加工程序并进行加工，油槽宽 3mm，深 1mm。

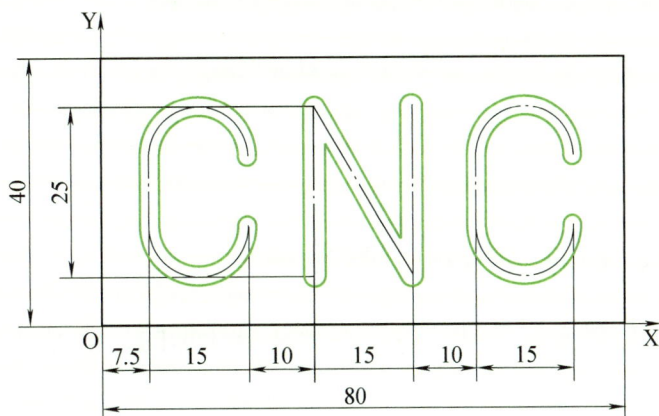

图 2-14　4 题图

# 任务三　配油盘端盖油槽加工

## 学习目标

### 1. 知识目标

1）掌握绝对坐标、相对坐标指令。

2）掌握形状较复杂基点坐标的计算方法。

3）掌握配油盘端盖油槽加工刀具、工艺参数及路径的确定方法。

### 2. 技能目标

1）会在工件原点处于不同位置时进行对刀操作。

2）完成图 2-15 所示零件的加工，其三维效果如图 2-16 所示，材料为硬铝。

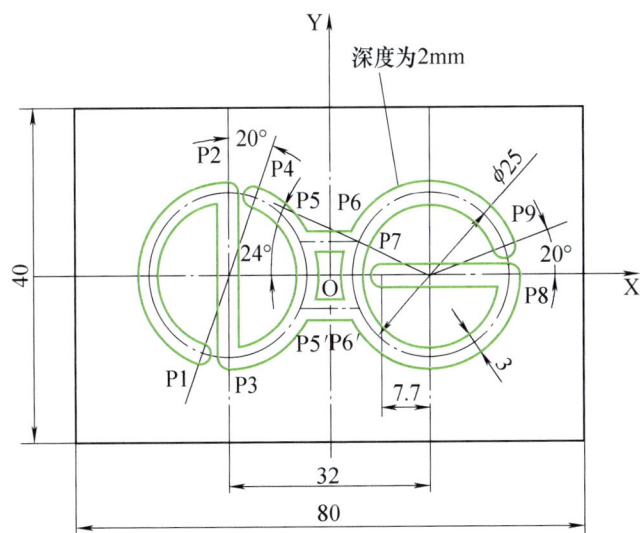

图 2-15　零件图

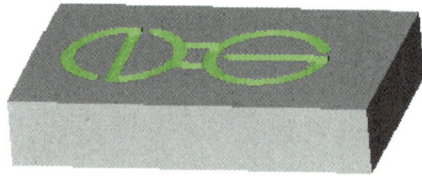

图 2-16　三维效果图

知识学习

## 一、绝对坐标、相对（增量）坐标指令

绝对坐标：刀具的位置坐标是以工件原点为基准计算的，即刀具当前位置在工件坐标系中的坐标。

相对（增量）坐标：刀具位置坐标是相对于前一位置的增量，方向与坐标轴方向一致为正，方向与坐标轴方向相反为负。

发那科系统与西门子系统绝对坐标、相对坐标指令见表 2-19。

G90、G91
增量编程指令

表 2-19　发那科系统与西门子系统绝对坐标、相对坐标指令

| 指令名称 | 绝对坐标指令 | 相对坐标指令 |
| --- | --- | --- |
| 指令代码 | G90 | G91 |
| 示　例 | 刀具起点在 P1 点，直线加工至 P2 点，再直线加工至 P3 点，参考程序如下<br>N10 G90 G01 X50.0 Y40.0 F50;<br>N20 X85.0 Y30.0; | 刀具起点在 P1 点，直线加工到 P2 点，再从 P2 点加工到 P3 点，参考程序如下<br>N10 G91 G01 X20.0 Y25.0 F50;<br>N20 X35.0 Y-10.0; |
| 使用说明 | （1）G90、G91 为续效指令，一经指定持续有效<br>（2）一般情况下 G90 为机床默认指令，程序启动后 G90 有效，直到被 G91 替代为止<br>（3）发那科系统与西门子系统指令代码及含义相同 | |

## 二、加工工艺分析

### 1. 工、量、刃具选择

（1）工具选择　工件采用机用平口钳装夹，下垫垫铁，其他工具见表 2-20。

（2）量具选择　加工尺寸精度要求不高，量具用游标卡尺，另用百分表校正机用平口钳，其规格、参数见表 2-20。

（3）刃具选择　本任务加工油槽深度为 2mm，加工材料为硬铝，铣刀直径选择与油槽宽度相同，为 3mm，铣刀材料选用价格较低的普通高速钢，加工中需垂直下刀，故选用键槽铣刀为宜，见表 2-20。

表 2-20　配油盘端盖油槽加工工、量、刃具清单

| 工、量、刃具清单 | | | | | 图　号 | 图 2-15 | |
| --- | --- | --- | --- | --- | --- | --- | --- |
| 种　类 | 序　号 | 名　称 | 规　格 | 分度值/mm | 单　位 | 数　量 | |
| 工具 | 1 | 机用平口钳 | QH135 | | 个 | 1 | |
| | 2 | 扳手 | | | 把 | 1 | |
| | 3 | 平行垫铁 | | | 副 | 1 | |
| | 4 | 塑胶锤子 | | | 个 | 1 | |
| 量具 | 1 | 游标卡尺 | 0~150mm | 0.02 | 把 | 1 | |
| | 2 | 百分表及表座 | 0~10mm | 0.01 | 只 | 1 | |
| 刃具 | 1 | 键槽铣刀 | $\phi$3mm | | 把 | 1 | |

### 2. 加工工艺方案

（1）加工工艺路线　不分粗、精加工，一次垂直下刀至要求。对于不连续油槽，刀具应注意设置抬刀工艺，其参考加工路线如下。

刀具移动至 P1 点上方→下刀→顺时针圆弧加工至 P2 点→直线加工至 P3 点→逆时针圆弧加工至 P4 点→抬刀→刀具移动至 P7 点上方→下刀→直线加工至 P8 点→顺时针圆弧加工至 P9 点→抬刀→刀具移动至 P5 点上方→下刀→直线加工至 P6 点→抬刀→刀具移动至 P5′点上方→下刀→直线加工至 P6′点→抬刀，结束加工。

（2）合理选择切削用量　加工材料为硬铝，硬度较低，切削力较小，切削速度可选大些；但刀具直径小，进给量应选择得小一些；油槽深 2mm，一次下刀至尺寸，具体如下：

主轴转速：1200r/min。

进给速度：垂直加工 50mm/min。

表面加工 70mm/min。

## 三、参考程序编制

### 1. 建立工件坐标系

油槽处于零件对称中心，故工件坐标系 X、Y 轴零点应设置在零件几何中心上，Z 轴零点仍设置在零件上表面，如图 2-15 所示。

### 2. 计算基点坐标

图 2-15 中 P2、P3、P7、P8 各基点坐标容易得出，见表 2-21。

表 2-21 基点坐标 （单位：mm）

| 基 点 | 坐标（X，Y） |
|---|---|
| P2 | （-16，12.5） |
| P3 | （-16，-12.5） |
| P7 | （8.3，0） |
| P8 | （28.5，0） |

P1、P4、P5、P6、P9 等基点应根据正、余弦关系才能求出。如图 2-17 所示，P9 点坐标的计算方法为

$$X = 16mm + 12.5mm \times \cos20° = 27.746mm$$

$$Y = 12.5mm \times \sin20° = 4.275mm$$

其余各点用类似方法求出，见表 2-22。

表 2-22 基点坐标

| P1 | （-20.275，-11.746） X = -16mm - 12.5mm × sin20° = -20.275mm，Y = -12.5mm × cos20° = -11.746mm |
|---|---|
| P4 | （-11.725，11.746） X = -16mm + 12.5mm × sin20° = -11.725mm，Y = 12.5mm × cos20° = 11.746mm |
| P5 | （-4.581，5.084） X = -16mm + 12.5mm × cos24° = -4.581mm，Y = 12.5mm × sin24° = 5.084mm |
| P5′ | （-4.581，-5.084） 与 P5 点呈 X 轴对称 |
| P6 | （4.581，5.084） 与 P5 点呈 Y 轴对称 |
| P6′ | （4.581，-5.084） 与 P6 点呈 X 轴对称 |
| P9 | （27.746，4.275） X = 16mm + 12.5mm × cos20° = 27.746mm，Y = 12.5mm × sin20° = 4.275mm |

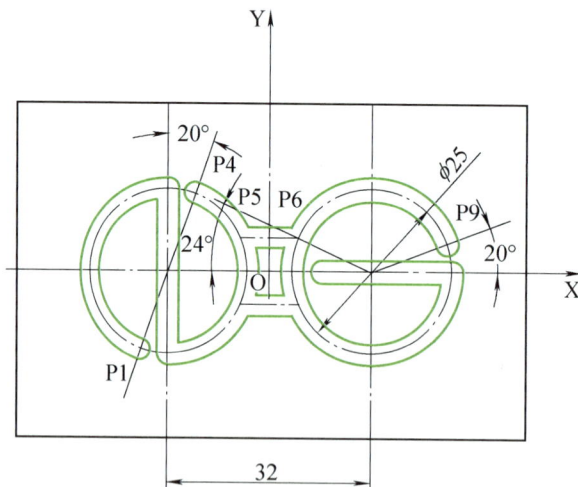

图 2-17 坐标计算

### 3. 参考程序

发那科系统程序名为"O0023"，西门子系统程序名为"XX0023. MPF"，参考程序见表 2-23。

表 2-23　配油盘端盖油槽加工参考程序

| 程序段号 | 程序内容（发那科系统） | 程序内容（西门子系统） | 程序说明 |
|---|---|---|---|
| N5 | G40 G49 G90 G80 G21； | G40 G90 G17 G71 | 设置初始状态 |
| N10 | G54 G17 M3 S1200 T01； | G54 M3 S1200 T01 | 设置加工参数 |
| N20 | G0 X−20.275 Y−11.746 Z5； | G0 X−20.275 Y−11.746 Z5 | 刀具快速运动到 P1 点上方 5mm |
| N30 | G01 Z−2 F50； | G01 Z−2 F50 | 以 G01 速度下刀 |
| N40 | G02 X−16 Y12.5 R12.5 F70； | G02 X−16 Y12.5 CR = 12.5 F70 | 顺时针圆弧加工到 P2 点 |
| N50 | G01 Y−12.5； | G01 Y−12.5 | 直线加工到 P3 点 |
| N60 | G03 X−11.725 Y11.746 R12.5； | G03 X−11.725 Y11.746 CR = 12.5 | 逆时针圆弧加工到 P4 点 |
| N70 | G00 Z5； | G00 Z5 | 以 G00 速度抬刀 |
| N80 | X8.3 Y0； | X8.3 Y0 | 快速运动到 P7 点上方 |
| N90 | G01 Z−2 F50； | G01 Z−2 F50 | 以 G01 速度下刀 |
| N100 | X28.5 F70； | X28.5 F70 | 直线加工到 P8 点 |
| N110 | G02 X27.746 Y4.275 R−12.5； | G02 X27.746 Y4.275 CR = −12.5 | 顺时针圆弧加工到 P9 点 |
| N120 | G00 Z5； | G00 Z5 | 以 G00 速度抬刀 |
| N130 | X−4.581 Y5.084； | X−4.581 Y5.084 | 快速运动到 P5 点上方 |
| N140 | G01 Z−2 F50； | G01 Z−2 F50 | 以 G01 速度下刀 |
| N150 | X4.581 F70； | X4.581 F70 | 直线加工到 P6 点 |
| N160 | G00 Z5； | G00 Z5 | 以 G00 速度抬刀 |
| N170 | X−4.581 Y−5.084； | X−4.581 Y−5.084 | 快速运动到 P5′点上方 |
| N180 | G01 Z−2 F50； | G01 Z−2 F50 | 以 G01 速度下刀 |
| N190 | X4.581 F70； | X4.581 F70 | 直线加工到 P6′点 |
| N200 | G00 Z100； | G00 Z100 | 抬刀，Z 坐标 100mm |
| N210 | M5； | M5 | 主轴停止 |
| N220 | M02； | M02 | 程序结束 |

**任务实施**

## 一、加工准备

1）检查毛坯尺寸。

2）开机、回参考点。

3）程序输入：把数控程序输入数控机床。

4）工件装夹：把机用平口钳固定在工作台上，用百分表校正，使钳口与铣床 X 轴方向平行，将工件装夹在机用平口钳中，底部用垫块垫起，使工件伸出钳口 5～10mm，并放置平稳，夹紧。

5）刀具装夹：选用 $\phi 3mm$ 键槽铣刀、2~4mm 弹簧夹头，将弹簧夹头装入铣刀刀柄中，铣刀装夹在弹簧夹头中并夹紧，最后把刀柄装入铣床主轴或加工中心主轴。

## 二、对刀操作

X、Y、Z 轴均采用试切法对刀，并把操作得到的零偏值输入到 G54 偏置寄存器中。

## 三、零件自动加工

选择自动模式（AUTO 或 MEM），按下数控启动键，运行加工程序。

## 四、任务检测与评分标准（表 2-24）

### 表 2-24  配油盘端盖油槽加工检测评价表

| 序号 | 检测项目 | 检测内容及要求 | 配分 | 学生自检 | 学生互检 | 教师检测 | 得分 |
|---|---|---|---|---|---|---|---|
| 1 | 职业素养 | 文明、礼仪 | 5 | | | | |
| 2 | | 安全、纪律 | 10 | | | | |
| 3 | | 行为习惯 | 5 | | | | |
| 4 | | 工作态度 | 5 | | | | |
| 5 | | 团队合作 | 5 | | | | |
| 6 | 制订工艺 | 1）选择装夹与定位方式<br>2）选择刀具<br>3）选择加工路径<br>4）选择合理的切削用量 | 5 | | | | |
| 7 | 程序编制 | 1）编程坐标系选择正确<br>2）指令使用与程序格式正确<br>3）基点坐标计算正确 | 10 | | | | |
| 8 | 机床操作 | 1）开机前检查、开机、回参考点<br>2）工件、刀具的装夹与对刀<br>3）程序输入与校验 | 5 | | | | |
| 9 | 零件加工 | 3mm | 5 | | | | |
| 10 | | 7.7mm | 5 | | | | |
| 11 | | 32mm | 10 | | | | |
| 12 | | $\phi 25mm$ | 10 | | | | |
| 13 | | 20°（2处） | 10 | | | | |
| 14 | | 24° | 5 | | | | |
| 15 | | 2mm | 5 | | | | |
| 综合评价 | | | | | | | |

## 五、加工结束、清理机床

### 资料链接

教学过程中可以使用数控仿真软件辅助进行编程与加工。目前市场上的数控仿真软件较多，如南京宇航、北京的斐克、上海宇龙等。其功能相近，主要用于辅助教学。当数控机床数量较少时可利用仿真软件的优势，做到人手一机，进行仿真练习，提高实习效率；当数控机床数量较多时，应尽可能少用仿真软件，避免学生在虚拟环境中养成不好的操作习惯，此时仿真软件的主要作用是对数控程序进行检验。

### 操作注意事项

1）实际操作加工把进给倍率修调为0%，再慢慢调大，避免出现意外。

2）实际操作应避免出现仿真加工中的随意性操作。

3）首件加工仍可采用单步运行，避免撞刀。

### 拓展学习

中国机床之最

数控机床作为工业的"工作母机"，是一个国家工业化水平和综合国力的综合表现。近年来，随着我国装备制造业的迅速发展，重型数控机床领域硕果累累。

### 思考与练习

1. G90、G91指令有何区别？

2. 仿一仿：用增量坐标编程方式编制图2-15所示零件的加工程序，并进行加工。

3. 做一做：编写图2-18所示梅花槽的数控加工程序并进行加工，槽深2mm。

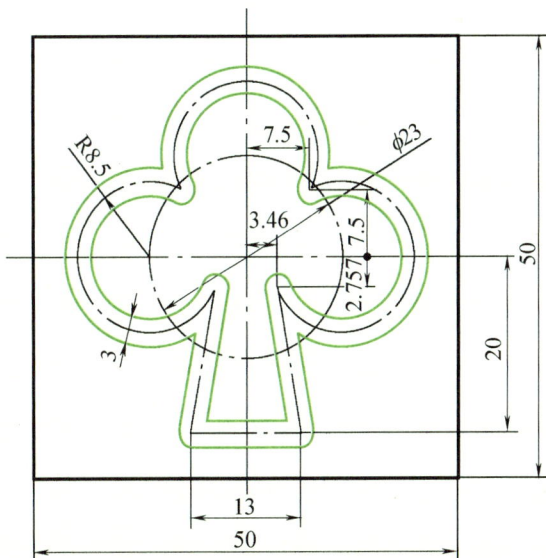

图2-18　题3图

# 项目三 孔 加 工

## 学习目标

### 1. 知识目标

1）了解孔的类型及加工方法。

2）了解麻花钻、钻孔工艺及工艺参数的选择方法。

3）掌握刀具长度补偿指令。

4）掌握孔加工循环指令。

### 2. 技能目标

1）会进行浅孔、深孔的加工。

2）会用循环指令加工浅孔、深孔。

3）完成图 3-1 所示零件的加工，其三维效果如图 3-2 所示，材料为硬铝。

图 3-1 零件图

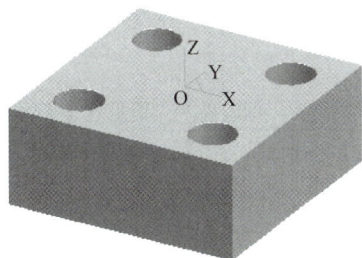

图 3-2 三维效果图

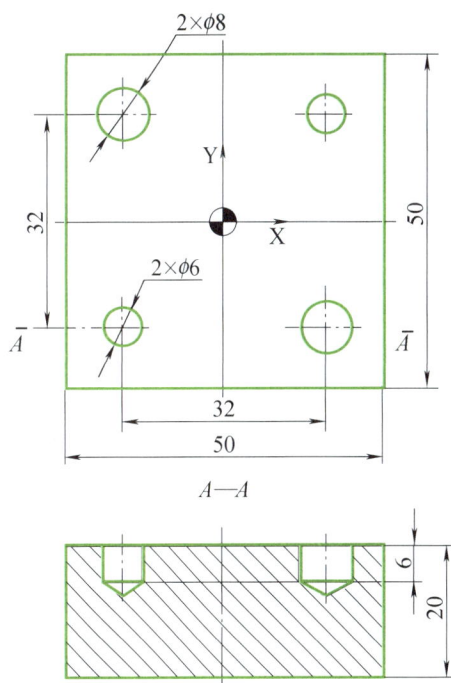

知识学习

# 一、编程指令

## 1. 刀具长度补偿指令

通常在数控铣床（加工中心）上加工一个工件要使用多把刀具，由于每把刀具长度不同，所以每次换刀后，刀具 Z 方向移动时，需要对刀具进行长度补偿，让不同长度的刀具在编程时 Z 方向坐标统一。发那科系统与西门子系统刀具长度补偿指令见表 3-1。

**表 3-1　发那科系统与西门子系统刀具长度补偿指令**

| 数 控 系 统 | 发那科系统 | 西门子系统 |
|---|---|---|
| 指令格式 | G43 Z_　H_；正向刀具长度补偿<br>G44 Z_　H_；负向刀具长度补偿<br>G49；或 H0：取消刀具长度补偿<br>其中：Z 用于指定 Z 坐标值，H 为刀具长度补偿寄存器号，H0 中刀具长度补偿值为 0 | 无刀具长度补偿指令，调用某把刀具及刀具刀沿号时即调用该刀具及该刀沿号的长度补偿值，如：T2 D2 即调用 T2 刀具 D2 刀沿号中的长度补偿值，刀具号后不写刀沿号则 D1 自动生效 |
| 使用说明 | （1）G43、G44 为模态有效指令<br>（2）刀具长度补偿寄存器地址为 H00～H99 共 100 个，补偿量用 MDI 方式输入<br>（3）H0 可替代 G49 指令取消刀具长度补偿 | 一把刀具最多可设置 30 个刀沿号。其中 D0 中值为 0。刀具被调用后，刀具长度补偿立即生效；如果编程中没有编写刀沿号，则 D1 自动生效 |
| 刀具长度补偿的三种常用方法 | 方法一：所有刀具都使用一个零点偏置指令（如 G54），对刀时先确定标准刀具在工件坐标系中的位置，并把 Z 方向对刀数值设置在零点偏置指令（即 G54）中；其次，通过对刀或机外对刀仪测出其他刀具在工件坐标系中相对于基准刀具的差值，并将其存入对应的寄存器（H 代码或刀具刀沿号）中，如图 3-3 所示。编程、加工时通过调用零点偏置指令（G54）、刀具长度补偿指令及对应的 H 代码或刀具刀沿号确定各把刀具的长度补偿 | |
| | 方法二：所有刀具都使用一个零点偏置指令（如 G54）并将其 Z 值设为 0，对刀时将每把刀具的长度值都设定在对应的刀具长度补偿寄存器 H（西门子系统放在刀沿号 D）中，编程、加工时通过调用零点偏置指令 G54、刀具长度补偿指令及对应的 H 代码（西门子系统调用每把刀具号及刀沿号）确定各把刀具长度补偿 | |
| | 方法三：每把刀具各使用一个零点偏置代码，并将刀具长度补偿寄存器 H（或刀沿 D）中的刀具长度补偿值都设为 0；对刀时将每把刀具的对刀长度值存入各自使用的零点偏置代码中，如 T1 号刀具对刀数值放在 G54 中、T2 号刀具对刀数值放在 G55 中、T3 号刀具对刀数值放在 G56 中等，编程时通过调用每把刀具各自的零点偏置代码，从而调用每把刀具的长度补偿值。常用于刀具数量少于零点偏置代码数的情况 | |

图 3-3　刀具长度偏置

示例程序见表 3-2。

**表 3-2　示例程序**

| 发那科系统 | | 西门子系统 | |
|---|---|---|---|
| N10 G0 G54 G49 T1 M3 S500; | 取消刀具长度补偿 | | |
| N20 G43 Z5 H1; | 调用刀具长度正补偿，刀具移动到工件坐标系 Z5 处 | N10 G00 G54 T1 D1 M3 S500 | 调用 1 号刀具长度补偿 |
| | | N20 Z5 | 刀具移动到工件坐标系 Z5 处 |
| N30 G1 Z-2 F100; | 直线插补至工件坐标系 Z-2 处 | N30 G1 Z-2 F100 | 直线插补至工件坐标系 Z-2 处 |
| N40 G00 Z50; | 快速移动至工件坐标系 Z50 处 | N40 G00 Z50 | 快速移动至工件坐标系 Z50 处 |
| N50 G49; | 取消刀具长度补偿 | M2 | 程序结束 |
| M2; | 程序结束 | | |

## 2. 钻中心孔循环指令 G81 （CYCLE81）

发那科系统与西门子系统钻中心孔循环指令格式、加工图例及参数含义见表 3-3。

**表 3-3　钻中心孔循环指令格式、加工图例及参数含义**

| 数控系统 | 发那科系统 | 西门子系统 |
|---|---|---|
| 指令格式 | G81 X_ Y_ Z_ R_ F_ K_;<br>G80；取消循环 | CYCLE81 （RP，Z0，SC，Z1,，DT,,） |
| 加工图例 | | |
| 参数含义 | X_ Y_：孔位置数据，即 X 轴、Y 轴坐标<br>Z_：孔底的位置坐标（绝对值时），从 R 点到孔底的距离（增量值时）<br>R_：从初始位置到 R 点位置的距离<br>F_：切削进给速度<br>K_：重复次数（仅限需要重复时） | PL：加工平面，通过选择/转换键 切换<br>RP：返回平面（绝对值）<br>Z0：参考点 Z 坐标（绝对值）<br>SC：安全距离（相对于参考点的高度）<br>Z1：最后钻孔深度（绝对值或相对于 Z0 的钻孔深度）<br>刀尖（直径）：钻深方式，通过选择/转换键 切换<br>DT：最后钻深时的停留时间，单位为 r（或 s） |
| 使用说明 | （1）调用循环前，应指定主轴转速及转向<br>（2）G17（XY）平面必须有效<br>（3）如用 G98，则刀具退回至初始平面；如用 G99，则刀具退回至 R 平面<br>（4）G81 指令为模态有效代码，用 G80 或 01 组 G 代码（G01、G02…）取消 | （1）输入程序时，按屏幕下方的 钻削 软键，再按屏幕右侧的 钻中心孔 软键，出现加工图例界面，移动光标，按提示输入参数值，最后按 接收 软键调用循环<br>（2）调用循环前，应指定主轴转速、转向及进给速度，刀具应处于钻孔位置，加工位置选"单独位置"<br>（3）G17（XY）平面必须有效<br>（4）钻中心孔有 刀尖 和 直径 两种方式，选"刀尖"时，刀具加工至编程指定的深度，选"直径"时，刀具加工至该深度下达到编程指定的中心孔直径 |

### 3. 钻孔循环指令 G82（CYCLE82）

发那科系统与西门子系统钻孔循环指令格式、加工图例及参数含义见表3-4。

**表 3-4　钻孔循环指令格式、加工图例及参数含义**

| 数控系统 | 发那科系统 | 西门子系统 |
| --- | --- | --- |
| 指令格式 | G82 X_ Y_ Z_ R_ P_ F_ K_；<br>G80；取消循环 | CYCLE82（RP，Z0，SC，Z1，，DT，，） |
| 加工图例 |  |  |
| 参数含义 | X_ Y_：孔位置数据，即 X 轴、Y 轴坐标<br>Z_：孔底的位置坐标（绝对值时），从 R 点到孔底的距离（增量值时）<br>R_：从初始位置到 R 点位置的距离<br>P_：孔底的暂停时间<br>F_：切削进给速度<br>K_：重复次数（仅限需要重复时） | PL：加工平面，通过选择/转换键　切换<br>RP：返回平面（绝对值）<br>Z0：参考点 Z 坐标（绝对值）<br>SC：安全距离（相对于参考点的高度）<br>刀杆/刀尖：钻深方式，通过选择/转换键　切换<br>Z1：最后钻孔深度（绝对值或相对于 Z0 的钻孔深度）<br>DT：最后钻深时的停留时间，单位为 r（s） |
| 使用说明 | （1）调用循环前，应指定主轴转速及转向<br>（2）G17（XY）平面必须有效<br>（3）如用 G98，则刀具退回至初始平面；如用 G99，则刀具退回至 R 平面<br>（4）G82 指令为模态有效代码，用 G80 或 01 组 G 代码（G01、G02…）取消 | （1）输入程序时，按屏幕下方的　钻削　软键，再按屏幕右侧的　钻削　软键，出现上述加工图例界面，移动光标，按提示输入参数值，加工位置选"单独位置"，最后按　接收　软键调用循环<br>（2）调用循环前，应指定主轴转速、转向及进给速度，刀具应处于钻孔位置<br>（3）G17（XY）平面必须有效<br>（4）钻深有"相对于刀杆"和"刀尖"两种方式 |

应用示例：如图 3-4 所示，在 XY 平面（24，15）位置加工深度为 25mm 的孔，孔底停留时间为 2s，钻孔坐标轴方向安全距离为 2mm。

参考程序见表 3-5。

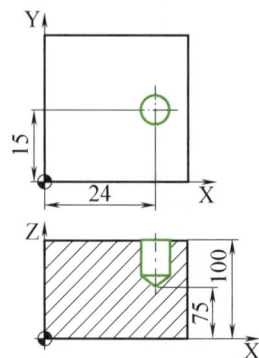

**图 3-4　应用示例**

表 3-5　发那科系统与西门子系统参考程序

| 程序段号 | 程序内容<br>（发那科系统） | 程序内容<br>（西门子系统） | 程序说明 |
|---|---|---|---|
| N10 | G17 G90 G54 T1； | G54 G17 G90 T1 D1 | 设置初始参数，调用 T1 号中心钻 |
| N20 | M3 S1000 M8； | M3 S1000 M8 F100 | 设置转速，切削液开 |
| N30 | G00 G43 Z120 H01； | G00 X24 Y15 Z120 | 发那科系统设置长度补偿，西门子系统刀具移动至孔上方 |
| N40 | G81 G98 X24 Y15 Z95 R102 F100； | CYCLE81（110，100，2，5，，1，0，1，12） | 调用钻孔循环钻中心孔，孔深 5mm，西门子系统钻深值采用相对值 |
| N50 | G00 G80 Z200； | G00 Z200 | 抬刀，发那科系统取消钻孔循环 |
| N60 | M0 M5 M9； | M0 M5 M9 | 程序停，主轴停，切削液停，换麻花钻 |
| N70 | M3 S500 M8； | M3 S500 M8 F200 | 设置转速，切削液开 |
| N80 | G00 G43 Z120 H02； | G00 X24 Y15 Z120 | 发那科系统设置刀具长度补偿，西门子系统刀具移动至孔上方 |
| N90 | G82 G98 X24 Y15 Z75 R102 P2 F200； | CYCLE82（110，100，2，75，，2，0，1，12） | 调用钻孔循环钻孔，西门子系统钻深值采用绝对值 |
| N100 | G80 G00 Z200； | G00 Z200 | 抬刀，发那科系统取消钻孔循环 |
| N110 | M30； | M30 | 程序结束 |

## 4. 钻深孔循环指令 G83（CYCLE83）

发那科系统与西门子系统钻深孔循环指令格式、加工图例及参数含义见表 3-6。

表 3-6　钻深孔循环指令格式、加工图例及参数含义

| 数控系统 | 发那科系统 | 西门子系统 |
|---|---|---|
| 指令格式 | G83 X_ Y_ Z_ R_ P_ Q_ F_ K_；<br>G80；取消循环 | CYCLE83（RP，Z0，SC，Z1，D，FD1，DF，V1，V2，V3，DTB，DT，DTS） |
| 加工图例 | | |

定位（快速移动 G00）
切削进给（直线插补 G01）
P：暂停

（续）

| | | |
|---|---|---|
| 参数含义 | X_　Y_：孔位置数据，即 X 轴、Y 轴坐标<br>Z_：孔底的位置坐标（绝对值时），从 R 点到孔底的距离（增量值时）<br>R_：从初始位置到 R 点位置的距离<br>P_：孔底的暂停时间<br>Q_：每次切削进给的深度，必须用增量值指定<br>F_：切削进给速度<br>K_：重复次数（仅限需要重复时） | PL：加工平面，通过 🔘 键切换<br>RP：返回平面（绝对值）<br>Z0：参考点 Z 坐标（绝对值）<br>SC：安全距离（相对于参考点的高度）<br>断屑/排屑：钻孔方式，通过 🔘 键切换<br>刀杆/刀尖：钻深方式，通过 🔘 键切换<br>Z1：最后钻孔深度（绝对值或相对于 Z0 的钻孔深度）<br>D：第 1 次钻孔深度或相对于 Z0 的第 1 次钻孔深度<br>FD1：首次钻孔时的进给速度百分比<br>DF：后续钻削时钻孔深度或钻孔深度百分比，若 DF＝100%，则保持相同的钻孔深度；若 DF<100%，则钻孔深度逐渐递减<br>V1：最小钻孔深度，当 DF<100 时才存在<br>V2：断屑时每次加工后的退回量<br>V3：排屑方式手动输入的提前距离<br>DTB：每次钻深时的停留时间，单位为 r（s）<br>DT：最后钻深时的停留时间，单位为 r（s）<br>DTS：排屑方式时的停留时间，单位为 r（s） |
| 使用说明 | （1）调用循环前，应指定主轴转速及转向<br>（2）G17（XY）平面必须有效<br>（3）如用 G98，则刀具退回至初始平面；如用 G99，则刀具退回至 R 平面<br>（4）G83 指令为模态有效代码，用 G80 或 01 组 G 代码（G01、G02…）取消 | （1）输入程序时，按屏幕下方的 ▣钻削 软键，再按屏幕右侧的 深孔钻削▶ 软键，出现上述加工图例界面，移动光标，按提示输入参数值，最后按 接收 软键调用循环<br>（2）调用循环前，应指定主轴转速及转向，刀具应处于钻孔位置，加工位置选"单独位置"<br>（3）G17（XY）平面必须有效<br>（4）加工性质有排屑方式和断屑方式两种，排屑方式是指钻头钻入一定深度后从工件中退出进行退刀排屑；断屑方式是指钻头钻入一定深度后回退 V2 的量进行断屑 |

应用示例：如图 3-5 所示，孔位置坐标为（40，60），钻削深度为 145mm 的深孔，试用两种系统编写程序。

参考程序见表 3-7。

## 二、加工工艺分析

### 1. 工、量、刃具选择

（1）工具选择　工件采用机用平口钳装夹，百分表校正钳口，具体情况见表 3-8。

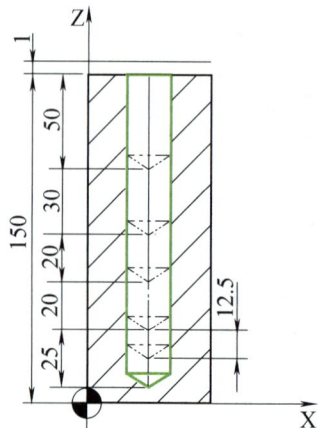

图 3-5　应用示例

表 3-7　发那科系统与西门子系统深孔加工参考程序

| 程序段号 | 发那科系统程序及说明 | | 西门子系统程序及说明 | |
|---|---|---|---|---|
| N10 | G54 G17 G90 T1; | 设置初始参数 | G54 G17 G90 T1 D1 | 设置初始参数 |
| N20 | M3 S500; | 设置转速 | M3 S500 F100 | 设置转速，进给速度 |
| N30 | G43 Z180 H01; | 设置刀具长度补偿 | G00 X40 Y60 Z180 | 刀具移动至孔上方 |
| N40 | G83 G98 X40 Y60 Z5 R155 P2 Q20 F100; | | CYCLE83（165，150，1，，145，50，80，1，1，1，100，0，0，2，1，2，，0，1，12221111） | |
| | | 调用钻孔循环 | | 调用钻孔循环 |
| N50 | G80 G00 Z200; | 取消钻孔循环 | G00 Z200 | 抬刀 |
| N60 | M30; | 程序结束 | M30 | 程序结束 |

（2）量具选择　孔径、孔深、孔间距等尺寸精度较低，用游标卡尺测量即可，其规格见表 3-8。

（3）刀具选择　钻孔前先用中心钻钻中心孔定心，然后用麻花钻钻孔。常用麻花钻的种类及选择如下。

直柄麻花钻传递转矩较小，一般为直径小于 12mm 的钻头。

锥柄麻花钻可传递较大转矩，一般为直径大于 12mm 的钻头。本任务所钻孔径较小，选用直柄麻花钻，其具体规格、参数见表 3-8。

表 3-8　工、量、刃具清单

| 种　类 | 序　号 | 名　称 | 规　格 | 数　量 |
|---|---|---|---|---|
| 工具 | 1 | 机用平口钳 | QH160 | 1个 |
| | 2 | 平行垫铁 | | 若干 |
| | 3 | 塑胶锤子 | | 1个 |
| | 4 | 呆扳手 | | 若干 |
| 量具 | 1 | 游标卡尺 | 0~150mm | 1把 |
| | 2 | 百分表及表座 | 0~10mm | 1只 |
| 刃具 | 1 | 中心钻 | A2 | 1个 |
| | 2 | 麻花钻 | $\phi$6mm、$\phi$8mm | 各1个 |

## 2. 加工工艺方案

（1）孔的种类及常用加工方法

1）按孔的深浅分浅孔和深孔两类：长径比（孔深与孔径之比 $L/D$）小于 5 时为浅孔，大于等于 5 时为深孔。加工浅孔可直接编程加工或调用钻孔循环（G82 或 CYCLE82）；加工深孔因排屑困难、冷却困难，钻削时应调用深孔钻削循环加工。

2）按工艺用途分，孔有以下几种，其特点及常用加工方法见表 3-9。

（2）加工工艺路线　钻孔前工件应校平，然后钻中心孔，定心，再用麻花钻钻各孔，具体工艺如下。

表 3-9　孔种类及常用加工方法

| 序号 | 种类 | 特　点 | 加　工　方　法 |
|---|---|---|---|
| 1 | 中心孔 | 定心作用 | 钻中心孔 |
| 2 | 螺栓孔 | 孔径大小不一，精度较低 | 钻孔、扩孔、铣孔 |
| 3 | 工艺孔 | 孔径大小不一，精度较低 | 钻孔、扩孔、铣孔 |
| 4 | 定位孔 | 孔径较小，精度较高，表面质量高 | 钻孔+铰孔 |
| 5 | 支承孔 | 孔径大小不一，精度较高，表面质量高 | 钻孔+镗孔（钻孔+铰孔） |
| 6 | 沉孔 | 精度较低 | 锪孔 |

1）用中心钻钻 $2×\phi6mm$ 及 $2×\phi8mm$ 的中心孔。

2）用 $\phi6mm$ 钻头钻 $2×\phi6mm$ 的不通孔。

3）用 $\phi8mm$ 钻头钻 $2×\phi8mm$ 的不通孔

（3）合理选择切削用量　加工铝件，钻孔深度较浅，切削速度可以提高，但垂直下刀进给量应小，参考切削用量参数见表 3-10。

表 3-10　切削用量的选择

| 刀具号 | 刀具规格 | 工序内容 | $v_f /（mm/min）$ | $n /（r/min）$ |
|---|---|---|---|---|
| T1 | A2 中心钻 | 钻 $2×\phi6mm$ 及 $2×\phi8mm$ 的中心孔 | 100 | 1000 |
| T2 | $\phi6mm$ 麻花钻 | 钻 $2×\phi6mm$ 的不通孔 | 100 | 1200 |
| T3 | $\phi8mm$ 麻花钻 | 钻 $2×\phi8mm$ 的不通孔 | 100 | 1000 |

## 三、参考程序编制

### 1. 建立工件坐标系

根据工件坐标系建立原则，本任务工件坐标系建立在工件上表面中心位置，4 个孔的坐标分别为（16，16）、（16，-16）、（-16，16）、（-16，-16）。

### 2. 参考程序

钻深孔参考程序（发那科系统程序名为"O0311"，西门子系统程序名为"XX0311.MPF"）见表 3-11。

表 3-11　钻深孔参考程序

| 程序段号 | 程序内容<br>（发那科系统） | 程序内容<br>（西门子系统） | 程序说明 |
|---|---|---|---|
| N0010 | G90 G54 G17 G40 G80 G49; | G90 G54 G17 G40 T1 D1 | 设置初始状态 |
| N0020 | M3 S1000 M8; | M3 S1000 M8 | 主轴正转，转速为 1000r/min，切削液开 |
| N0030 | G00 X-16 Y-16; | G00 X-16 Y-16 | 刀具移至左下角孔位置 |
| N0040 | G43 Z5 H01; | Z5 F100 | 发那科系统调用 1 号刀具长度补偿 |
| N0050 | G99 G81 Z-4 R5 F100; | CYCLE81 (10, 0, 3, -4,,, 2, 0, 1, 12) | 调用孔加工循环，钻中心孔 |

（续）

| 程序段号 | 程序内容<br>（发那科系统） | 程序内容<br>（西门子系统） | 程序说明 |
|---|---|---|---|
| N0060 | Y16； | G00 Y16 | 继续在（-16，16）处钻中心孔 |
| N0065 | | CYCLE81 | |
| N0070 | X16； | G00 X16 | 继续在（16，16）处钻中心孔 |
| N0075 | | CYCLE81 | |
| N0080 | Y-16； | G00 Y-16 | 继续在（16，-16）处钻中心孔 |
| N0085 | | CYCLE81 | |
| N0090 | G80 G00 Z200； | G00 Z200 | 刀具沿Z轴快速移动到Z200处，发那科系统取消钻孔循环 |
| N0100 | M9 M5 M00； | M9 M5 M00 | 切削液关，主轴停转，程序停止，安装T2（φ6mm）麻花钻 |
| N0110 | M3 S1200 M8； | M3 S1200 M8 F100 | 主轴正转，转速为1200r/min，切削液开 |
| N0120 | G90 G54 G00 X-16 Y-16 G43 Z5 H02； | G90 G54 G00 X-16 Y-16 Z5 T2 D1 | 刀具快速移动到（-16，-16，5）处，发那科系统调用2号刀具长度补偿 |
| N0130 | G99 G83 Z-7.7 R3 Q3 F100； | CYCLE83（5，0，3，-7.7，，，6，80，1，1，100，0…） | 调用孔加工循环，在（-16，-16）处钻φ6mm孔 |
| N0140 | X16 Y16； | G00 X16 Y16 | 刀具移至（16，16）处钻φ6mm孔 |
| N0145 | | CYCLE83 | |
| N0150 | G80 G00 Z200； | G00 Z200 | 刀具沿Z轴快速移动到Z200处，发那科系统取消钻孔循环 |
| N0160 | M9 M5 M00； | M9 M5 M00 | 切削液关，主轴停转，程序停止，安装T3（φ8mm）麻花钻 |
| N0170 | M3 S1000 M8； | M3 S1000 M8 F100 | 主轴正转，转速为1000r/min，切削液开 |
| N0180 | G90 G54 G0 X-16 Y16 G43 Z5 H3； | G90 G54 G00 X-16 Y16 Z5 T3 D1 | 刀具快速移动到（-16，16）处，调用3号刀具长度补偿 |
| N0190 | G99 G83 Z-8.3 R5 Q3 F100； | CYCLE83（5，0，3，-8.3，，，6，80，1，1，100，0…） | 调用孔加工循环，在（-16，16）处钻φ8mm孔 |
| N0200 | X16 Y-16； | G00 X16 Y-16 | 刀具移至（16，-16）处钻φ8mm孔 |
| N0205 | | CYCLE83 | |
| N0210 | G80 G00 Z200； | G00 Z200 | 抬刀，发那科系统取消钻孔循环 |
| N0220 | M9 M5 M02； | M9 M5 M02 | 切削液关，主轴停转，程序结束 |

## 任务实施

### 一、加工准备

1）阅读零件图，并检查坯料的尺寸。

2）开机，机床回参考点。

3）输入程序并检查该程序。

4）安装夹具，夹紧工件。

把机用平口钳安装在数控铣床（加工中心）工作台上，用百分表校正钳口。将工件安装在机用平口钳上并用平行垫铁垫起，使工件伸出钳口 5mm 左右，用百分表校平工件上表面并夹紧。

5）刀具装夹。本任务共使用了 3 把刀具，把不同类型的刀具分别安装到对应的刀柄上，注意刀具伸出的长度应能满足加工要求，不能发生干涉，并考虑钻头的刚性，然后按序号依次放置在刀架上，分别检查每把刀具安装的牢固性和正确性。

## 二、对刀，设定工件坐标系

（1）X、Y 向对刀　通过试切法进行对刀操作，得到 X、Y 零偏值，并将其输入到 G54 中。

（2）Z 向对刀　测量 3 把刀的刀位点从参考点到工件上表面的 Z 数值（必须是机械坐标系的 Z 值），分别输入到对应的刀具长度补偿中，供加工时调用（G54 中 Z 值为 0）。

## 三、空运行及仿真

注意空运行及仿真时，使机床机械锁定或使 G54 中的 Z 坐标为 50mm，按下启动键，适当降低进给速度，检查刀具运动轨迹是否正确。若在机床机械锁定状态下，空运行结束后必须回机床参考点；若在更改 G54 的 Z 坐标状态下，空运行结束后 Z 坐标改为 0，机床不需要回参考点。

## 四、零件自动加工及搜索断点加工

选择自动加工模式，打开数控程序，将进给倍率开关调至最小，按循环启动键进行零件自动加工，机床运行正常后适当调整各个倍率开关，保证加工正常进行。

零件加工至程序段"M9 M5 M00"时，主轴停转、程序停止，进行换刀，换刀后应从下一段程序开始执行。

若按复位键或手动移动机床，则需从断点处执行加工。发那科系统用程序再启动功能，西门子系统用断点搜索功能，操作步骤如下：选择自动模式，打开并执行程序，出现如图 2-5 所示的程序控制界面，按 软键，出现如图 3-6 所示的搜索断点界面，按上、下光标移动键将光标停在所需运行的程序段，按 软键，再按

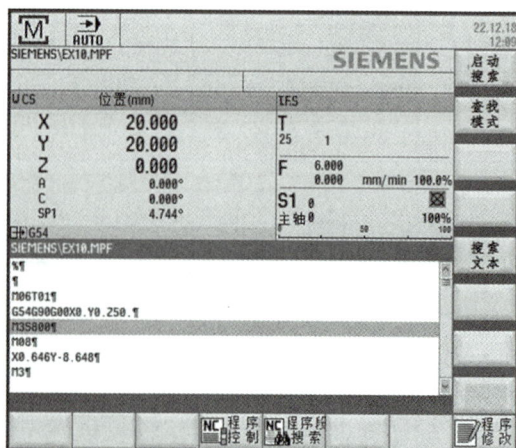

图 3-6　西门子系统搜索断点界面

键，即可从光标所在位置运行程序进行零件自动加工，部分数控机床也可以通过机床面板上的"程序重启"键实现该功能。如不进行搜索断点加工，程序将从头开始运行。

## 五、任务检测与评分标准（表 3-12）

表 3-12　钻孔检测评价表

| 序号 | 检测项目 | 检测内容及要求 | 配分 | 学生自检 | 学生互检 | 教师检测 | 得分 |
|---|---|---|---|---|---|---|---|
| 1 | 职业素养 | 文明、礼仪 | 5 | | | | |
| 2 | | 安全、纪律 | 10 | | | | |
| 3 | | 行为习惯 | 5 | | | | |
| 4 | | 工作态度 | 5 | | | | |
| 5 | | 团队合作 | 5 | | | | |
| 6 | 制订工艺 | 1）选择装夹与定位方式<br>2）选择刀具<br>3）选择加工路径<br>4）选择合理的切削用量 | 5 | | | | |
| 7 | 程序编制 | 1）编程坐标系选择正确<br>2）指令使用与程序格式正确<br>3）基点坐标计算正确 | 10 | | | | |
| 8 | 机床操作 | 1）开机前检查、开机、回参考点<br>2）工件、刀具的装夹与对刀<br>3）程序输入与校验 | 5 | | | | |
| 9 | 零件加工 | 2×$\phi$6mm | 10 | | | | |
| 10 | | 2×$\phi$8mm | 10 | | | | |
| 11 | | 32mm（2 处） | 10 | | | | |
| 12 | | 6mm（4 处） | 20 | | | | |
| | 综合评价 | | | | | | |

## 六、加工结束，清理机床

松开夹具，卸下工件与刀具，清理机床。

### 资料链接

　　加工中心换刀时，由于各生产厂家设置不同，换刀指令也略有差异。若采用无机械手换刀系统，用 M6 T××进行换刀。采用有机械手换刀系统的换刀指令及含义见表 3-13。

表 3-13　有机械手换刀系统的换刀指令及含义

| 换刀方式 | 指令格式 | 说　明 |
|---|---|---|
| 方式一 | N40 M6 T××； | 方式一与方式二均表示刀库中的 T×× 号刀具转到换刀位置后，执行 M6 指令进行换刀 |
| 方式二 | N40 T××；<br>N50 M6； | |
| 方式三 | N40 M6；<br>N50 T××； | 先执行 M6 指令，然后刀库中的 T×× 号刀具转到换刀位置等待换刀 |
| 方式四 | N40 T×× M6； | 刀具转到换刀位置，但不换刀 |

刀位点是指在编制加工程序时，用以表示刀具位置的特征点，也是对刀和加工的基准点。对于平面铣刀来说，刀位点为刀具轴线与刀具底面的交点；盘形铣刀的刀位点是刀具对称中心平面与其圆柱面上切削刃的交点；球头铣刀的刀位点为球形部分的中心；钻头的刀位点为其钻心。

## 操作注意事项

1）装夹毛坯时，要考虑垫铁与加工部位是否干涉。

2）钻孔前要先钻中心孔，保证麻花钻起钻时不会偏心。

3）钻孔时要正确、合理地选择切削用量，合理使用钻孔循环指令。

4）固定循环运行中，若利用复位或急停功能使数控装置停止，由于此时孔加工方式和孔加工数据还被存储着，所以在开始加工时要特别注意，使固定循环剩余动作进行到结束。

5）当程序执行到 M00 暂停时，不允许手动移动机床，应在停止位置手动换刀，继续执行程序。

6）编程时应计算 $\phi6mm$ 和 $\phi8mm$ 钻头的顶点应加工的深度。

7）通常直径大于 $\phi30mm$ 的孔应在普通机床上完成粗加工，留 4～6mm 余量（直径方向），再用数控铣床（加工中心）进行精加工；而小于 $\phi30mm$ 的孔可以直接在数控铣床（加工中心）上完成粗、精加工。

## 思考与练习

1. 发那科（FANUC 0i-MD）系统中，G82和G83有何区别？西门子（SINUMERIK 828D）系统中，CYCLE82 和 CYCLE83 有何区别？

2. 练一练：针对图 3-7 所示零件，编写钻4 个 $\phi5mm$ 孔的加工程序并进行加工。

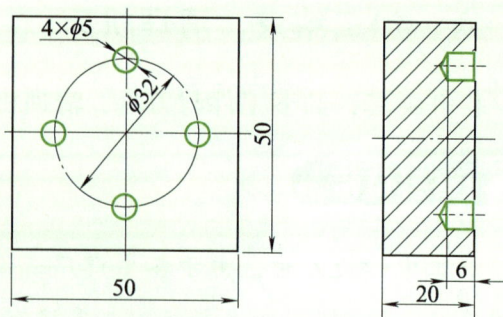

图 3-7　2 题图

# 任务二　铰　孔

## 1. 知识目标

1）了解铰刀的形状、结构、种类。

2）掌握铰削工艺参数的选择方法。

## 2. 技能目标

1）会进行铰刀的校正。

2）会编制铰削工艺。

3）完成图3-8所示零件的加工，其三维效果如图3-9所示，材料为硬铝，毛坯尺寸为50mm×50mm×20mm。

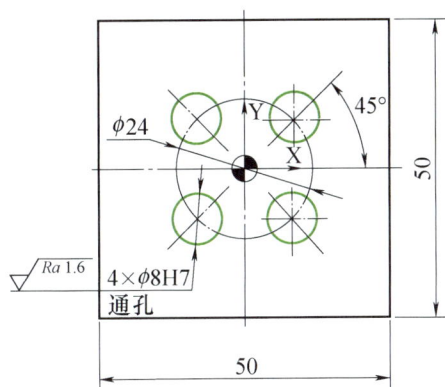

图3-8　零件图

图3-9　三维效果图

知识学习

## 一、加工工艺分析

### 1. 工、量、刃具选择

（1）工具选择　工件装夹在机用平口钳上，机用平口钳用百分表校正，其他工具见表3-14。

（2）量具选择　孔间距用游标卡尺测量；孔径尺寸精度较高，用内径百分表或塞规测量，内径百分表用千分尺校正；表面质量用表面粗糙度样板比对。其规格、参数见表3-14。

（3）刀具选择　铰孔作为孔的精加工方法之一，铰孔前应安排用麻花钻钻孔等粗加工工序（钻孔前还需用中心钻钻中心孔定心）。铰孔所用刀具为铰刀，铰刀形状、结构、种类如下：

1）铰刀的几何形状和结构如图 3-10 所示。

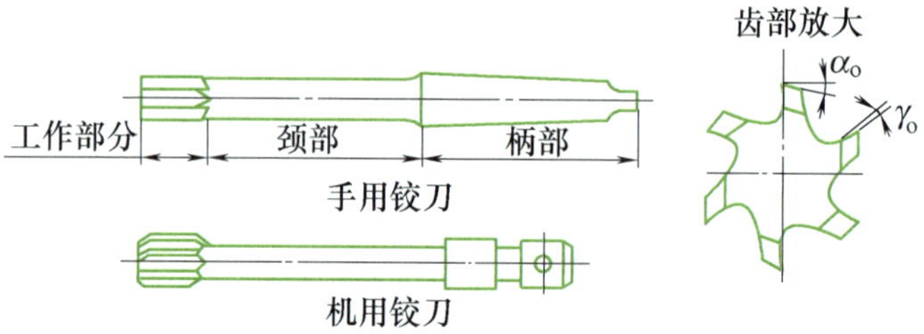

图 3-10　铰刀的几何形状和结构

表 3-14　工、量、刃具清单

| 种　类 | 序　号 | 名　称 | 规　格 | 数　量 |
|---|---|---|---|---|
| 工具 | 1 | 机用平口钳 | QH160 | 1 个 |
|  | 2 | 平行垫铁 |  | 若干 |
|  | 3 | 塑胶锤子 |  | 1 个 |
|  | 4 | 呆扳手 |  | 若干 |
| 量具 | 1 | 游标卡尺 | 0~150mm | 1 把 |
|  | 2 | 百分表及表座 | 0~10mm | 1 只 |
|  | 3 | 千分尺 | 0~25 mm | 1 把 |
|  | 4 | 内径百分表 | 6~10.5mm | 1 套 |
|  | 5 | 塞规 | $\phi8H7$ | 1 个 |
|  | 6 | 表面粗糙度样板 | N0~N1 | 1 副 |
| 刃具 | 1 | 中心钻 | A2 | 1 个 |
|  | 2 | 麻花钻 | $\phi7.8mm$ | 1 个 |
|  | 3 | 铰刀 | $\phi8H7$ | 1 把 |

2）铰刀的组成及各部分作用见表 3-15。

表 3-15　铰刀的组成及各部分作用

| 结　构 | | 作　用 |
|---|---|---|
| 柄部 | | 装夹和传递转矩 |
| 工作部分 | 引导部分 | 导向 |
|  | 切削部分 | 切削 |
|  | 修光部分 | 定向、修光孔壁、控制铰刀直径和便于测量 |
|  | 倒锥部分 | 减少铰刀与工件已加工表面的摩擦 |
| 颈部 | | 标注规格及商标 |

3）铰刀的种类、特点及应用。铰刀按使用方法分为手用铰刀和机用铰刀；按所铰孔的形状分为圆柱形铰刀和圆锥形铰刀；按切削部分的材料分为高速钢铰刀和硬质合金铰刀。

铰刀是多刃切削刀具，有 6~12 个切削刃，铰孔时导向性好。由于刀齿的齿槽很浅，铰刀的横截面大，因此刚性好。

铰孔的加工精度高达 IT6~IT7，表面粗糙度值为 $Ra0.4~0.8\mu m$，常作为孔的精加工方法之一，尤其适用于精度高的小孔的精加工。

本任务加工材料为硬铝，用数控铣床加工，所铰孔径小，宜选用圆柱形硬质合金机用铰刀，其工、量、刃具见表 3-14。

### 2. 加工工艺方案

（1）加工工艺路线　对每个孔都应先钻中心孔，钻底孔，最后再铰孔。具体工序安排如下。

1）用 A2 中心钻钻 $4\times\phi8H7$ 中心孔。

2）用 $\phi7.8mm$ 麻花钻钻 $4\times\phi8H7$ 底孔。

3）用 $\phi8H7$ 铰刀铰 $4\times\phi8H7$ 孔。

（2）合理选择切削用量　铰削余量不能太大也不能太小，余量太大铰削困难；余量太小，前道工序加工痕迹无法消除。一般粗铰余量为 0.15~0.30mm，精铰余量为 0.04~0.15mm。铰孔前如采用钻孔、扩孔等工序，铰削余量主要由所选择的钻头直径确定。

本任务加工铝件，钻孔、铰孔为通孔，切削速度可以较高，但垂直下刀进给量应小，参考切削用量见表 3-16。

表 3-16　切削用量选择

| 刀 具 号 | 刀 具 规 格 | 工 序 内 容 | $v_f/$（mm/min） | $n/$（r/min） |
|---|---|---|---|---|
| T1 | A2 中心钻 | 用 A2 中心钻钻 $4\times\phi8H7$ 中心孔 | 100 | 1000 |
| T2 | $\phi7.8mm$ 麻花钻 | 用 $\phi7.8mm$ 麻花钻钻 $4\times\phi8H7$ 底孔 | 100 | 1000 |
| T3 | $\phi8H7$ 铰刀 | 用 $\phi8H7$ 铰刀铰 $4\times\phi8H7$ 孔 | 60 | 1200 |

## 二、参考程序编制

### 1. 建立工件坐标系

根据工件坐标系建立原则，本任务工件坐标系建立在工件上表面中心位置。此时 4 个孔的坐标很容易求解，分别用 $X=\pm12\times\cos45°$、$Y=\pm12\times\sin45°$ 进行计算，其坐标分别为（8.485，8.485）、（-8.485，8.485）、（-8.485，-8.485）、（8.485，-8.485）。

### 2. 参考程序

铰孔参考程序（发那科系统程序名为"O0321"，西门子系统程序名为"XX0321. MPF"）见表 3-17。

表3-17 铰孔参考程序

| 程序段号 | 程序内容<br>（发那科系统） | 程序内容<br>（西门子系统） | 程 序 说 明 |
|---|---|---|---|
| N0010 | G17 G40 G90 G54 G80 G49; | G17 G40 G90 G54 T1 D1 | 设置初始状态 |
| N0020 | M3 S1000 M8; | M3 S1000 M8 F100 | 主轴正转，转速为1000r/min，切削液开 |
| N0030 | G00 X−8.485 Y−8.485; | G00 X−8.485 Y−8.485 | 刀具快速移动到（−8.485，−8.485） |
| N0040 | G43 Z10 H01; | G00 Z10 | 下刀，发那科系统建立刀具长度补偿 |
| N0050 | G99 G81 Z−4 R5 F100; | CYCLE81（10, 0, 3, −2,, 2, 0, 1, 22） | 调用孔加工循环，钻中心孔 |
| N0055 | Y8.485; | G00 Y8.485 | 刀具移至（−8.485，8.485）处钻中心孔 |
| N0060 | | CYCLE81 | |
| N0065 | X8.485; | G00 X8.485 | 刀具移至（8.485，8.485）处钻中心孔 |
| N0070 | | CYCLE81 | |
| N0075 | Y−8.485; | G00 Y−8.485 | 刀具移至（8.485，−8.485）处钻中心孔 |
| N0080 | | CYCLE81 | |
| N0090 | G80 G00 Z200; | G00 Z200 | 抬刀，发那科系统同时取消钻孔循环 |
| N0100 | M5 M9 M00; | M5 M9 M00 | 主轴停转，切削液关闭，程序停止，安装T2刀具 |
| N0110 | M3 S1000 M8; | M3 S1000 M8 F100 | 主轴正转，转速为1000r/min，切削液开 |
| N0120 | G90 G54 G00 X−8.485 Y−8.485 G43 Z10 H02; | G90 G54 G00 X−8.485 Y−8.485 T2 D1 Z10 | 刀具快速移动到（−8.485，−8.485，10），调用刀具长度补偿 |
| N0130 | G99 G83 Z−23 R3 Q3 F100; | CYCLE83（5, 0, 4, −23,, −6, 80, 1,, 100, 2, …） | 调用钻深孔循环，在（−8.485，−8.485）处钻孔 |
| N0135 | Y8.485; | G00 Y8.485 | 刀具移至（−8.485，8.485）处继续钻孔 |
| N0140 | | CYCLE83 | |
| N0145 | X8.485; | G00 X8.485 | 刀具移至（8.485，8.485）处继续钻孔 |
| N0150 | | CYCLE83 | |
| N0155 | Y−8.485; | G00 Y−8.485 | 刀具移至（8.485，−8.485）处继续钻孔 |
| N0160 | | CYCLE83 | |
| N0170 | G80 G00 Z200; | G00 Z200 | 抬刀，发那科系统同时取消钻孔循环 |
| N0180 | M5 M9 M00; | M5 M9 M00 | 主轴停转，切削液关闭，程序停止，安装T3铰刀 |
| N0190 | M3 S1200 M8; | M3 S1200 M8 F60 | 设置铰孔转速为1200r/min，切削液开 |
| N0200 | G90 G54 G00 X−8.485 Y−8.485 G43 Z10 H03; | G90 G54 G00 X−8.485 Y−8.485 T3 D1 Z10 | 调用3号刀具长度补偿，刀具快速沿Z轴到10mm处 |
| N0210 | G99 G81 Z−23 R3 F60; | CYCLE81（5, 0, 4, −23,, 2, 0, 1, 22） | 调用钻孔循环，在（−8.485，−8.485）处铰孔 |
| N0220 | Y8.485; | G00 Y8.485 | 刀具移至（−8.485，8.485）处继续铰孔 |
| N0225 | | CYCLE81 | |

（续）

| 程序段号 | 程序内容<br>（发那科系统） | 程序内容<br>（西门子系统） | 程序说明 |
|---|---|---|---|
| N0230 | X8.485; | G00 X8.485 | 刀具移至（8.485，8.485）处继续铰孔 |
| N0235 |  | CYCLE81 | |
| N0240 | Y-8.485; | G00 Y-8.485 | 刀具移至（8.485，-8.485）处继续铰孔 |
| N0245 |  | CYCLE81 | |
| N0250 | G80 G00 Z200; | G00 Z200 | 抬刀，发那科系统同时取消钻孔循环 |
| N0260 | M00 M09 M30; | M00 M09 M30 | 主轴停，切削液关闭，程序结束 |

### 任务实施

#### 一、加工准备

1）阅读零件图，并检查坯料的尺寸。

2）开机，机床回参考点。

3）输入程序并检查该程序。

4）安装夹具，夹紧工件。

把机用平口钳安装在工作台面上，并用百分表校正钳口。将工件装夹在机用平口钳上，用垫铁垫起，使工件伸出钳口5mm左右，校平工件上表面并夹紧。

5）刀具装夹。本任务共使用了3把刀具，把不同类型的刀具分别安装到对应的刀柄上，注意刀具伸出的长度应能满足加工要求，不能发生干涉，并考虑钻头的刚性，然后按序号依次放置在刀架上，分别检查每把刀具安装的牢固性和正确性。

安装铰刀时尤其应注意铰刀的校正。校正方法如下：

① 清理主轴锥孔、刀柄及弹簧夹头等部位。

② 将铰刀安装在刀柄上，连同刀柄装入主轴。

③ 将百分表固定在工作台上，使百分表测头接触铰刀切削刃。

④ 手动旋转主轴，测量铰刀工作部分的径向圆跳动误差，应不超出被加工孔径公差的1/3。

⑤ 若铰刀径向圆跳动误差超出被加工孔径公差的1/3，应查找原因，重新装夹、校正。

#### 二、对刀，设定工件坐标系

（1）X、Y向对刀　通过试切法进行对刀操作，得到X、Y零偏值，并将其输入到G54中。

（2）Z向对刀　测量3把刀的刀位点从参考点到工件上表面的Z值，并分别输入到对应的刀具长度补偿中，加工时调用（G54中的Z值为0）。

## 三、空运行及仿真

注意空运行及仿真时，使机床机械锁定或使 G54 中的 Z 坐标中输入 50mm，按下启动键，适当降低进给速度，检查刀具运动轨迹是否正确。若在机床机械锁定状态下，空运行结束后必须回机床参考点；若在更改 G54 的 Z 坐标状态下，空运行结束后 Z 坐标改为 0，机床不需要回参考点。

## 四、零件自动加工

首先使各个倍率开关达到最小状态，按下循环启动键。机床正常加工过程中适当调整各个倍率开关，保证加工正常进行。

## 五、任务检测与评分标准（表 3-18）

表 3-18　铰孔检测评价表

| 序号 | 检测项目 | 检测内容及要求 | 配分 | 学生自检 | 学生互检 | 教师检测 | 得分 |
|---|---|---|---|---|---|---|---|
| 1 | 职业素养 | 文明、礼仪 | 5 | | | | |
| 2 | | 安全、纪律 | 10 | | | | |
| 3 | | 行为习惯 | 5 | | | | |
| 4 | | 工作态度 | 5 | | | | |
| 5 | | 团队合作 | 5 | | | | |
| 6 | 制订工艺 | 1）选择装夹与定位方式<br>2）选择刀具<br>3）选择加工路径<br>4）选择合理的切削用量 | 5 | | | | |
| 7 | 程序编制 | 1）编程坐标系选择正确<br>2）指令使用与程序格式正确<br>3）基点坐标计算正确 | 10 | | | | |
| 8 | 机床操作 | 1）开机前检查、开机、回参考点<br>2）工件、刀具的装夹与对刀<br>3）程序输入与校验 | 5 | | | | |
| 9 | 零件加工 | $4 \times \phi 8H7$ | 20 | | | | |
| 10 | | $\phi 24mm$ | 10 | | | | |
| 11 | | $45°$ | 10 | | | | |
| 12 | | 表面粗糙度值 $Ra1.6\mu m$ | 10 | | | | |
| | 综合评价 | | | | | | |

## 六、加工结束，清理机床

松开夹具，卸下工件与刀具，清理机床。

**资料链接**

铰孔时，切削液对孔表面质量和尺寸精度有较大影响，应该根据加工情况，合理选择切削液。一般铰钢件及韧性材料时选择全损耗系统用油（俗称机油）或乳化液；铰铸铁及脆性材料时选择煤油、煤油与矿物油的混合油；铰铜件或铝合金时选择植物油、专用锭子油或合成锭子油。

**操作注意事项**

1）装夹毛坯时，应校平上表面并检测垫铁与加工部位是否干涉。

2）铰孔前要先钻孔（含用中心钻钻中心孔定心），中心钻、麻花钻和铰刀对刀的一致性要好。

3）铰孔时要根据刀具、机床情况合理选择切削参数，否则会在加工中产生噪声，影响孔的表面质量。

4）安装铰刀时，一定要用百分表校正铰刀，否则会影响铰孔的直径尺寸。

5）铰孔时要加注切削液，否则会影响孔的表面质量。

6）当程序执行到 M00 暂停时，不允许手动移动机床，应在停止位置手动换刀，然后继续执行程序。

**思考与练习**

1. 铰刀是由哪几部分组成的？各部分的作用是什么？

2. 铰孔时，如何选择切削用量？为什么？

3. 练一练：针对图 3-11 所示零件，编写铰孔的加工程序并进行加工。

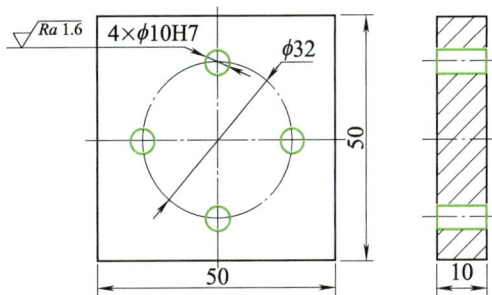

图 3-11　3 题图

# 任务三　铣　孔

**教学目标**

### 1. 知识目标

1）了解铣刀及其工艺参数的选择。

2）掌握暂停指令 G04 及其应用。

3）掌握子程序及其应用。

4）了解顺铣、逆铣及对表面质量的影响。

### 2. 技能目标

1）会进行铣孔操作。

2）会用子程序编程以简化程序结构。

3）完成图 3-12 所示零件的加工，其三维效果图如图 3-13 所示，材料为硬铝。

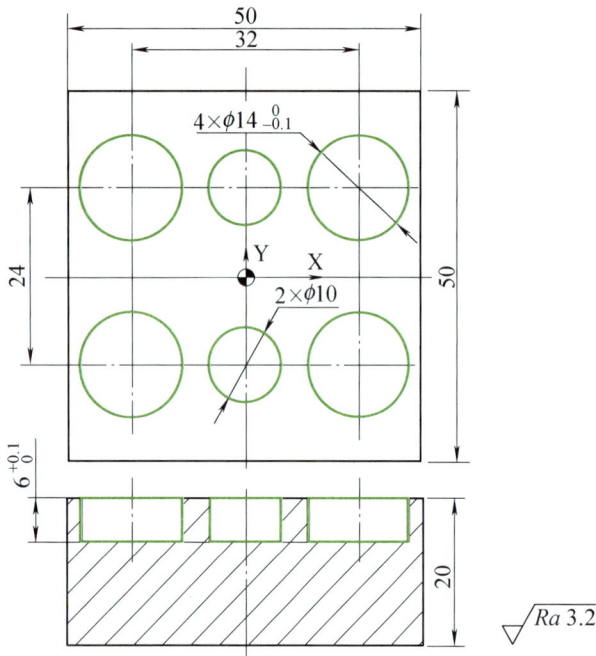

图 3-12 零件图

图 3-13 三维效果图

知识学习

## 一、编程指令

### 1. 暂停指令（G04）

零件加工过程中有时需使用暂停指令（G04），使刀具暂停一定时间，以修光零件表面或断屑、排屑。G04 暂停指令格式、参数含义及示例见表 3-19。

### 2. 子程序

当加工零件上相同的形状和结构时，可将这部分形状和结构的加工编写成子程序，在主程序适当位置调用、运行子程序，以简化程序结构。

子程序结构与主程序结构完全相同，由程序名、程序段、程序结束等组成。发那科系统与西门子系统子程序名、子程序结束指令见表 3-20。

表 3-19　发那科系统与西门子系统暂停指令格式、参数含义及示例

| 数控系统 | 指令格式 | 参 数 含 义 | 示 例 |
|---|---|---|---|
| 发那科系统 | G04 X_; | X 后跟暂停时间，可用带小数点的数，单位为 s | G04 X5；表示暂停 5s |
| | G04 U_; | U 后跟暂停时间，可用带小数点的数，单位为 s | G04 U5；表示暂停 5s |
| | G04 P_; | P 后跟暂停时间，不允许用带小数点的数，单位为 ms | G04 P50；表示暂停 50ms，即暂停 0.05s |
| 西门子系统 | G04 F_ | F 后跟暂停时间，可用带小数点的数，单位为 s | G04 F2.5；表示暂停 2.5s |
| | G04 S_ | S 后跟主轴转数，表示暂停主轴转过 S 转的时间 | G04 S5；表示暂停主轴转过 5 转的时间 |

注：G04 指令为程序段有效指令。

表 3-20　发那科系统与西门子系统子程序名及子程序结束指令

| 数控系统 | 发那科系统 | 西门子系统 |
|---|---|---|
| 子程序名 | 子程序名与主程序名完全相同，由字母 "O" 开头，后跟四位数字，如 "O1233" | 子程序名开始两位必须是字母，其后为字母、数字或下划线，最多不超过 8 位，中间不允许有分隔符并用后缀 ".SPF" 与主程序相区分，如 DDF.SPF。此外，地址 L 后跟 1~7 位数字也表示子程序名，如 L28.SPF 和 L028.SPF，且两者不是同一子程序 |
| 子程序结束指令及说明 | 用 M99 指令结束子程序并返回，使用时不必为一独立程序段 | 用 RET、M17 或 M02 指令结束子程序并返回。其中 M02 指令返回主程序时会中断连续路径方式，RET、M17 返回主程序时不会中断连续路径方式，但需为独立程序段 |
| 示 例 | 子程序名为 "O2233"（增量编程）<br>N10 G00 W-10.0　Z 方向快速移动-10mm<br>N20 G01 U-8.0；X 方向直线进给-8mm<br>N30 G04 X2.0　暂停时间 2s<br>N40 G01 U8.0；X 方向直线切出 8mm<br>N50 M99；子程序结束并返回 | 子程序名 "L33.SPF"（增量编程）<br>N10 G00 G91 Z-10.0　Z 方向快速移动-10mm<br>N20 G01 X-8.0　X 方向直线进给-8mm<br>N30 G04 F2.0　暂停时间 2s<br>N40 G01 X8.0　X 方向直线切出 8mm<br>N50 RET　子程序结束 |

### 3. 子程序调用

主程序可以在适当位置调用子程序，子程序还可以再调用其他子程序。发那科系统与西门子系统子程序调用见表 3-21。

## 二、加工工艺分析

### 1. 工、量、刃具选择

（1）工具选择　工件装夹在机用平口钳上，机用平口钳用百分表校正，其他工具见表 3-22。

表 3-21　发那科系统与西门子系统子程序调用

| 数控系统 | 发那科系统 | 西门子系统 |
|---|---|---|
| 子程序调用 | M98 P××× ××××；<br>P 后跟子程序被重复调用次数及子程序名 | 直接用程序名调用子程序；当要求多次执行某一子程序时，则在所调用子程序名后地址 P 下写入调用次数 |
| 示例 | N20 M98 P2233；调用子程序"O2233"<br>…<br>N40 M98 P31133；重复调用子程序"O1133"3 次 | N10 L2233 调用子程序"L2233"<br>…<br>N40 NAM1133 P3 重复调用子程序"NAM1133.SPF"3 次 |
| 调用子程序后，程序执行次序图 | 主程序<br>N10…；<br>N20 M98 P2233；<br>N30…；<br>N40 M98 P31133；<br>N50…；<br><br>子程序O2233<br>N10…；<br>N20…；<br>N30…；<br>N40…；<br>N50 M99；<br><br>子程序O1133<br>N10…；<br>N20…；<br>N30…；<br>N40 M99； | 主程序<br>N10…<br>N20 L2233<br>N30…<br>N40 NAM1133 P3<br>N50…<br><br>子程序L2233.SPF<br>N10…<br>N20…<br>N30…<br>N40…<br>N50 RET<br><br>子程序NAM1133.SPF<br>N10…<br>N20…<br>N30…<br>N40 RET |
| 使用说明 | （1）主程序调用子程序，子程序还可再调用其他子程序，这被称为子程序嵌套，一般子程序嵌套深度为 3 层，也就是有 4 个程序界面（包括主程序界面）。注意：固定循环是子程序的一种特殊形式，也属于 4 个程序界面中的一个<br>（2）子程序可以重复调用，最多为 999 次<br>（3）在子程序中可以改变模态有效的 G 功能指令，比如 G90～G91 的变换。在返回调用程序时，注意检查一下所有模态有效的功能指令，并按照要求进行调整 | |

表 3-22　铣孔加工工、量、刃具清单

| 种类 | 序号 | 名称 | 规格 | 数量 |
|---|---|---|---|---|
| 工具 | 1 | 机用平口钳 | QH160 | 1 个 |
| | 2 | 平行垫铁 | | 若干 |
| | 3 | 塑胶锤子 | | 1 个 |
| | 4 | 呆扳手 | | 若干 |
| 量具 | 1 | 游标卡尺 | 0～150mm | 1 把 |
| | 2 | 百分表及表座 | 0～10mm | 1 只 |
| | 3 | 内径千分尺 | 5～25mm | 1 把 |
| | 4 | 游标深度卡尺 | 0～200mm | 1 把 |
| | 5 | 表面粗糙度样板 | N0～N1 | 1 副 |
| 刃具 | 1 | 中心钻 | A2 | 1 个 |
| | 2 | 麻花钻 | $\phi9mm$ | 1 个 |
| | 3 | 键槽铣刀 | $\phi10mm$ | 1 把 |

（2）量具选择　孔间距用游标卡尺测量；孔深用游标深度卡尺测量；孔径精度较高，用内径千分尺测量，其规格见表 3-22。

（3）刃具选择　铣孔用键槽铣刀，铣孔前用麻花钻钻预制孔（含用中心钻钻中心孔定心）。铣刀、麻花钻等刃具的规格见表 3-22。

### 2. 加工工艺方案

（1）加工工艺路线的制订　铣孔前先用麻花钻钻预制孔（含用中心钻钻中心孔定心），具体加工路线如下：

1）用 A2 中心钻钻 $2\times\phi10$mm 和 $4\times\phi14_{-0.1}^{0}$mm 中心孔。

2）用 $\phi9$mm 麻花钻钻 $2\times\phi10$mm 和 $4\times\phi14_{-0.1}^{0}$mm 孔，深 6mm。

3）用 $\phi10$mm 键槽铣刀铣 $2\times\phi10$mm 和 $4\times\phi14_{-0.1}^{0}$mm 不通孔，深 6.05mm。

钻中心孔和 $\phi14$mm 孔预制孔时调用孔加工循环；铣 4 个 $\phi14$mm 孔，因加工内容相同，可编写一个子程序，在主程序中调用 4 次子程序。

（2）铣刀进给方向的确定　铣削加工有顺铣和逆铣两种方式。

铣刀旋转方向与工件进给速度方向相同的铣削方式，称为顺铣（图 3-14a）；铣刀旋转方向与工件进给速度方向相反的铣削方式，称为逆铣，如图 3-14b 所示。

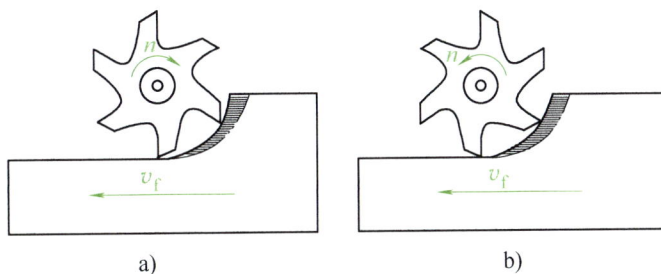

图 3-14　铣削方式

a）顺铣　b）逆铣

顺铣时铣刀刀齿切入工件时的切削厚度由最大逐渐减小到零。刀齿切入容易，且铣刀后面与已加工表面的挤压、摩擦小，切削刃磨损慢，加工出的工件表面质量较高；但顺铣时刀齿从工件的外表面切入工件，当表面有硬皮和杂质时，容易磨损和损坏刀具。

逆铣时在铣刀中心进入工件端面后，切削刃沿已加工表面切入工件，刀齿存在"滑行"，已加工表面质量差，刀齿易磨损；但铣削表面有硬皮的毛坯件时对铣刀刀齿损坏的影响小。

铣孔时，当铣刀沿孔顺时针方向铣削时，铣刀旋转方向与工件进给方向相反，属于逆铣；铣刀沿孔逆时针方向铣削时，铣刀旋转方向与工件进给方向相同，属于顺铣，如图 3-15 所示。顺铣表面质量好，刀齿磨损小，

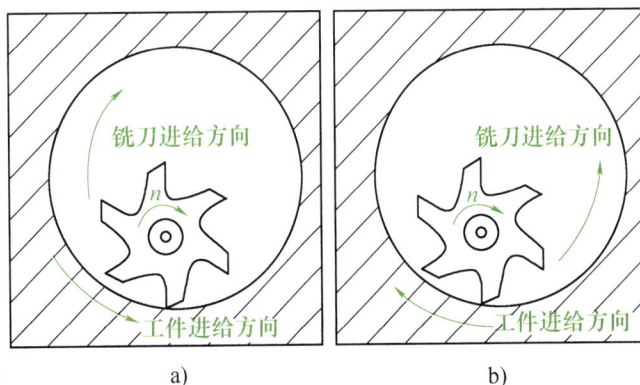

图 3-15　铣孔

a）逆铣　b）顺铣

故铣孔时铣刀应沿孔做逆时针方向进给。

（3）合理选择切削用量　加工铝件，铣孔深度较浅，切削速度可以提高，但垂直下刀进给量应小，参考切削用量见表3-23。

表 3-23　切削用量选择

| 刀具号 | 刀具规格 | 工序内容 | $v$/（mm/min） | $n$/（r/min） |
|---|---|---|---|---|
| T1 | A2 中心钻 | 钻 $2×\phi10$mm 和 $4×\phi14_{-0.1}^{0}$mm 中心孔 | 100 | 1000 |
| T2 | $\phi9$mm 麻花钻 | 钻 $2×\phi10$mm 和 $4×\phi14_{-0.1}^{0}$mm 孔，深 6mm | 100 | 1000 |
| T3 | $\phi10$mm 键槽铣刀 | 用 $\phi10$mm 键槽铣刀铣 $2×\phi10$mm 和 $4×\phi14_{-0.1}^{0}$mm 不通孔，深 6.05mm | 80 | 1200 |

## 三、参考程序编制

### 1. 建立工件坐标系

选择工件上表面中心位置为工件坐标系的原点。工件坐标系建立后，6 个孔的位置坐标便可以求出，分别为 （-16，12）、（0，12）、（16，12）、（-16，-12）、（0，-12）、（16，-12）。

### 2. 参考程序

铣孔参考程序（发那科系统程序名为"O0331"，西门子系统程序名为"XX0331.MPF"）见表3-24。

表 3-24　铣孔参考程序

| 程序段号 | 程序内容（发那科系统） | 程序内容（西门子系统） | 程序说明 |
|---|---|---|---|
| N0010 | G90 G54 G17 G40 G80 G49; | G90 G54 G17 G40 | 设置初始状态，建立坐标系 |
| N0020 | M3 S1000 M8; | M3 S1000 M8 F100 | 主轴正转，转速为 1000r/min |
| N0030 | G00 X-16 Y12 G43 Z10 H01; | G00 X-16 Y12 Z10 T1 D1 | 刀具移动至 （-16，12，10），使用 T1 刀具（中心钻），调用刀具长度补偿 |
| N0040 | G99 G81 Z-4 R5 F100; | CYCLE81 (10, 0, 3, -4,, 2, 0, 1, 12) | 调用循环在 （-16，12）处钻中心孔 |
| N0050 | Y-12; | G00 Y-12 | 刀具移至 （-16，-12）处钻中心孔 |
| N0055 | | CYCLE81 | |
| N0060 | X0; | G00 X0 | 刀具移至 （0，-12）处钻中心孔 |
| N0065 | | CYCLE81 | |
| N0070 | Y12; | G00 Y12 | 刀具移至 （0，12）处钻中心孔 |
| N0075 | | CYCLE81 | |

（续）

| 程序段号 | 程序内容（发那科系统） | 程序内容（西门子系统） | 程序说明 |
|---|---|---|---|
| N0080 | X16； | G00 X16 | 刀具移至（16，12）处钻中心孔 |
| N0085 |  | CYCLE81 | |
| N0090 | Y-12； | G00 Y-12 | 刀具移至（16，-12）处钻中心孔 |
| N0095 |  | CYCLE81 | |
| N0100 | G80 G00 Z200； | G00 Z200 | 刀具沿 Z 轴快速退回，发那科系统取消钻孔循环 |
| N0110 | M5 M9 M00； | M5 M9 M00 | 主轴停转，程序停止，安装 T2 刀具（φ9mm 麻花钻） |
| N0120 | M3 S1000 M8； | M3 S1000 M8 F100 | 主轴正转，转速为 1000r/min |
| N0130 | G90 G54 G00 X-16 Y12 G43 Z5 H02； | G90 G54 G00 X-16 Y12 Z5 T2 D1 | 绝对编程、设置工件坐标系，刀具快速移动到（-16，12，5）位置 |
| N0140 | G99 G83 Z-6 R5 Q3 F100； | CYCLE83（10，0，3，-6,,-3,, 2，100，1，1，100，…） | 调用循环在（-16，12）处钻孔 |
| N0150 | Y-12； | G00 Y-12 | 刀具移至（-16，-12）处钻孔 |
| N0155 |  | CYCLE83 | |
| N0160 | X0； | G00 X0 | 刀具移至（0，-12）处钻孔 |
| N0165 |  | CYCLE83 | |
| N0170 | Y12； | G00 Y12 | 刀具移至（0，12）处钻孔 |
| N0175 |  | CYCLE83 | |
| N0180 | X16； | G00 X16 | 刀具移至（16，12）处钻孔 |
| N0185 |  | CYCLE83 | |
| N0190 | Y-12； | G00 Y-12 | 刀具移至（16，-12）处钻孔 |
| N0200 |  | CYCLE83 | |
| N0210 | G80 G00 Z200； | G00 Z200 | 刀具沿 Z 轴快速退回，发那科系统取消钻孔循环 |
| N0220 | M5 M9 M00； | M5 M9 M00 | 主轴停转，切削液关，程序停止，安装 T3 刀具（φ10mm 铣刀） |
| N0230 | M3 S1200 M8； | M3 S1200 M8 | 主轴正转，转速为 1200r/min，切削液开 |
| N0240 | G90 G54 G00 X0 Y12； | G90 G54 G00 X0 Y12 T3 D1 | 刀具移至（0，12）位置 |
| N0250 | G43 Z5 H03； | Z5 | 刀具下移，发那科系统调用刀具长度补偿 |
| N0260 | G01 Z-6.05 F80； | G01 Z-6.05 F80 | 铣孔深 6.05mm，进给速度 80mm/min |
| N0270 | G04 X5； | G04 F5 | 暂停 5s |
| N0280 | G01 Z5 F200； | G01 Z5 F200 | 刀具退回，速度为 200mm/min |
| N0290 | G00 Y-12； | G00 Y-12 | 刀具快速移动到（0，-12）处 |

（续）

| 程序<br>段号 | 程序内容<br>（发那科系统） | 程序内容<br>（西门子系统） | 程序说明 |
|---|---|---|---|
| N0300 | G01 Z-6.05 F80； | G01 Z-6.05 F80 | 铣孔深 6.05mm，进给速度为 80mm/min |
| N0310 | G04 X5； | G04 F5 | 暂停 5s |
| N0320 | G01 Z5 F200； | G01 Z5 F200 | 刀具退回，速度为 200mm/min |
| N0330 | G00 X16 Y-12； | G00 X16 Y-12 | 刀具快速移动到（16，-12）处 |
| N0340 | M98 P3311； | L3311 | 调用子程序 |
| N0350 | G00 X16 Y12； | G00 X16 Y12 | 刀具快速移动到（16，12）处 |
| N0360 | M98 P3311； | L3311 | 调用子程序 |
| N0370 | G00 X-16 Y12； | G00 X-16 Y12 | 刀具快速移动到（-16，12）处 |
| N0380 | M98 P3311； | L3311 | 调用子程序 |
| N0390 | G00 X-16 Y-12； | G00 X-16 Y-12 | 刀具快速移动到（-16，-12）处 |
| N0400 | M98 P3311； | L3311 | 调用子程序 |
| N0410 | G00 Z200； | G00 Z200 | 刀具快速抬起至 Z200 |
| N0420 | M5 M9 M2； | M5 M9 M2 | 主轴停转，切削液停，程序结束 |

子程序（发那科系统子程序名为"O3311"，西门子系统子程序名为"L3311.SPF"）见表 3-25。

表 3-25　铣孔子程序

| 程序<br>段号 | 程序内容<br>（发那科系统） | 程序内容<br>（西门子系统） | 说　明 |
|---|---|---|---|
| N0010 | G90 G01 Z-6.05 F80； | G90 G01 Z-6.05 F80 | 绝对编程，铣孔深度 6.05mm，进给速度 80mm/min |
| N0020 | G91 G01 X1.975； | G91 G01 X1.975 | 增量方式编程，刀具沿 X 正方向移动 1.975mm |
| N0030 | G03 I-1.975； | G03 I-1.975 | 顺时针铣圆 |
| N0040 | G01 X-1.975； | G01 X-1.975 | 刀具沿 X 负方向移动 1.975mm |
| N0050 | G90 G00 Z5； | G90 G00 Z5 | 绝对方式刀具抬起 |
| N0060 | M99； | M17 | 子程序结束 |

### 资料链接

　　铣孔时，若用键槽铣刀或四刃铣刀（横刃过中心）加工，可以直接在工件表面下刀，但下刀时进给速度应较低；若用三刃立铣刀或四刃铣刀（横刃不过中心）加工，不可直接在工件表面下刀，应先用钻头钻好预钻孔，然后再下刀加工。

**任务实施**

### 一、加工准备

1）阅读零件图，并检查坯料的尺寸。

2）开机，机床回参考点。

3）输入程序并检查该程序。

子程序输入：发那科系统子程序按新程序方法输入，选择编辑模式，按程序键 ▣，输入子程序名，按插入键 ▣，然后输入子程序内容，程序输入结束后，退出程序输入界面。西门子系统子程序输入方法也与输入新程序方法相似，打开程序管理器，按 新程序 软键，在新程序类型框格中选择类型为"子程序 SPF"，移动光标至"名称"框格内，输入子程序名，按 确定 软键，然后输入程序内容，程序输入结束后，退出程序输入界面。

4）安装夹具，夹紧工件。

把机用平口钳安装在工作台面上，并用百分表校正钳口。将工件装夹在机用平口钳上并用垫铁垫起，使工件伸出钳口 5mm 左右，校平工件上表面并夹紧。

5）刀具装夹。本任务共使用了 3 把刀具，把不同类型的刀具分别安装到对应的刀柄上，注意刀具伸出的长度应能满足加工要求，不能发生干涉，并考虑钻头的刚性，然后按序号依次放置在刀架上，分别检查每把刀具安装的牢固性和正确性。

### 二、对刀，设定工件坐标系

（1）X、Y 向对刀  通过试切法进行对刀操作，得到 X、Y 零偏值，并将其输入到 G54 中。

（2）Z 向对刀  利用试切法分别测量 3 把刀的刀位点从参考点到工件上表面的 Z 值，并把 Z 值分别输入到对应的刀具长度补偿值中（G54 中 Z 值为 0）。

### 三、空运行及仿真

注意空运行及仿真时，使机床机械锁定或向 G54 中的 Z 坐标中输入 50mm，按下启动键，适当降低进给速度，检查刀具运动轨迹是否正确。若在机床机械锁定状态下，空运行结束后必须重回机床参考点；若在更改 G54 的 Z 坐标状态下，空运行结束后 Z 坐标改为 0，机床不需要回参考点。

### 四、零件自动加工

首先使各个倍率开关达到最小状态，按下循环启动键。在机床正常加工过程中应适当调整各个倍率开关，保证加工正常进行。

## 五、任务检测与评分标准（表3-26）

表 3-26　铣孔检测评价表

| 序号 | 检测项目 | 检测内容及要求 | 配分 | 学生自检 | 学生互检 | 教师检测 | 得分 |
|---|---|---|---|---|---|---|---|
| 1 | 职业素养 | 文明、礼仪 | 5 | | | | |
| 2 | | 安全、纪律 | 10 | | | | |
| 3 | | 行为习惯 | 5 | | | | |
| 4 | | 工作态度 | 5 | | | | |
| 5 | | 团队合作 | 5 | | | | |
| 6 | 制订工艺 | 1）选择装夹与定位方式<br>2）选择刀具<br>3）选择加工路径<br>4）选择合理的切削用量 | 5 | | | | |
| 7 | 程序编制 | 1）编程坐标系选择正确<br>2）指令使用与程序格式正确<br>3）基点坐标计算正确 | 10 | | | | |
| 8 | 机床操作 | 1）开机前检查、开机、回参考点<br>2）工件、刀具的装夹与对刀<br>3）程序输入与校验 | 5 | | | | |
| 9 | 零件加工 | $4\times\phi14_{-0.1}^{0}$mm | 20 | | | | |
| 10 | | $2\times\phi10$mm | 10 | | | | |
| 11 | | $6_{0}^{+0.1}$mm | 10 | | | | |
| 12 | | 20mm、24mm、32mm | 4 | | | | |
| 13 | | 表面粗糙度值 $Ra3.2\mu$m | 6 | | | | |
| | 综合评价 | | | | | | |

## 六、加工结束，清理机床

松开夹具，卸下工件与刀具，清理机床。

**操作注意事项**

1）钻预制孔及钻中心孔时，中心钻和钻头要保证对刀的一致性。

2）用铣刀铣孔时，应选择能垂直下刀的铣刀或采用螺旋下刀方式。

3）采用刀心轨迹编程，需计算铣刀刀心移动轨迹坐标。

4）铣孔时尽可能采用顺铣，以保证已加工表面质量。

### 思考与练习

1. 简述铣削加工中顺铣和逆铣的优缺点。

2. 什么是子程序？子程序有什么作用？

3. 比较发那科系统（FANUC 0i-MD）及西门子系统（SINUMERIK 828D、840D sl）子程序调用时的注意事项。

4. 做一做：针对图 3-16 所示零件，编写零件加工程序并进行加工。

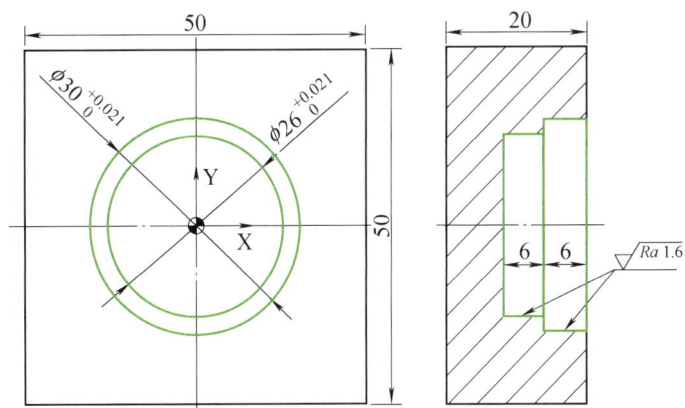

图 3-16　4 题图

# 任务四　镗　孔

### 学习目标

#### 1. 知识目标

1）了解镗刀的形状、结构、种类。

2）掌握镗孔工艺参数的选择方法。

3）了解镗孔循环及应用。

#### 2. 技能目标

1）会进行镗孔尺寸控制及微调镗刀的使用。

2）会进行圆柱（盘）类零件加工的对刀。

3）完成图 3-17 所示零件的加工，其三维效果图如图 3-18 所示，材料为硬铝。

图 3-17　零件图

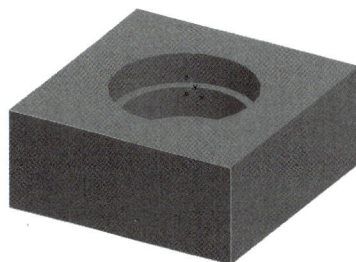

图 3-18　三维效果图

知识学习

## 一、编程指令

镗孔加工

### 1. 镗孔循环指令 G85（CYCLE86）

镗孔循环指令使刀具以编程转速和方向加工至指定深度，停留一定时间后，刀具退刀返回或不退刀返回，可用于镗孔、铰孔和扩孔等加工。发那科系统与西门子系统镗孔循环指令格式、加工图例及参数含义见表3-27。

表3-27 镗孔循环指令格式、加工图例及参数含义

| 数控系统 | 发那科系统 | 西门子系统 |
|---|---|---|
| 指令格式 | G85 X_ Y_ Z_ R_ F_ K_；<br>G80；取消循环 | CYCLE86（PL, RP, SC, 加工位置, DIR, Z0, Z1, DT, SPOS, 退刀模式, DX, DY, DZ） |
| 加工图例 | G98方式　　　G99方式<br>初始平面<br>R点<br>R点　R点平面<br>Z点　　　　Z点<br>- - - ▶ 定位(快速移动G00)<br>——▶ 切削进给(直线插补G01) | |
| 参数含义 | X_ Y_：孔位置数据，即X轴、Y轴坐标<br>Z_：孔底的位置坐标（绝对值时），从R点到孔底的距离（增量值时）<br>R_：从初始位置到R点位置的距离<br>F_：切削进给速度<br>K_：重复次数（仅限需要重复时） | PL：加工平面，通过选择/转换键 [SELECT] 切换<br>RP：返回平面（绝对值）<br>SC：安全距离（相对于参考点的高度，输入时不带正负号）<br>加工位置：有单个位置（在编程的位置上镗孔）和位置模式（带MCALL的位置），通过 [SELECT] 键切换<br>DIR：主轴旋转方向<br>Z0：参考点Z坐标（绝对值）<br>Z1：最后镗孔深度（绝对值或相对于Z0的深度）<br>DT：最后镗孔深度时的停留时间，单位为r（s）<br>SPOS：主轴停止位置，单位为（°）<br>退刀模式：有不退刀和退刀返回两种，通过 [SELECT] 键切换<br>DX：X方向退刀量（仅在退刀时）<br>DY：Y方向退刀量（仅在退刀时）<br>DZ：Z方向退刀量（仅在退刀时）<br>D：退刀量（增量）（仅在退刀时） |
| 使用说明 | （1）调用循环前，应指定主轴转速及转向<br>（2）G17（XY）平面必须有效<br>（3）如用G98，则刀具退回至初始平面；如用G99，则刀具退回至R平面<br>（4）G85指令为模态有效代码，用G80或01组G代码（G01、G02…）取消 | （1）输入程序时，单击屏幕下方的 [钻削] 软键，再单击屏幕右侧的 [镗孔] 软键，出现上述加工图例界面，移动光标，按提示输入参数值，最后按 [接收] 软键，调用循环<br>（2）调用循环前，应指定主轴转速，刀具应处于镗孔位置<br>（3）G17（XY）平面必须有效<br>（4）若用此指令铰孔，应选择"不退刀"模式返回 |

应用示例：在 XY 平面（X0，Y0）处调用循环 G85/CYCLE86，Z 轴为镗孔轴，如图 3-19 所示，不设置停留时间。

参考程序见表 3-28。

### 2. 发那科系统精镗孔循环

（1）指令功能　精镗孔循环用于镗削精密孔。当到达孔底时，主轴停止，刀具离开工件的被加工表面并返回。其动作过程如图 3-20 所示。

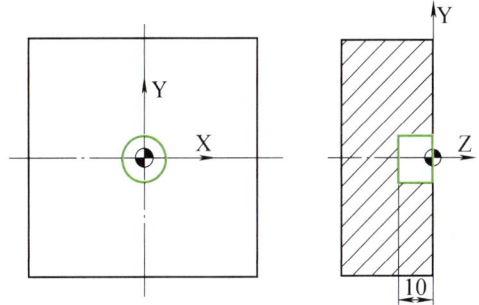

图 3-19　应用示例

表 3-28　发那科系统与西门子系统镗孔参考程序

| 程序段号 | 发那科系统参考程序及说明 | | 西门子系统参考程序及说明 | |
|---|---|---|---|---|
| N10 | G90 G54 G0 X0 Y0 T1； | 规定参数 | G90 G54 G00 X0 Y0 T1 D1 | 规定参数 |
| N20 | M3 S1000； | 主轴正转，转速为 1000r/min | M3 S1000 | 主轴正转，转速为 1000r/min |
| N30 | G43 Z10 H1； | 刀具快速移动至 Z10 处 | Z10 | 刀具移动至 Z10 处 |
| N40 | G98 G85 Z-10 R5 F100； | 镗孔 | CYCLE86（10，0，2，-10，，1，2，，，，45，1，1，11） | |
| | | | | 调用镗孔循环 |
| N50 | G80 G0 Z200； | 刀具快速移动至 Z200 处 | G00 Z200 | 刀具退回至 Z200 处 |
| N60 | M30； | 程序结束 | M30 | 程序结束 |

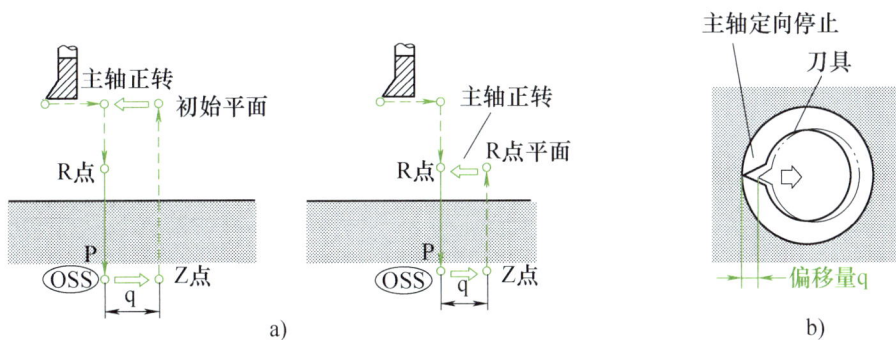

图 3-20　精镗孔动作过程
a）G76（G98、G99）　b）孔底动作示意图

（2）指令格式

G76 X_　Y_　Z_　Q_　P_　F_　K_；

（3）指令使用说明

1）Q 表示孔底的偏移量；P 表示孔底的暂停时间。

2）当到达孔底时，主轴在固定的旋转位置停止，刀具先向刀尖的相反方向移动退刀，然后快速退刀。这样既可保证加工面不被破坏，又实现了精密和有效的镗削加工。

3）刀尖反向位移量用地址 Q 指定，其值 q 为正值。位移方向由 MDI 设定，可为"+X""-X""+Y""-Y"中的任一个。

## 二、加工工艺分析

### 1. 工、量、刃具选择

（1）工具选择　工件用机用平口钳装夹，机用平口钳用百分表校正，其他工具见表3-29。

（2）量具选择　因尺寸精度较高，孔深用游标深度卡尺测量；孔径尺寸用内径百分表测量，内径百分表用千分尺校对；表面粗糙度用表面粗糙度样板比对。量具具体规格见表3-29。

（3）刃具选择　镗孔作为孔的精加工方法之一，之前还需安排钻孔（含钻中心孔定心）、扩孔、铣孔等粗加工、半精加工工序，需用到中心钻、麻花钻、铣刀等刀具；最后用镗刀进行加工，其中镗刀分为粗镗刀和精镗刀。

粗镗刀的结构和形状如图 3-21 所示，其调整精度为每调整一个刻度，刀头移动 0.01mm。精镗刀的结构和形状如图 3-22 所示，其调整精度为每调整一个刻度，刀头移动 0.002mm。

图 3-21　粗镗刀

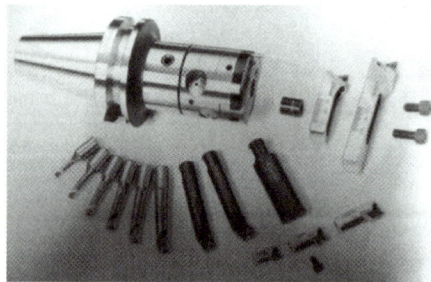

图 3-22　精镗刀

刃具规格见表 3-29。

表 3-29　工、量、刃具清单

| 种　类 | 序　号 | 名　称 | 规　格 | 数　量 |
|---|---|---|---|---|
| 工具 | 1 | 机用平口钳 | QH160 | 1 个 |
| | 2 | 平行垫铁 | | 若干 |
| | 3 | 塑胶锤子 | | 1 个 |
| | 4 | 呆扳手 | | 若干 |
| 量具 | 1 | 百分表及表座 | 0~10mm | 1 只 |
| | 2 | 千分尺 | 25~50mm | 1 把 |
| | 3 | 内径百分表 | 18~35mm | 1 只 |
| | 4 | 游标深度卡尺 | 0~200mm | 1 把 |
| | 5 | 表面粗糙度样板 | N0~N1 | 1 副 |

（续）

| 种　类 | 序　号 | 名　称 | 规　格 | 数　量 |
|---|---|---|---|---|
| 刀具 | 1 | 中心钻 | A5 | 1个 |
| | 2 | 麻花钻 | $\phi25mm$ | 1个 |
| | 3 | 键槽铣刀 | $\phi20mm$ | 1把 |
| | 4 | 微调镗刀（不通孔镗刀） | $\phi26mm$ | 1把 |
| | 5 | 微调镗刀（不通孔镗刀） | $\phi30mm$ | 1把 |

### 2. 加工工艺方案

（1）加工工艺路线

1）用 A5 中心钻钻中心孔。

2）用 $\phi25mm$ 麻花钻钻孔，深 12mm。

3）用 $\phi20mm$ 键槽铣刀铣 $\phi26mm$ 和 $\phi30mm$ 不通孔底孔，深度至尺寸要求。

4）用微调镗刀镗 $\phi26^{+0.021}_{0}mm$，深 12mm。

5）用微调镗刀镗 $\phi30^{+0.021}_{0}mm$，深 6mm。

（2）合理切削用量选择　加工铝件时，钻孔和粗铣孔速度要低，镗孔精度要求较高，可以减少切削余量，提高主轴转速，降低进给速度，参考切削用量见表 3-30。

表 3-30　切削用量的选择

| 刀具号 | 刀具规格 | 工序内容 | $v_f$/(mm/min) | $n$/(r/min) |
|---|---|---|---|---|
| T1 | A5 中心钻 | 钻中心孔 | 100 | 1000 |
| T2 | $\phi25mm$ 麻花钻 | 钻孔，深 12mm | 100 | 400 |
| T3 | $\phi20mm$ 键槽铣刀 | 铣 $\phi26mm$ 和 $\phi30$ 不通孔 | 100 | 800 |
| T4 | $\phi26mm$ 微调镗刀 | 镗孔 $\phi26^{+0.021}_{0}mm$，深 12mm | 80 | 1200 |
| T5 | $\phi30mm$ 微调镗刀 | 镗孔 $\phi30^{+0.021}_{0}mm$，深 6mm | 80 | 1200 |

## 三、参考程序编制

### 1. 选择工件坐标系

选择工件上表面中心位置为工件坐标系原点。

### 2. 参考程序

镗孔参考程序（发那科系统程序名为"O0341"，西门子系统程序名为"TK0341. MPF"）见表 3-31。

表 3-31 镗孔参考程序

| 程序段号 | 程序内容<br>（发那科系统） | 程序内容<br>（西门子系统） | 程 序 说 明 |
|---|---|---|---|
| N0010 | G40 G17 G80 G49; | G40 G17 T1 D1 | 设置初始状态 |
| N0020 | G90 G54 G00 X0 Y0 Z50; | G90 G54 G00 X0 Y0 Z50 | 绝对编程、设置工件坐标系，刀具快速移动到（0，0，50） |
| N0030 | M3 S1000; | M3 S1000 F100 | 主轴正转，转速为1000r/min |
| N0040 | G43 Z5 H01 M8; | Z5 M8 | 刀具快速移动至Z5处，发那科系统调用1号刀具长度补偿 |
| N0050 | G99 G81 Z-4 R5 F100; | CYCLE81（10，0，3，-4，，） | 调用孔加工循环，钻中心孔 |
| N0060 | G80 G00 Z200; | G00 Z200 | 抬刀，发那科系统同时取消钻孔循环 |
| N0070 | M5 M9 M00; | M5 M9 M00 | 主轴停转，程序停止，切削液停，安装T2刀具（φ25mm麻花钻） |
| N0080 | G90 G54 G00 X0 Y0; | G90 G54 G00 X0 Y0 T2 D1 | 绝对编程，设置工件坐标系，刀具快速移动到（0，0） |
| N0090 | M3 S400; | M3 S400 F100 | 主轴正转，转速为400r/min |
| N0100 | G43 Z5 H02 M8; | Z5 M8 | 刀具向下移动，切削液开，发那科系统调用2号刀具长度补偿 |
| N0110 | G99 G83 Z-12 R5 Q3 F100; | CYCLE83（10，0，3，-12，，-3，80，1，，100，0，…） | 调用孔加工循环，钻孔深12mm |
| N0120 | G80 G00 Z200; | G00 Z200 | 刀具沿Z方向快速退回，发那科系统取消钻孔循环 |
| N0130 | M5 M9 M00; | M5 M9 M00 | 主轴停转，程序停止，切削液关，安装T3刀具（φ20mm键槽铣刀） |
| N0140 | G90 G54 G00 X0 Y0; | G90 G54 G00 X0 Y0 T3 D1 | 绝对编程，设置工件坐标系，刀具快速移动到（0，0） |
| N0150 | M3 S800; | M3 S800 | 主轴正转，转速为800r/min |
| N0160 | G43 Z5 H03 M8; | Z5 M8 | 刀具向下移动，切削液开，发那科系统调用3号刀具长度补偿 |
| N0170 | G01 Z-6.0 F100; | G01 Z-6.0 F100 | 铣孔深6.0mm，进给速度为100mm/min |
| N0180 | G91 G01 X4.9; | G91 G01 X4.9 | 增量方式编程，刀具沿X正方向移动4.9mm |
| N0190 | G02 I-4.9; | G02 I-4.9 | 顺时针圆弧插补 |
| N0200 | G90 G01 X0 Y0; | G90 G01 X0 Y0 | 绝对方式编程，刀具回到（0，0）处 |
| N0210 | G01 Z-12; | G01 Z-12 | 刀具沿Z轴负方向插补至Z-12处 |
| N0220 | G91 G01 X2.9; | G91 G01 X2.9 | 增量方式编程，刀具沿X正方向移动2.9mm |
| N0230 | G02 I-2.9; | G02 I-2.9 | 顺时针圆弧插补 |
| N0240 | G90 G01 X0 Y0; | G90 G01 X0 Y0 | 绝对方式编程，刀具回到（0，0）处 |
| N0250 | G00 Z200; | G00 Z200 | 刀具沿Z轴快速移动到Z200处 |

（续）

| 程序段号 | 程序内容<br>（发那科系统） | 程序内容<br>（西门子系统） | 程序说明 |
|---|---|---|---|
| N0260 | M5 M9 M00； | M5 M9 M00 | 主轴停转，程序停止，切削液关，安装 T4 刀具（φ26mm 微调镗刀） |
| N0270 | G90 G54 G00 X0 Y0； | G90 G54 G00 X0 Y0 T4 D1 | 绝对编程、设置工件坐标系，刀具快速移动到（0, 0） |
| N0280 | M3 S1200； | M3 S1200 | 主轴正转，转速为 1200r/min |
| N0290 | G43 Z5 H04 M8； | Z5 M8 F80 | 刀具快速移动至 Z5 处，切削液开，发那科系统调用 4 号刀具长度补偿 |
| N0300 | G99 G85 Z-12.0 R5 F80； | CYCLE86（5, 0, 2,, 12, 1, 3,,,, 45, 1, 1, 11） | 调用镗孔加工循环，镗孔，深度 12mm |
| N0310 | G80 G00 Z200； | G00 Z200 | 刀具 Z 方向快速退回，发那科系统取消钻孔循环 |
| N0320 | M5 M9 M00； | M5 M9 M00 | 主轴停转，程序停止，切削液关，安装 T5 刀具（φ30mm 微调镗刀） |
| N0330 | G90 G54 G00 X0 Y0； | G90 G54 G00 X0 Y0 T5 D1 | 绝对编程，设置工件坐标系，刀具快速移动到（0, 0） |
| N0340 | M3 S1200； | M3 S1200 | 主轴正转，转速为 1200r/min |
| N0350 | G43 Z5 H05 M8； | Z5 M8 F80 | 刀具快速移动至 Z5 处，切削液开，发那科系统调用 5 号刀具长度补偿 |
| N0360 | G99 G85 Z-6 R5 F80； | CYCLE86（5, 0, 2,, 6, 1, 3,,,, 45, 1, 1, 11） | 调用镗孔加工循环，镗孔深度 6mm |
| N0370 | G80 G00 Z200； | G00 Z200 | 刀具沿 Z 方向快速退回，发那科系统取消钻孔循环 |
| N0380 | M5 M9 M2； | M5 M9 M2 | 主轴停转，切削液关，程序结束 |

### ♻ 任务实施

## 一、加工准备

1）阅读零件图，并检查坯料的尺寸。

2）开机，机床回参考点。

3）输入程序并检查该程序。

4）安装夹具，夹紧工件。

把机用平口钳安装在工作台面上，并用百分表校正钳口位置。将工件装夹在机用平口钳上，用垫铁垫起，使工件伸出钳口 5mm 左右，校平上表面并夹紧。

5）装夹刀具。本任务共使用了 5 把刀具，把不同类型的刀具分别安装到对应的刀柄上，注意刀具伸出的长度应能满足加工要求，不能发生干涉，并考虑钻头的刚性，然后按序号依次放置在刀架上，分别检查每把刀具安装的牢固性和正确性。

## 二、对刀，设定工件坐标系

（1）X、Y 向对刀　通过试切法进行对刀操作，得到 X、Y 零偏值，并输入到 G54 中。

（2）Z 向对刀　利用试切法分别测量 5 把刀的刀位点从参考点到工件上表面的 Z 值，并把 Z 值分别输入到对应的刀具长度补偿值中（G54 中 Z 值为 0）。

## 三、空运行及仿真

注意空运行及仿真时，使机床机械锁定或向 G54 中的 Z 坐标中输入 50mm，按下启动键，适当降低进给速度，检查刀具运动轨迹是否正确。若在机床机械锁定状态下，空运行结束后必须回机床参考点；若在更改 G54 的 Z 坐标状态下，空运行结束后 Z 坐标改为 0，机床不需要回参考点。

## 四、零件自动加工及尺寸控制

首先使各个倍率开关达到最小状态，按下循环启动键。在机床正常加工过程中适当调整各个倍率开关，保证加工正常进行。

镗孔时孔径尺寸的控制是通过对镗刀进行调整、试切、试测实现的，具体方法如下。

1）松开刀头锁紧螺钉，调节刀头伸出长度后锁紧（图 3-23）。伸出长度的计算公式为

$$l = (d_1 - d_2)/2$$
$$L = l + d_2$$

式中　$l$——刀头伸出长度；

$d_1$——预制孔直径；

$d_2$——镗杆直径；

$L$——游标卡尺测量长度（$L$ 应比所需尺寸小 0.5~0.3mm）。

2）试切与试测。用自动模式使主轴到达孔轴线位置，在孔口处试切 1~2mm，检验孔的轴线位置是否正确；如果已经切到孔的表面则进行测量，再根据测量尺寸调整刀头伸出长度，仍在孔口处试切 1~2mm 并测量，直到达到要求。

图 3-23　调节刀头伸出长度

3）试切法调整镗刀一定要遵循"少进多试"的原则。如果镗刀尺寸偏大，会出现废品。粗镗刀调整精度可在 ±0.05mm 内，精镗刀一定要调整到精度要求范围内。

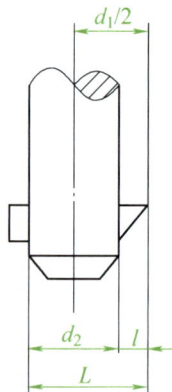

## 五、任务检测与评分标准（表 3-32）

表 3-32  镗孔检测评价表

| 序号 | 检测项目 | 检测内容及要求 | 配分 | 学生自检 | 学生互检 | 教师检测 | 得分 |
|---|---|---|---|---|---|---|---|
| 1 | 职业素养 | 文明、礼仪 | 5 | | | | |
| 2 | | 安全、纪律 | 10 | | | | |
| 3 | | 行为习惯 | 5 | | | | |
| 4 | | 工作态度 | 5 | | | | |
| 5 | | 团队合作 | 5 | | | | |
| 6 | 制订工艺 | 1）选择装夹与定位方式<br>2）选择刀具<br>3）选择加工路径<br>4）选择合理的切削用量 | 5 | | | | |
| 7 | 程序编制 | 1）编程坐标系选择正确<br>2）指令使用与程序格式正确<br>3）基点坐标计算正确 | 10 | | | | |
| 8 | 机床操作 | 1）开机前检查、开机、回参考点<br>2）工件、刀具的装夹与对刀<br>3）程序输入与校验 | 5 | | | | |
| 9 | 零件加工 | $\phi26^{+0.021}_{0}$ mm | 16 | | | | |
| 10 | | $\phi30^{+0.021}_{0}$ mm | 16 | | | | |
| 11 | | 6mm（2处） | 8 | | | | |
| 12 | | 表面粗糙度值 $Ra1.6\mu m$ | 10 | | | | |
| 综合评价 | | | | | | | |

## 六、加工结束，清理机床

松开夹具，卸下工件与刀具，清理机床。

### 资料链接

1）当被加工工件为圆盘类零件时，常采用百分表或千分尺对刀，实现工件坐标系设定。其操作步骤如下：

① 百分表的安装：直径小于 40mm 的孔或外圆，可用钻夹头刀柄直接夹持百分表，如图 3-24a 所示；直径大于 40mm 的孔或外圆，可将磁性表座直接吸附在主轴上，如图 3-24b 所示。

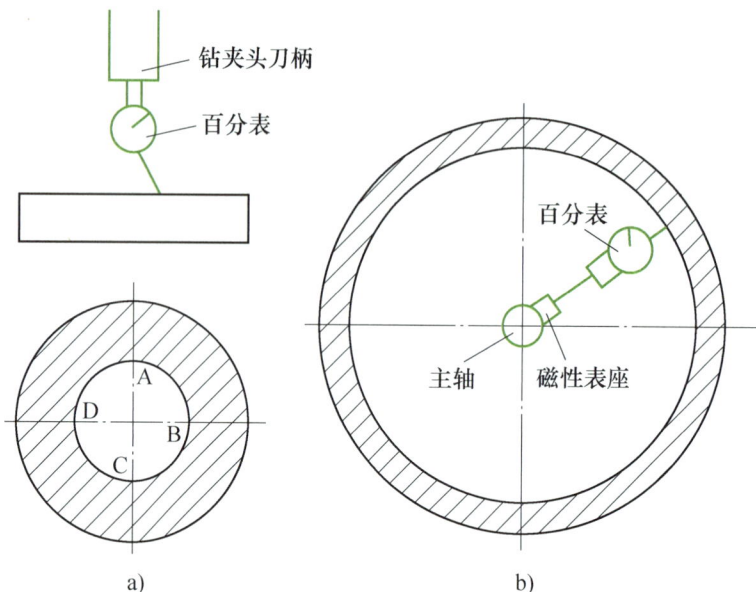

**图 3-24　用百分表对刀**

a）孔径较小　b）孔径较大

② 调整百分表的测头，使其与 Y 方向的两个极限点 A、C 接触，用手拨动主轴，观察 A、C 两点在表盘上的偏移量 Δ，然后在手轮模式下只调整主轴 Y 方向的位置，使其向读数偏小的一方移动 Δ/2。如此反复进行测量、调整，直到 A、C 两点在表盘上的读数相同，此时主轴所在位置为孔的轴线在 Y 方向的位置。同理，可测量 X 方向的两个极限点 B、D，调整主轴在 X 方向的位置，用手拨动主轴使主轴旋转，百分表指针在 B、D 两点位置相同时，主轴所在位置为孔的轴线在 X 方向的位置。对刀操作后，将操作得到的数值输入到零点偏置寄存器（G54）中。

③ 由于百分表的量程较小，要先进行粗找正，使轴线偏移精度在百分表的量程之内。若毛坯表面粗糙度值较大，可用铁丝代替百分表进行粗找正。

2）选择镗刀时应根据所加工孔的直径，尽可能选择截面积大的镗杆；选择镗杆的长度时，使镗杆伸出长度略大于孔深即可；为了减少切削过程中由于受径向力作用而产生振动，镗刀的主偏角一般选得较大。镗铸铁孔或精镗孔时，一般取 $\kappa_r = 90°$，粗镗钢件孔时，取 $\kappa_r = 60° \sim 75°$，以延长刀具寿命。对于微调镗刀的调整，应先用对刀板或百分表将镗刀刀尖预调至较精确的尺寸（±0.1mm），然后再进行微调。微调后，将镗刀紧固即可使用。

**操作注意事项**

1）装夹毛坯时要考虑垫铁与加工部位是否干涉。

2）镗孔试切对刀时要准确找正预镗孔的中心位置，保证试切一周切削均匀。

3）镗刀对刀时，工件零点偏置值可以直接借用上道工序中应用麻花钻或铣刀测量得到的 X、Y 值，Z 值通过试切获得。

1. 简述如何调整镗刀的尺寸。

2. 发那科系统与西门子系统镗孔循环指令各是什么？其指令格式有何区别？

3. 试一试：编写程序并加工图 3-25 所示零件中的成形孔。

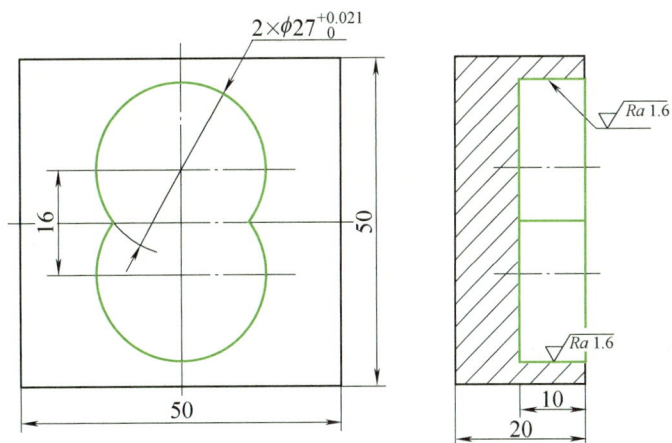

图 3-25　3 题图

# 任务五　攻　螺　纹

## 学习目标

### 1. 知识目标

1）了解丝锥的种类及选用。

2）掌握攻螺纹前底孔直径的确定方法。

3）掌握攻螺纹循环指令。

### 2. 技能目标

1）会攻螺纹。

2）会进行内螺纹精度的测量及控制。

3）完成图 3-26 所示零件的加工，其三维效果图如图 3-27 所示，材料为硬铝。

图 3-26　零件图

## 知识学习

### 一、编程指令

攻螺纹循环指令 G84（CYCLE84、CYCLE840）使刀具以编程的主轴转速和方向加工至给定的螺纹深度，主轴反转退回。发那科系统与西门子系统攻螺纹循环指令格式、加工

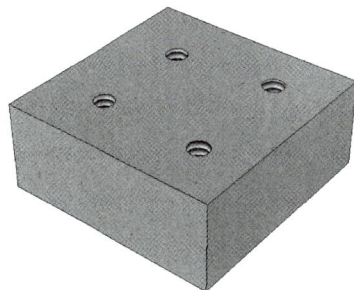

图 3-27　三维效果图

图例及参数含义见表3-33。

表 3-33　攻螺纹循环指令格式、加工图例及参数含义

| 数控系统 | 发那科系统 | 西门子系统 |
|---|---|---|
| 指令格式 | G84 X_ Y_ Z_ R_ P_ F_ K_；<br>G80；取消循环 | CYCLE84（RP，Z0，SC，Z1，DT，SDE，P，aS，S，SR，D，V2） |
| 加工图例 | | |
| 参数含义 | X_ Y_：孔位置数据，即X轴、Y轴坐标<br><br>Z_：孔底的位置坐标（绝对值时），从R点到孔底的距离（增量值时）<br><br>R_：从初始位置到R点位置的距离<br><br>P_：孔底停留时间<br><br>F_：切削进给速度<br><br>K_：重复次数（仅限需要重复时） | PL：加工平面（G17平面）<br><br>RP：返回平面（绝对值）<br><br>Z0：参考点Z坐标（绝对值）<br><br>SC：安全距离（相对于参考点的高度，输入时不带正负号）<br><br>Z1：最后攻螺纹深度（绝对值或相对于Z0的深度）<br><br>DT：最后攻螺纹深度时的停留时间，单位为s<br><br>SDE：循环结束后的旋转方向，停止转动：5；正转：3；反转：4<br><br>P：螺距，单位为mm、in或牙<br><br>aS：起始角偏移，单位为（°）<br><br>S：主轴转速（仅在刚性攻螺纹时）<br><br>SR：退回时的主轴转速（仅在刚性攻螺纹时）<br><br>D：最大进刀深度（仅在刚性攻螺纹、退刀排屑或断屑时）<br><br>V2：手动退回时的回退量 |

（续）

| 使用说明 | （1）调用循环前，应指定主轴转速及转向<br>（2）G17（XY）平面必须有效<br>（3）如用 G98，则刀具退回至初始平面；如用 G99，则刀具退回至 R 平面<br>（4）攻螺纹期间，进给倍率无效<br>（5）进给速度必须严格按公式计算，否则会乱牙。进给速度=主轴转速×螺纹导程<br>（6）当指定重复次数 K 时，只对第一个孔执行 M 代码，对其他孔不执行 M 代码<br>（7）G84 指令为模态有效代码，用 G80 或 01 组 G 代码（G01、G02…）取消 | （1）输入程序时，单击屏幕下方的 ▣钻削 软键，再单击屏幕右侧的 螺纹▶ 软键，单击 攻丝 软键，出现上述加工图例界面，移动光标，按提示输入参数值，最后按 蓝收 软键，调用循环<br>（2）调用循环前刀具应处于攻螺纹位置<br>（3）G17（XY）平面必须有效<br>（4）补偿夹具模式有带补偿夹具 CYCLE840 和不带补偿夹具 CYCLE84 两种<br>（5）攻丝位置有单独位置和 MCALL 两种<br>（6）螺纹旋向有右旋和左旋两种，仅用于不带补偿夹具的 CYCLE84 模式<br>（7）表格 中有"无""公制螺纹""惠氏螺纹 BSW""惠氏螺纹 BSP""UNC"等供选择<br>（8）回退方式有"自动"和"手动"两种<br>（9）攻螺纹期间，进给倍率无效 |
|---|---|---|

应用示例：在 XY 平面（X30，Y35）处攻 M10×1.5 螺纹，钻削轴为 Z 轴，不设定停留时间，如图 3-28 所示。

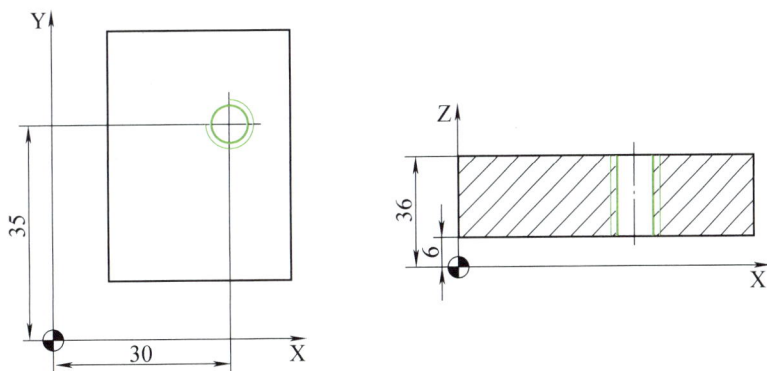

图 3-28　应用示例

参考程序见表 3-34。

表 3-34　发那科系统与西门子系统参考程序

| 程序段号 | 发那科系统参考程序及说明 | | 西门子系统参考程序及说明 | |
|---|---|---|---|---|
| N10 | G54 G80 G49 T2； | 设置初始参数 | G54 G17 G90 T2 D1 | 设置初始参数 |
| N20 | G00 G43 X30 Y35 Z50 H01； | 回到钻孔位，调刀具长度补偿 | G00 X30 Y35 Z50 | 回到钻孔位 |

（续）

| 程序段号 | 发那科系统参考程序及说明 | | 西门子系统参考程序及说明 | |
|---|---|---|---|---|
| N30 | M3 S100； | 主轴正转，转速为100r/min | M3 S100 | 主轴正转，转速为100r/min |
| N40 | G98 G84 Z2 R40 F150； | 调用攻螺纹循环 | CYCLE84（40，36，2，，2，，1.5，5，，0，100，200，0，1，0，0，，，，，，，1001，2001002）<br><br>调用攻螺纹循环 | |
| N50 | G00 G80 Z200； | 刀具退回，取消循环 | G00 Z200 | 刀具退回 |
| N60 | M30； | 程序结束 | M30 | 程序结束 |

## 二、加工工艺分析

### 1. 工、量、刃具选择

（1）工具选择　工件装夹在机用平口钳上，机用平口钳用百分表校正，其他工具见表3-35。

表3-35　攻螺纹工、量、刃具清单

| 种　类 | 序　号 | 名　称 | 规　格 | 数　量 |
|---|---|---|---|---|
| 工具 | 1 | 机用平口钳 | QH160 | 1个 |
| | 2 | 平行垫铁 | | 若干 |
| | 3 | 塑胶锤子 | | 1个 |
| | 4 | 呆扳手 | | 若干 |
| 量具 | 1 | 百分表及表座 | 0～10mm | 1只 |
| | 2 | 螺纹塞规 | M10 | 1个 |
| | 3 | 游标卡尺 | 0～150mm | 1把 |
| | 4 | 表面粗糙度比较样板 | N0～N1 | 1副 |
| 刃具 | 1 | 中心钻 | A2 | 1个 |
| | 2 | 麻花钻 | $\phi 8.5$mm | 1个 |
| | 3 | 丝锥 | M10 | 1个 |

（2）量具选择　内螺纹用螺纹塞规测量；内螺纹间距用游标卡尺测量；表面粗糙度用表面粗糙度样板比对。

（3）刃具选择　攻螺纹前应钻螺纹底孔（含钻中心孔定心），需用到中心钻及麻花钻；攻螺纹用丝锥。

丝锥分手用丝锥和机用丝锥两种，加工中心上常用机用丝锥直接攻螺纹。常用的机用丝锥有直槽机用丝锥、螺旋槽机用丝锥和挤压机用丝锥等（图3-29）。

图3-29　常用的机用丝锥

攻螺纹时,由于存在挤压作用(塑性材料挤压尤其明显),所以攻螺纹前底孔直径(即钻孔直径)必须大于内螺纹小径,一般根据经验公式计算底孔直径,见表 3-36。

### 表 3-36 攻螺纹时底孔直径的计算

| 参 数 名 称 | 计 算 公 式 | 说　　明 |
|---|---|---|
| 对钢等塑性材料 | $D_0 = D - P$ | 式中　$D_0$——底孔直径 |
| 对铸铁等脆性材料 | $D_0 = D - (1.05 \sim 1.1)P$ | $D$——螺纹公称直径<br>$P$——螺距<br>$L_0$——螺纹的深度 |
| 不通孔螺纹的深度 | $L_0 = L - 0.7D$ | $L$——孔的深度 |

### 2. 加工工艺方案

(1)加工工艺路线

1)用 A2 中心钻钻中心孔。

2)用 $\phi8.5$mm 麻花钻钻螺纹底孔。

3)用 M10 丝锥攻 4×M10 螺纹。

(2)切削用量的选择　加工铝件,钻孔速度可以提高,但攻螺纹时可以低速和高速加工,工件较薄时可以选择高速攻螺纹,本任务宜用低速攻螺纹,参考切削用量见表 3-37。

### 表 3-37 参考切削用量

| 刀 具 号 | 刀 具 规 格 | 工 序 内 容 | $v_f$/(mm/min) | $n$/(r/min) |
|---|---|---|---|---|
| T1 | A2 中心钻 | 钻中心孔 | 100 | 1000 |
| T2 | $\phi8.5$mm 麻花钻 | 钻螺纹底孔 | 100 | 800 |
| T3 | M10 丝锥 | 攻 4×M10 螺纹 | 150 | 100 |

## 三、参考程序编制

### 1. 建立工件坐标系

选择工件上表面中心位置为工件坐标系原点,四个螺纹孔坐标分别为(15,15)、(-15,15)、(15,-15)、(-15,-15)。

### 2. 参考程序

攻螺纹参考程序(发那科系统程序名为"O0351",西门子系统程序名为"GS351.MPF")见表 3-38。

表 3-38 攻螺纹参考程序

| 程序段号 | 程序内容（发那科系统） | 程序内容（西门子系统） | 程序说明 |
|---|---|---|---|
| N0010 | G40 G17 G80 G49； | G40 G17 T1 D1 | 设置初始状态 |
| N0020 | G90 G54 G00 X−15 Y15； | G90 G54 G00 X−15 Y15 | 绝对编程，设置工件坐标系，刀具快速移动到（−15，15） |
| N0030 | M3 S1000； | M3 S1000 | 主轴正转，转速为 1000r/min |
| N0040 | G43 Z5 H01 M8； | Z5 M8 F100 | 刀具快速移动至 Z5 处，切削液开，发那科系统调用 1 号刀具长度补偿 |
| N0050 | G99 G81 Z−4 R5 F100； | CYCLE81 (10, 0, 3, −4,, 2, 0, 1, 12) | 调用孔加工循环，在（−15，15）处钻中心孔，深 4mm |
| N0060 | Y−15； | G00 Y−15 | 刀具移至（−15，−15）处继续钻中心孔 |
| N0065 |  | CYCLE81 | |
| N0070 | X15； | G00 X15 | 刀具移至（15，−15）处继续钻中心孔 |
| N0075 |  | CYCLE81 | |
| N0080 | Y15； | G00 Y15 | 刀具移至（15，15）处继续钻中心孔 |
| N0085 |  | CYCLE81 | |
| N0090 | G80 G00 Z200； | G00 Z200 | 抬刀，发那科系统同时取消钻孔循环 |
| N0100 | M5 M9 M00； | M5 M9 M00 | 主轴停转，切削液关，程序停止，安装 T2 刀具 |
| N0110 | G90 G54 G00 X−15 Y15； | G90 G54 G00 X−15 Y15 | 绝对编程，设置工件坐标系，刀具快速移动至（−15，15） |
| N0120 | M3 S800； | M3 S800 T2 D1 | 主轴正转，转速为 800r/min |
| N0130 | G43 Z5 H02 M8； | Z5 M8 F100 | 刀具快速移动至 Z5 处，切削液开，发那科系统调用 2 号刀具长度补偿 |
| N0140 | G99 G83 Z−23 R5 Q3 F100； | CYCLE83 (5, 0, 1,, 23,,, 3, 80, 1,, 100…) | 调用孔加工循环，在（−15，15）处钻孔，深 23mm |
| N0150 | Y−15； | G00 Y−15 | 刀具移至（−15，−15）处继续钻孔 |
| N0155 |  | CYCLE83 | |
| N0160 | X15； | G00 X15 | 刀具移至（15，−15）处继续钻孔 |
| N0165 |  | CYCLE83 | |
| N0170 | Y15； | G00 Y15 | 刀具移至（15，15）处继续钻孔 |
| N0175 |  | CYCLE83 | |
| N0180 | G80 G00 Z200； | G00 Z200 | 抬刀，发那科系统同时取消钻孔循环 |
| N0190 | M5 M9 M00； | M5 M9 M00 | 主轴停转，切削液关，程序停止，安装 T3 刀具 |
| N0200 | G90 G54 G00 X−15 Y15； | G90 G54 G00 X−15 Y15 | 绝对编程，设置工件坐标系，刀具快速移动到（−15，15） |

（续）

| 程序段号 | 程序内容<br>（发那科系统） | 程序内容<br>（西门子系统） | 程 序 说 明 |
|---|---|---|---|
| N0210 | M3 S100; | M3 S100 T3 D1 | 主轴正转，转速为 100r/min |
| N0220 | G43 Z5 H03 M8; | Z5 M8 | 刀具快速移动至 Z5 处，切削液开，发那科系统调用 3 号刀具长度补偿 |
| N0230 | G99 G84 Z-23 R5 F150; | CYCLE84（5, 0, 2,, 23,, 2, 5,, 1.5, 0, 100, 200, …） | 调用攻螺纹循环，在（-15, 15）处攻螺纹 |
| N0240 | Y-15; | G00 Y-15 | 刀具移至（-15, -15）处继续攻螺纹 |
| N0245 | | CYCLE84 | |
| N0250 | X15; | G00 X15 | 刀具移至（15, -15）处继续攻螺纹 |
| N0255 | | CYCLE84 | |
| N0260 | Y15; | G00 Y15 | 刀具移至（15, 15）处继续攻螺纹 |
| N0265 | | CYCLE84 | |
| N0270 | G80 G00 Z200; | G00 Z200 | 抬刀，发那科系统同时取消钻孔循环 |
| N0280 | M5 M9 M2; | M5 M9 M2 | 主轴停转，切削液关，程序结束 |

### 任务实施

#### 一、加工准备

1）阅读零件图，并检查坯料的尺寸。

2）开机，机床回参考点。

3）输入程序并检查该程序。

4）安装夹具，夹紧工件。

把机用平口钳安装在工作台面上，并用百分表校正钳口位置。将工件装夹在机用平口钳上，用垫铁垫起，使工件伸出钳口 5mm 左右，校平工件上表面并夹紧。

5）刀具的装夹。本任务共使用了 3 把刀具，把不同类型的刀具分别安装到对应的刀柄上，注意刀具伸出的长度应能满足加工要求，不能发生干涉，并考虑钻头的刚性，然后按序号依次放置在刀架上，分别检查每把刀具安装的牢固性和正确性。

#### 二、对刀，设定工件坐标系

（1）X、Y 向对刀    通过试切法进行对刀操作，得到 X、Y 零偏值并输入到 G54 中。

（2）Z 向对刀    利用试切法分别测量 3 把刀的刀位点从参考点到工件上表面的 Z 值，并把 Z 值分别输入到对应的刀具长度补偿值中（G54 中 Z 值为 0）。

### 三、空运行及仿真

注意空运行及仿真时，使机床机械锁定或向 G54 中的 Z 坐标中输入 50mm，按下启动键，适当降低进给速度，检查刀具运动轨迹是否正确。若在机床机械锁定状态下，空运行结束后必须回机床参考点；若在更改 G54 的 Z 坐标状态下，空运行结束后 Z 坐标改为 0，机床不需要回参考点。

### 四、零件自动加工

首先使各个倍率开关达到最小状态，按下循环启动键。在机床正常加工过程中适当调整各个倍率开关，保证加工正常进行。

### 五、任务检测与评分标准（表 3-39）

表 3-39　攻螺纹检测评价表

| 序号 | 检测项目 | 检测内容及要求 | 配分 | 学生自检 | 学生互检 | 教师检测 | 得分 |
|---|---|---|---|---|---|---|---|
| 1 | 职业素养 | 文明、礼仪 | 5 | | | | |
| 2 | | 安全、纪律 | 10 | | | | |
| 3 | | 行为习惯 | 5 | | | | |
| 4 | | 工作态度 | 5 | | | | |
| 5 | | 团队合作 | 5 | | | | |
| 6 | 制订工艺 | 1）选择装夹与定位方式<br>2）选择刀具<br>3）选择加工路径<br>4）选择合理的切削用量 | 5 | | | | |
| 7 | 程序编制 | 1）编程坐标系选择正确<br>2）指令使用与程序格式正确<br>3）基点坐标计算正确 | 10 | | | | |
| 8 | 机床操作 | 1）开机前检查、开机、回参考点<br>2）工件、刀具的装夹与对刀<br>3）程序输入与校验 | 5 | | | | |
| 9 | 零件加工 | 4×M10 | 28 | | | | |
| 10 | | 30mm（2 处） | 22 | | | | |
| | 综合评价 | | | | | | |

### 六、加工结束，清理机床

松开夹具，卸下工件与刀具，清理机床。

### 资料链接

铣削螺纹是借助数控加工中心的三轴联动功能及 G02 或 G03 螺旋插补指令，完成铣削螺纹工作。目前螺纹铣刀的材料为硬质合金，加工材料硬度可达 58~62 HRC，加工线速度可达 80~200m/min，而高速钢丝锥的加工线速度仅为 10~30m/min，故螺纹铣刀适合高速切削高硬度材料和高温合金材料螺纹，如钛合金、镍基合金的螺纹加工。此外，对于相同螺距、不同直径的螺纹孔，采用丝锥加工需要多把刀具才能完成，而采用螺纹铣刀加工，使用一把刀具即可。使用丝锥加工螺纹，当丝锥磨损后将影响螺纹尺寸精度；使用螺纹铣刀加工，当螺纹铣刀磨损后，可通过数控系统进行刀具磨损补偿调整，从而加工出合格尺寸的螺纹。同时，采用螺纹铣刀调整刀具磨损的方法，可以获得加工精度较高的螺纹，螺纹的表面质量也会大幅提高。对于小直径螺纹加工，特别是高硬度材料和高温材料的螺纹加工，丝锥有时会折断，堵塞螺纹孔，而使工件报废；采用螺纹铣刀，由于刀具直径比加工的孔径小，即使刀具折断也不会堵塞螺纹孔，更不会导致工件报废；对大直径螺纹加工，采用螺纹铣削和用丝锥加工相比，刀具切削力大幅降低，解决了机床负荷太大，无法驱动丝锥正常加工的问题。

### 操作注意事项

1) 装夹毛坯时要考虑垫铁与加工部位是否干涉。

2) 钻孔前要利用中心钻钻中心孔，然后再进行钻孔、攻螺纹，所以要保证中心钻、麻花钻和丝锥对刀的一致性，否则会折断麻花钻、丝锥。

3) 攻螺纹时，要正确、合理地选择切削参数，合理使用攻螺纹循环指令。

4) 攻螺纹时，暂停按钮无效，主轴速度修调旋钮保持不变，进给修调旋钮无效。

5) 钢件攻螺纹前必须把孔内的铁屑清理干净，防止丝锥阻塞在孔内。

6) 一般情况下，M20 以上的螺纹孔可在加工中心上通过螺纹铣刀加工；M6 以上、M20 以下的螺纹孔可在加工中心上攻螺纹。

### 拓展学习

辽宁号航空母舰是中国人民解放军海军隶下的一艘可以搭载固定翼飞机的航空母舰，也是中国第一艘服役的航空母舰，它助推中国海军实力的跨越式发展，增强了保卫我国海域、海疆的能力，提升了中华民族的凝聚力和国际地位。

辽宁号航空母舰

**思考与练习**

1. 试述发那科（FANUC 0i-MD）系统中G84 指令的用法。

2. 试述西门子（SINUMERIK 828D、840D sl）系统中 CYCLE84 指令的用法。

3. 攻螺纹前，如何确定螺纹底孔直径？为什么？

4. 做一做：针对图 3-30 所示零件，编写攻螺纹的加工程序并进行加工。

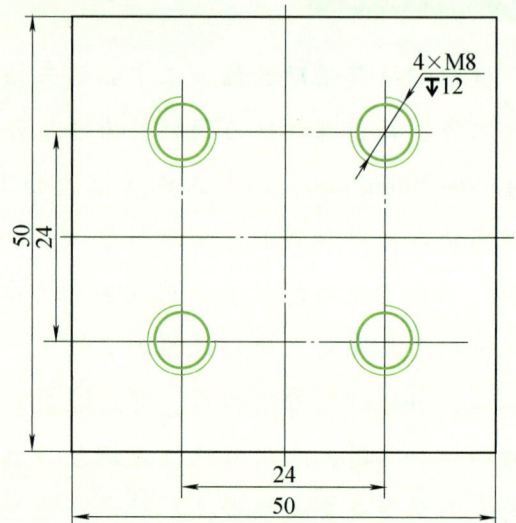

图 3-30  4 题图

# 项目四  轮 廓 加 工

## 任务一  平 面 加 工

### 学习目标

#### 1. 知识目标

1) 了解平面铣刀的选用方法。

2) 了解公制、英制尺寸设定指令。

3) 掌握进给速度单位设定指令（G94、G95）。

4) 掌握平面铣削工艺的制订及编程方法。

#### 2. 技能目标

1) 会进行平面铣削。

2) 会进行平面质量控制。

3) 完成图 4-1 所示零件的加工，其三维效果图如图 4-2 所示，材料为硬铝。

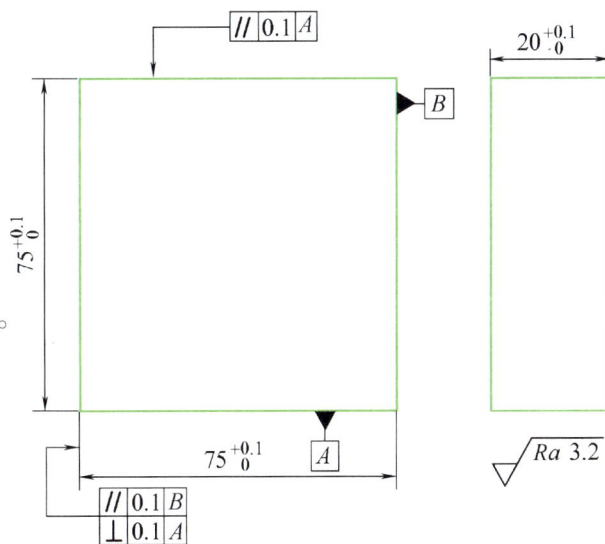

图 4-1  零件图

图 4-2  三维效果图

铣平面加工

**知识学习**

## 一、编程指令

### 1. 公制、英制尺寸设定指令

可通过 G 代码选择输入数据的尺寸单位是公制还是英制。发那科系统与西门子系统公制/英制尺寸转换指令代码、含义及使用说明见表 4-1。

表 4-1　发那科系统与西门子系统公制/英制尺寸转换指令代码、含义及使用说明

| 指令代码 | | 含　义 | 使　用　说　明 |
|---|---|---|---|
| 发那科系统 | 西门子系统 | | |
| G20 | G70 | 英寸输入 | （1）在程序开头，坐标系设定之前指定；发那科系统以单独程序段设定，西门子系统不需要单独写一段程序段<br>（2）在程序段执行期间，不能切换公制、英制设定指令 |
| G21 | G71 | 毫米输入 | （3）公制/英制尺寸转换后，F 代码指定的进给速度、坐标指令、工件原点偏置、刀具偏置、增量进给移动量、手摇脉冲发生器每一刻度的值等单位制将随之发生变化<br>（4）接通电源时，公制/英制尺寸转换的 G 代码保持通电前的状态 |

本书所用数控系统采用公制尺寸输入指令，程序启动时指令生效。

发那科系统与西门子系统公制、英制尺寸输入编程示例见表 4-2。

表 4-2　发那科系统与西门子系统公制、英制尺寸输入编程示例

| 发那科系统 | 西门子系统 | 含　义　说　明 |
|---|---|---|
| N10 G20; | N10 G0 G70 X10 Y30 | 开始输入英制尺寸 |
| N15 G0 X10 Y30; | … | G20 或 G70 继续有效 |
| N20 X40 Y50; | N20 X40 Y50 | … |
| … | … | … |
| N80 G21; | N80 G71 X19 Z20 | 开始输入公制尺寸 |
| N85 X19 Z20; | … | 继续为公制尺寸输入 |

### 2. 进给速度单位设定指令

进给速度单位设定用于确定刀具进给速度为每分钟进给量还是每转进给量，指令代码含义及使用说明见表 4-3。发那科系统与西门子系统进给速度单位指令示例程序见表 4-4。

## 二、加工工艺分析

### 1. 工、量、刃具选择

（1）工具选择　工件采用机用平口钳装夹，试切法对刀，所用工具见表 4-5。

表 4-3 发那科系统与西门子系统进给速度单位指令代码、含义及使用说明

| 指 令 代 码 | 含 义 | 使 用 说 明 |
|---|---|---|
| G94 | 每分钟进给量，单位为 mm/min | 1. G94 常用于数控铣床和加工中心，G95 常用于数控车床，且机床开机有效 |
| G95 | 每转进给量，单位为 mm/r | 2. G94、G95 均为模态有效指令<br>3. G94、G95 指令切换后，需写入一个新的 F 指令 |

注：每分钟进给量与每转进给量之间的关系为

$$v_f = nf$$

式中 $v_f$——每分钟进给量（mm/min）；

$n$——主轴转速（r/min）；

$f$——每转进给量（mm/r）。

表 4-4 发那科系统与西门子系统进给速度单位指令示例程序

| 程 序 段 号 | 程 序 内 容 | 指 令 说 明 |
|---|---|---|
| N10 | G94 F100; | 进给速度为 100mm/min |
| N20 | ···; | ··· |
| N30 | M03 S500; | 主轴转速为 500r/min |
| N40 | G95 F0.3; | 进给速度为 0.3mm/r |

（2）量具选择 平面间距离尺寸用游标卡尺测量，几何公差用百分表检测，表面粗糙度用表面粗糙度样板检测，另用百分表校正机用平口钳，量具具体规格见表 4-5。

（3）刃具选择 平面用面铣刀铣削，数控铣床（加工中心）常用硬质合金面铣刀的外形如图 4-3 所示。

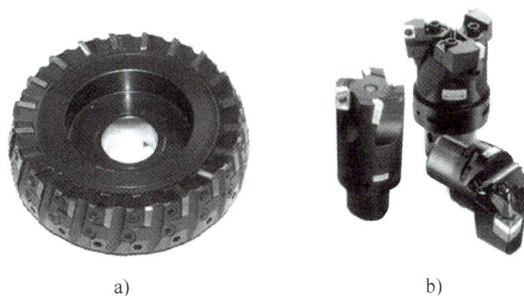

a)                    b)

图 4-3 硬质合金面铣刀

表 4-5 工、量、刃具清单

| 种 类 | 序 号 | 名 称 | 规 格 | 精度（分度值） | 数 量 |
|---|---|---|---|---|---|
| 工具 | 1 | 机用平口钳 | QH135 | | 1 个 |
| | 2 | 扳手 | | | 1 把 |
| | 3 | 平行垫铁 | | | 1 副 |
| | 4 | 平板 | 300mm×300mm | 1 级 | 1 副 |
| | 5 | 塑胶锤子 | | | 1 个 |
| 量具 | 1 | 游标卡尺 | 0~150mm | 0.02mm | 1 把 |
| | 2 | 百分表及表座 | 0~10mm | 0.01mm | 1 只 |
| | 3 | 直角尺 | 90° | | 1 把 |
| | 4 | 表面粗糙度样板 | N0~N1 | 12 级 | 1 副 |
| 刃具 | 1 | 键槽铣刀 | $\phi$20mm | | 1 把 |
| | 2 | 立铣刀 | $\phi$20mm | | 1 把 |

本任务采用 $\phi 20mm$ 键槽铣刀和 $\phi 20mm$ 立铣刀替代面铣刀，粗加工用键槽铣刀铣平面，精加工用立铣刀侧边下刀铣平面。

### 2. 加工工艺方案

（1）端面铣削方式　铣削端面时，根据铣刀相对于工件安装位置的不同，分为对称铣削和不对称铣削两种方式，如图 4-4 所示。

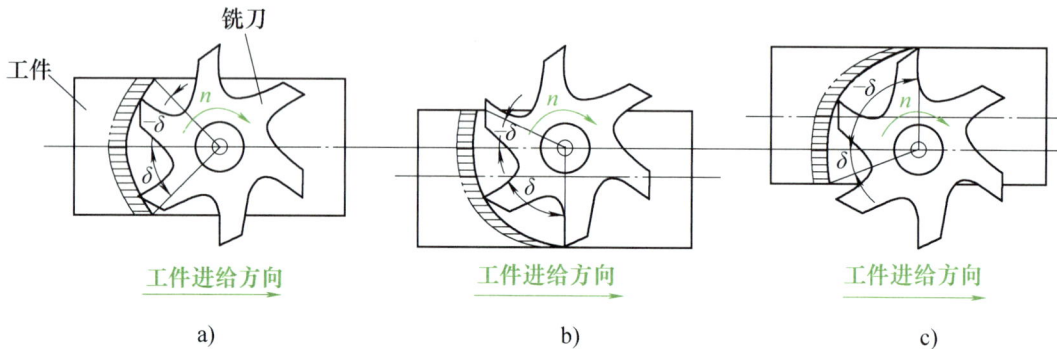

图 4-4　端面铣削方式

a）对称铣削　b）不对称逆铣　c）不对称顺铣

端面对称铣削：面铣刀轴线位于铣削弧长的中心位置，铣刀切入点到铣刀轴线位置为切入部分（切入角为 $\delta$），切削厚度由小变大，相当于逆铣；铣刀轴线到铣刀切出点为切出部分（切出角为 $-\delta$），切削厚度由大变小，相当于顺铣。

端面不对称铣削：端面不对称铣削又分为不对称顺铣和不对称逆铣，当切入部分多于切出部分（或切入角 $\delta$ 大于切出角 $-\delta$）时，为不对称逆铣，如图 4-4b 所示；当切出部分大于切入部分（或切入角 $\delta$ 小于切出角 $-\delta$）时，为不对称顺铣，如图 4-4c 所示。不对称逆铣对刀具损坏影响较大，不对称顺铣对刀具损坏影响较小。

（2）平面铣削工艺路径　平面铣削加工路径有以下几种。

1）单向平行切削路径。刀具以单一的顺铣或逆铣方式切削平面，如图 4-5a 所示。

2）往复平行切削路径。刀具以顺、逆铣混合方式切削平面，如图 4-5b 所示。

3）环切切削路径。刀具以环状走刀方式铣削平面，可由里向外或由外向里切削，如图 4-5c 所示。

通常粗铣平面采用往复平行切削法，切削效果好，空刀时间少。精铣平面采用单向平行切削路径，表面质量易于保证。

（3）六个平面加工步骤

1）粗、精加工上表面。

2）粗、精加工下表面，控制厚度尺寸。

3）粗、精加工左（右）侧面。

4）粗、精加工右（左）侧面，控制长度尺寸。

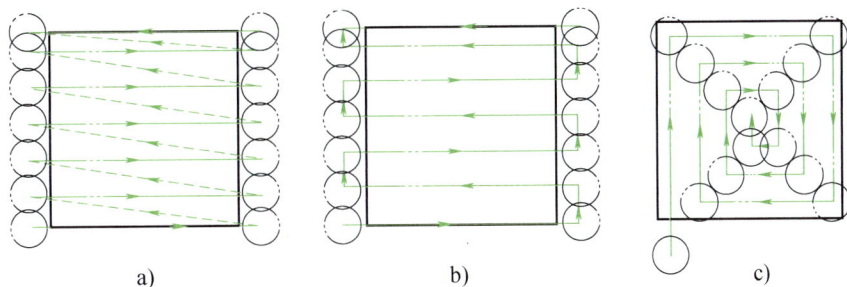

图 4-5 平面铣削路径

5）粗、精加工前（后）侧面。

6）粗、精加工后（前）侧面，控制宽度尺寸。

（4）合理选择切削用量 加工材料为硬铝，硬度较低，切削力较小，粗铣背吃刀量除留精铣余量外，一刀切完；切削速度可较高，进给速度为 50~80mm/min，具体见表 4-6。

表 4-6 粗、精铣平面切削用量

| 刀 具 | 工 作 内 容 | $v_f$/(mm/min) | $n$/(r/min) |
|---|---|---|---|
| 高速钢键槽铣刀（T1） | 粗铣平面<br>深度方向留 0.3mm 精铣余量 | 80 | 600 |
| 高速钢立铣刀（T2） | 精铣平面 | 60 | 800 |

## 三、参考程序编制

### 1. 建立工件坐标系

该工件形状较为简单，易于数控编程，工件坐标系原点取在工件左下角上表面顶点处，刀具加工起点选在距工件上表面 10mm 处。

### 2. 刀心坐标计算

本任务粗铣采用往复平行切削法，精加工采用单向平行切削法；下刀起点在（-15、0）处，行距为 18mm（行距一般取铣刀直径的 50%~90%）；编程时直接用刀心运动轨迹坐标编程。左右刀心坐标见表 4-7。

表 4-7 左右刀心坐标 （单位：mm）

| 序 号 | 左侧各点坐标（X，Y） | 右侧各点坐标（X，Y） |
|---|---|---|
| 1 | （-15，0） | （95，0） |
| 2 | （-15，18） | （95，18） |
| 3 | （-15，36） | （95，36） |
| 4 | （-15，54） | （95，54） |
| 5 | （-15，72） | （95，72） |

### 3. 参考程序（加工上表面参考程序，其他平面加工程序略）

1）主程序（发那科系统程序名为"O0410"；西门子系统程序名为"XX0410. MPF"）见表 4-8。

表 4-8　铣平面参考程序

| 程序段号 | 程序内容（发那科系统） | 程序内容（西门子系统） | 程 序 说 明 |
|---|---|---|---|
| N5 | G49 G80 G69 G90 G40; | G90 G40 | 设置初始状态 |
| N10 | G0 G54 G21 G94 M3 S600 T01; | G0 G54 G71 G94 M3 S600 T01 D1 | 设置加工参数，公制尺寸输入，每分钟进给量 |
| N20 | G0 X−15 Y0 G43 Z10 H01; | G0 X−15 Y0 Z10 | 刀具运动至（−15，0，10）点 |
| N30 | G0 Z−2; | G0 Z−2 | 下刀 |
| N40 | G1 X95 F80; | G1 X95 F80 | 粗加工表面 |
| N50 | Y18; | Y18 | … |
| N60 | X−15; | X−15 | … |
| N70 | Y36; | Y36 | … |
| N80 | X95; | X95 | … |
| N90 | Y54; | Y54 | … |
| N100 | X−15; | X−15 | … |
| N110 | Y72; | Y72 | … |
| N120 | X95; | X95 | … |
| N130 | G0 Z100; | G0 Z100 | 粗加工表面结束，抬刀 |
| N140 | M0 M5; | M0 M5 | 程序停，主轴停止 |
| N150 | M3 S800 T2; | M3 S800 T2 D1 | 换精铣刀 |
| N160 | G0 X−15 Y0; | G0 X−15 Y0 | 刀具移动至下刀点 |
| N170 | G43 Z5 H02; | G0 Z5 | 下刀至 Z5 处 |
| N180 | M98 P0080; | L80 | 调用子程序精加工平面 |
| N190 | G0 X−15 Y18; | G0 X−15 Y18 | 空间移动至左侧 |
| N200 | M98 P0080; | L80 | 调用子程序精加工平面 |
| N210 | G0 X−15 Y36; | G0 X−15 Y36 | 空间移动至左侧 |
| N220 | M98 P0080; | L80 | 调用子程序精加工平面 |
| N230 | G0 X−15 Y54; | G0 X−15 Y54 | 空间移动至左侧 |
| N240 | M98 P0080; | L80 | 调用子程序精加工平面 |
| N250 | G0 X−15 Y72; | G0 X−15 Y72 | 空间移动至左侧 |
| N260 | M98 P0080; | L80 | 调用子程序精加工平面 |
| N270 | G0 Z100; | G0 Z100 | 抬刀 |
| N280 | M2; | M2 | 程序结束 |

2）子程序（发那科系统子程序名为"O0080"；西门子系统子程序名为"L80.SPF"）见表 4-9。

用加工中心加工时，只需把手动换刀指令换成自动换刀指令即可，即把 N150 段指令 T2 转换成自动换刀指令 M6 T2。

表 4-9  子程序

| 程序段号 | 程序内容（发那科系统） | 程序内容（西门子系统） | 程序说明 |
|---|---|---|---|
| N10 | G0 Z-2.5； | G0 Z-2.5 | 下刀 |
| N20 | G1 X95 F80； | G1 X95 F80 | 左侧直线加工到右侧 |
| N30 | G0 Z5； | G0 Z5 | 抬刀 |
| N40 | M99； | M17 | 子程序结束 |

### 任务实施

#### 一、加工准备

1）检查毛坯尺寸。

2）开机、回参考点。

3）程序输入：将数控程序通过面板输入数控系统或将仿真后的程序输入数控系统。

4）工件装夹：将机用平口钳装夹在铣床工作台上，用百分表校正。将工件装夹在机用平口钳上，底部用等高垫块垫起，并伸出钳口 5~10mm。

5）装夹刀具。共采用两把铣刀，一把为粗加工键槽铣刀，另一把为精加工立铣刀，通过弹簧夹头把铣刀装在铣刀刀柄中。根据加工情况分别把粗、精加工铣刀柄装入铣床主轴（加工中心则把粗、精加工铣刀全部装入刀库）中。

#### 二、对刀

（1）X、Y 方向对刀  X、Y 方向采用试切法对刀，将机床坐标系原点偏置到工件坐标系原点上，通过对刀操作得到 X、Y 偏置值并输入到 G54 中，G54 中 Z 坐标输入 0。

（2）Z 方向对刀  依次安装粗、精加工铣刀，测量每把刀的刀位点从参考点到工件上表面的 Z 值并输入到相应的刀具长度补偿号中，加工时调用。

#### 三、空运行及仿真

发那科系统：使用空运行或用机床锁住功能进行空运行，同时将界面切换至机床仿真界面，按下数控启动键，观察程序运行情况及加工轨迹；空运行结束后，取消空运行设置。通过机床锁住功能进行空运行后，机床应重回参考点。

西门子系统：设置空运行和程序测试有效，打开程序，选择自动模式，同时将界面切换至模拟界面，按下数控启动键，观察程序运行情况。

在数控机床上进行模拟或用仿真软件在计算机上进行仿真练习，测试程序及加工情况。

#### 四、零件自动加工与尺寸控制

加工时先安装粗加工键槽铣刀进行粗加工，遇 M0、M5 指令后换精加工刀具进行精加工。当上表面加工完成后，加工下表面时应通过"试测法"进行工件高度尺寸的控制，具体做法如下：

换精加工刀具时设置刀具长度补偿值（或长度磨损值）后运行精加工程序，精加工完成后用游标卡尺测量高度尺寸，根据实际尺寸修调刀具长度补偿值（或长度磨损值），再重新运行精加工程序，以保证高度尺寸正确。例如，刀具长度磨损值为+0.30mm，假设精加工后测得高度 $20^{+0.1}_{0}$ mm 的实际尺寸为 20.30mm，比图样要求尺寸大 0.20~0.30mm，取中间值 0.25mm，则把刀具长度磨损值修改为 0.30mm−0.25mm＝0.05mm，然后重新运行精加工程序，即可保证高度尺寸合格。

平行度、垂直度主要通过装夹工件来保证，装夹工件时应放平、找正。加工其他面时长度、宽度尺寸的控制方法同上。

## 五、任务检测与评分标准（见表4-10）

表 4-10　平面加工检测评价表

| 序号 | 检测项目 | 检测内容及要求 | 配分 | 学生自检 | 学生互检 | 教师检测 | 得分 |
|---|---|---|---|---|---|---|---|
| 1 | 职业素养 | 文明、礼仪 | 5 | | | | |
| 2 | | 安全、纪律 | 10 | | | | |
| 3 | | 行为习惯 | 5 | | | | |
| 4 | | 工作态度 | 5 | | | | |
| 5 | | 团队合作 | 5 | | | | |
| 6 | 制订工艺 | 1）选择装夹与定位方式<br>2）选择刀具<br>3）选择加工路径<br>4）选择合理的切削用量 | 5 | | | | |
| 7 | 程序编制 | 1）编程坐标系选择正确<br>2）指令使用与程序格式正确<br>3）基点坐标计算正确 | 10 | | | | |
| 8 | 机床操作 | 1）开机前检查、开机、回参考点<br>2）工件、刀具的装夹与对刀<br>3）程序输入与校验 | 5 | | | | |
| 9 | 零件加工 | $75^{+0.1}_{0}$ mm（2处） | 20 | | | | |
| 10 | | $20^{+0.1}_{0}$ mm | 10 | | | | |
| 11 | | ▱ 0.1 A 、 ▱ 0.1 B | 10 | | | | |
| 12 | | ⊥ 0.1 A | 5 | | | | |
| 13 | | 表面粗糙度值 Ra3.2μm | 5 | | | | |
| | 综合评价 | | | | | | |

## 六、加工结束，拆下工件与刀具，清理机床

**资料链接**

数控铣床（加工中心）夹具选择：数控铣床（加工中心）通过数控程序加工形状复杂的工件，主要根据工件形状、生产批量、生产率、质量保证及经济性来选择夹具的类型。在生产批量小或产品研制时，应尽量采用组合夹具或通用夹具；批量生产时可考虑采用专用夹具；生产批量较大时，可考虑采用多工位夹具或气动、液压夹具。

**操作注意事项**

1）加工表面的几何公差主要由工件装夹来保证，故装夹工件时应注意校平、找正。

2）本任务直接按刀具中心运动轨迹的坐标值来编程。

3）为了避免出现接刀痕迹，每两刀之间要有一定量的重叠。

4）在保证加工质量的前提下，应尽量缩短加工路线，以提高生产率。

5）平面也可用直径较大的面铣刀采用直线插补的方式进行加工。

6）在工件外侧边可用 G00 指令下刀，以缩短时间，但必须注意下刀过程中不能碰到工件或机床夹具，否则将发生撞刀。每换一个平面加工时，都应重新对刀。

**思考与练习**

1. 铣刀直径为 $\phi 20\text{mm}$，主轴转速为 1000r/min，每分钟进给速度为 70mm/min，则每转进给速度是多少？

2. 发那科系统与西门子系统公制、英制尺寸指令有何区别？

3. 平面铣削进刀方式有哪几种？各有何特点？

4. 工件装夹过程中，哪些因素会影响工件的几何精度？

5. 做一做：针对图 4-6 所示零件，试编写加工程序并进行加工。

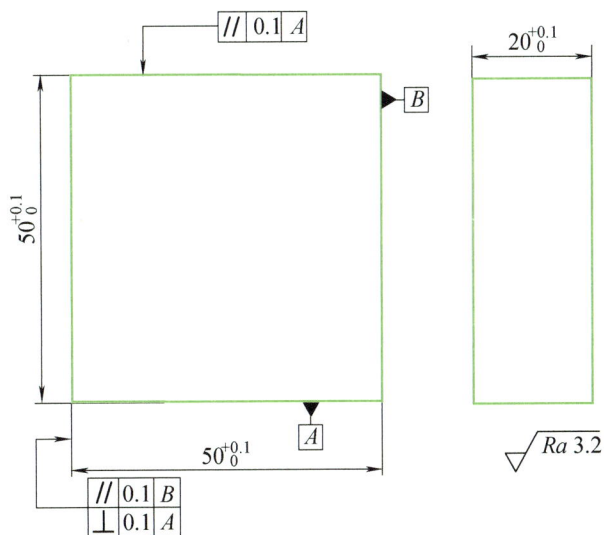

图 4-6　5 题图

# 任务二　平面外轮廓加工

### 1. 知识目标

1）掌握圆弧过渡、直线过渡指令及编程方法。

2）掌握刀具半径补偿指令及使用方法。

3）掌握平面外轮廓切向切入、切出方式。

4）掌握平面外轮廓加工工艺的制订方法。

### 2. 技能目标

1）会进行平面外轮廓加工及尺寸控制。

2）会进行平面外轮廓加工中多余材料的处理。

3）完成图4-7所示零件的加工，其三维效果图如图4-8所示，材料为硬铝。

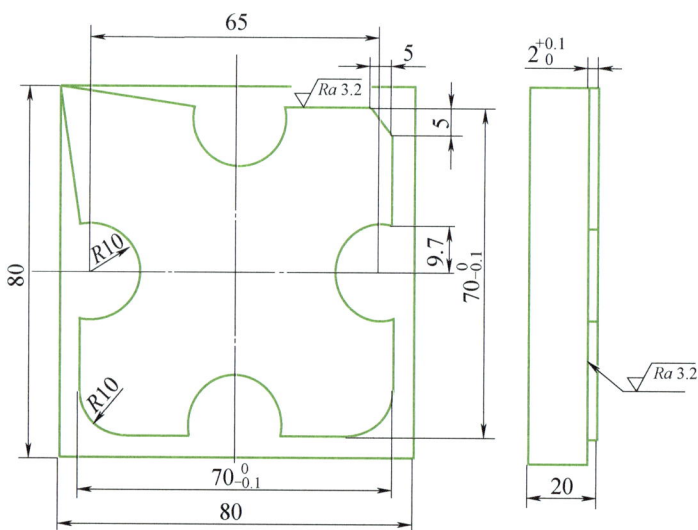

图 4-7　平面外轮廓零件图

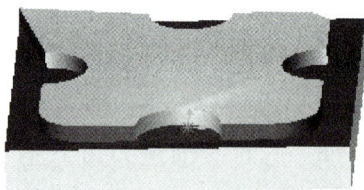

图 4-8　三维效果图

**知识学习**

## 一、编程指令

### 1. 倒角（直线过渡）指令

在直线与直线插补或直线与圆弧插补之间自动插入直线过渡，其指令格式及参数含义见表4-11。

表4-11 倒角指令格式及参数含义

| 数控系统 | 发那科系统 | 西门子系统 |
|---|---|---|
| 指令格式 | G01 X_ Y_ F_, C_; | G01 X_ Y_ CHF=_ F_ |
| 参数含义 | X、Y：指定拐角点的坐标<br>F：指定进给速度<br>C：指定拐角顶点到拐角起点或拐角终点的距离 | X、Y：指定拐角点的坐标<br>CHF：指定倒角部分的长度<br>F：指定进给速度 |
| 编程示例 | 直线与直线间倒角参考程序<br>N20 G01 X50.0 Y40.0 F70, C7.0;<br>N30 X85.0 Y30.0;<br><br>直线与圆弧间倒角参考程序：<br>N20 G01 X18.0 Y16.0 F70, C3.0;<br>N30 G03 X32.0 Y10.0 R9; | 直线与直线间倒角参考程序<br>N20 G01 X50.0 Y40.0 F70 CHF=11<br>N30 X85.0 Y30.0<br><br>直线与圆弧间倒角参考程序<br>N20 G01 X18.0 Y16.0 F70 CHF=3<br>N30 G03 X32.0 Y10.0 CR=9 |
| 使用说明 | （1）倒角指令不仅可用于直线与直线、直线与圆弧之间，也可用于圆弧与直线、圆弧与圆弧之间的直线过渡<br>（2）倒角指令只能在（G17、G18或G19）指定平面内执行，在平面切换过程中，不能指定倒角<br>（3）如果超过3个程序段中不含移动指令，则不能进行倒角<br>（4）不能进行任意角度倒角<br>（5）指定倒角程序段后面必须是直线插补或圆弧插补程序段，其间可插入G04程序段，否则会报警 | |

### 2. 倒圆（圆弧过渡）指令

在直线与直线插补或直线与圆弧插补之间自动插入圆弧过渡，其指令格式及参数含义见表4-12。

表4-12 圆弧过渡指令格式、参数含义和使用说明

| 数控系统 | 发那科系统 | 西门子系统 |
|---|---|---|
| 指令格式 | G01 X_ Y_ F_, R_; | G01 X_ Y_ RND=_ F_ |
| 参数含义 | X、Y：指定拐角点绝对坐标<br>F：指定进给速度<br>R：指定拐角圆弧半径 | X、Y：指定拐角点绝对坐标<br>RND：指定拐角圆弧半径<br>F：指定进给速度 |

（续）

| 编程示例 | | |
|---|---|---|
| | 直线与直线间圆弧过渡参考程序<br>N20 G01 X18.0 Y16.0 F70，R10；<br>N30 X35.0 Y12.0； | 直线与直线间圆弧过渡参考程序<br>N20 G01 X18.0 Y16.0 F70 RND＝10<br>N30 X35.0 Y12.0 |
| | 直线与圆弧间圆弧过渡参考程序<br>N20 G01 X18.0 Y16.0 F70，R5；<br>N30 G03 X36.0 Y10.0 R12； | 直线与圆弧间圆弧过渡参考程序<br>N20 G01 X18.0 Y16.0 F70 RND＝5<br>N30 G03 X36.0 Y10.0 CR＝12 |
| 使用说明 | （1）倒圆指令不仅可用于直线与直线、直线与圆弧之间，也可用于圆弧与直线、圆弧与圆弧之间的圆弧过渡<br>（2）倒圆指令只能在（G17、G18或G19）指定平面内执行，在平面切换过程中，不能指定倒圆<br>（3）如果超过3个程序段中不含移动指令，则不能进行圆弧过渡<br>（4）过渡圆弧与前后两轮廓相切，若过渡圆弧半径值过小，不能与前后两轮廓相切，则会报警 | |

### 3. 刀具半径补偿指令（G41/G42）

G41、G42
半径补偿指令

此指令使刀具在所选择的平面内向左或向右偏置一个半径值，编程时只需按零件轮廓编程，不需要计算刀具中心运动轨迹，从而方便、简化计算和程序编制。发那科系统与西门子系统刀具半径补偿指令代码、格式和使用说明见表4-13。

表4-13　发那科系统与西门子系统刀具半径补偿指令代码、格式和使用说明

| 数控系统 | 发那科系统 | 西门子系统 |
|---|---|---|
| 指令代码 | G41：刀具半径左补偿（沿加工方向看，刀具位于轮廓左侧时为左补偿，见图4-9）<br>G42：刀具半径右补偿（沿加工方向看，刀具位于轮廓右侧时为右补偿，见图4-9）<br>G40：取消刀具半径补偿 | |
| 指令格式 | G00/G01 G41　X_　Y_　D_；建立刀具半径左补偿<br>G00/G01 G42　X_　Y_　D_；建立刀具半径右补偿<br>G00/G01 G40　X_　Y_；取消刀具半径补偿<br>G40；仅取消偏置方式 | G00/G01 G41　X_　Y_建立刀具半径左补偿<br>G00/G01 G42　X_　Y_建立刀具半径右补偿<br>G00/G01 G40　X_　Y_取消刀具半径补偿<br>G40；仅取消偏置方式 |
| 参数含义 | X、Y为建立或取消刀具半径补偿时刀具移动目标点的坐标 | |

（续）

| 使用说明 | （1）建立或取消刀具半径补偿必须在刀具直线移动命令中进行<br>（2）建立刀具半径补偿应在轮廓加工前进行<br>（3）取消刀具半径补偿应在轮廓加工完毕后进行<br>（4）使用刀具半径补偿应指定所在的补偿平面（G17/G18/G19），且使用过程中不得切换平面<br>（5）G41、G42指令不能同时使用，使用G41指令后也不能直接使用G42，必须用G40指令取消刀具半径补偿后才能进行左、右补偿转换<br>（6）使用刀具半径补偿指令，还需要在数控机床对应刀具号中输入刀具半径值，作为刀具半径补偿的依据 |
|---|---|

### 4. 刀具半径补偿指令的使用

刀具半径补偿过程中运动轨迹可分为：建立刀具半径补偿、使用刀具半径补偿、取消刀具半径补偿三个步骤。

1）建立刀具半径补偿。建立刀具半径补偿时，刀具以直线运动接近工件轮廓，并在轮廓起始点处与轨迹切向垂直。正确选择起始点，才能保证刀具运行时不发生碰撞。建立刀具半径补偿后刀具轨迹如图4-10所示。例如，P1点坐标为（20，10），执行刀具半径补偿指令 N20 G1 G42 X20 Y10 D1，刀具轨迹并不是到达P1点而是到达偏移后的点。

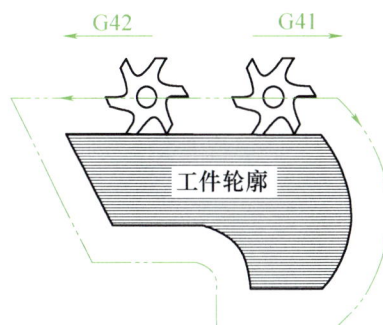

图 4-9　刀具半径补偿

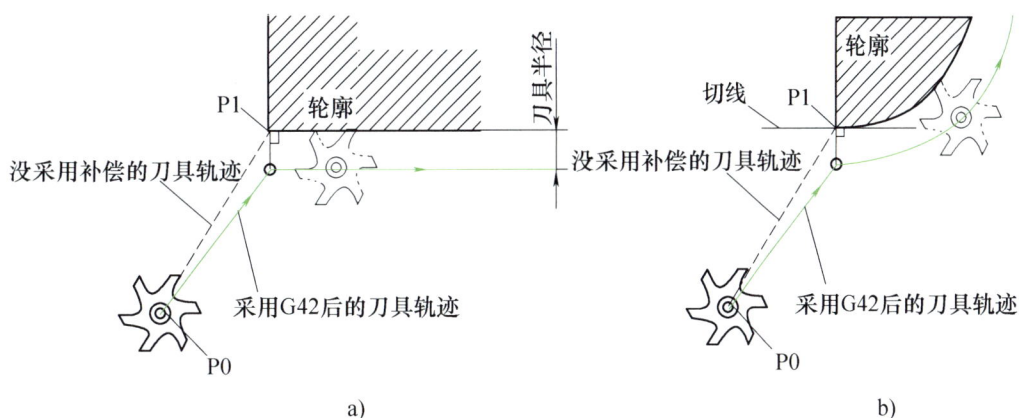

图 4-10　刀具轨迹

2）使用刀具半径补偿。建立刀具半径补偿后，刀具在运行中始终按偏离一个刀具半径值进行移动。系统在进入补偿（G41/G42）状态时不得变换补偿平面（如从G17平面切换到G18平面），否则会发生报警。

3）取消刀具半径补偿。用G40指令取消刀具半径补偿，此状态也是编程开始所处的状态。只有在直线移动命令中才能取消补偿运行，否则只能取消补偿状态。取消刀具半径补偿后的刀具轨迹如图4-11所示。

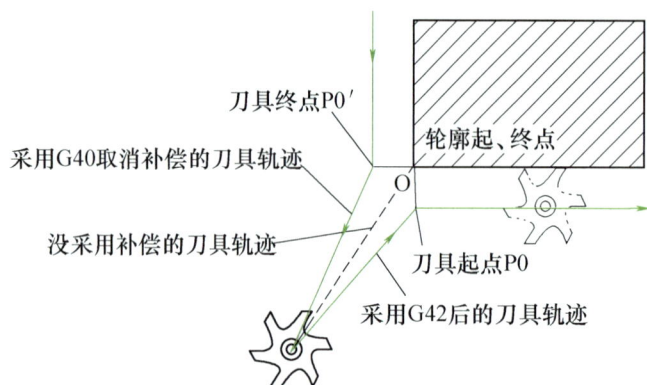

图 4-11 取消刀具半径补偿后的刀具轨迹

例如图 4-12 所示，工件铣削深度为 3mm，建立刀补前的刀具位置坐标为 （-15，-20），采用刀具半径右补偿，则加工程序（发那科系统与西门子系统程序相同） 为。

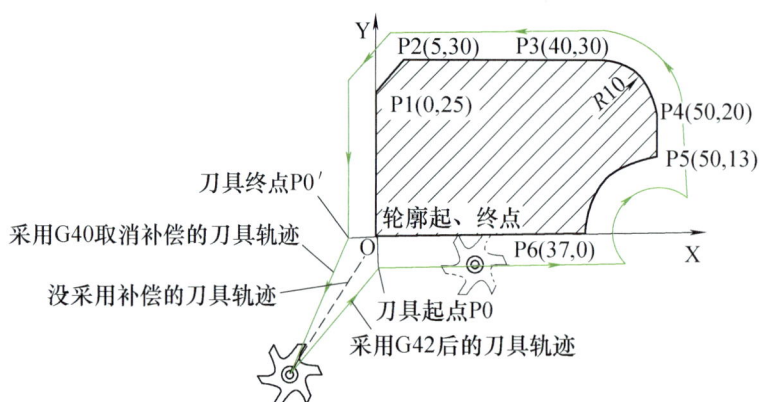

图 4-12 应用实例

N10 G54 G17 M3 S800 T1；　　设置工艺参数

N20 G0 X-15 Y-20 Z5；　　快速移动到补偿前位置点上方

N30 G0 Z-3；　　下刀

N40 G1 G42 X0 Y0 D1 F70；建立刀具半径右补偿（西门子系统可不写 D1）

N50 X37 Y0；　　加工轮廓

N60 G2 X50 Y13 I13 J0；

N70 G1 Y20；

N80 G3 X40 Y30 I-10 J0；

N90 G1 X0，C5 （或 G1 X0 CHF＝7.07）；

N100 Y0；

N110 G1 G40 X-15 Y-20；　取消刀具半径补偿

N120 G0 Z100；　　抬刀

N130 M2；　　程序结束

刀具运动轨迹如图 4-12 所示。

## 二、加工工艺分析

### 1. 工、量、刃具选择

（1）工具选择　工件采用机用平口钳装夹，试切法对刀。其他工具见表 4-14。

（2）量具选择　轮廓及深度尺寸用游标卡尺测量，圆弧半径用半径样板测量，表面粗糙度用表面粗糙度样板检测，另用百分表校正机用平口钳及工件上表面，量具具体规格见表 4-14。

（3）刃具选择　四个圆弧轮廓直径为 $\phi20mm$，所选铣刀直径不得大于 $\phi20mm$，此任务选用直径为 $\phi16mm$ 的铣刀。粗加工用键槽铣刀，精加工用立铣刀侧面下刀铣削。工件材料为硬铝，铣刀材料选用普通高速钢即可，刃具具体规格见表 4-14。

### 表 4-14　工、量、刃具清单

| 种　类 | 序　号 | 名　称 | 规　格 | 精度（分度值）/mm | 数　量 |
|---|---|---|---|---|---|
| 工具 | 1 | 机用平口钳 | QH135 | | 1 个 |
| | 2 | 扳手 | | | 1 把 |
| | 3 | 平行垫铁 | | | 1 副 |
| | 4 | 塑胶锤子 | | | 1 个 |
| 量具 | 1 | 带表游标卡尺 | 0～150mm | 0.01 | 1 把 |
| | 2 | 半径样板 | $R10mm$ | | 1 套 |
| | 3 | 百分表及表座 | 0～10mm | 0.01 | 1 只 |
| | 4 | 表面粗糙度样板 | N0～N1 | 12 级 | 1 副 |
| 刃具 | 1 | 键槽铣刀 | $\phi16mm$ | | 1 把 |
| | 2 | 立铣刀 | $\phi16mm$ | | 1 把 |

### 2. 加工工艺方案

（1）加工工艺路线

1）切入、切出方式选择。铣削平面外轮廓时，一般采用立铣刀侧刃进行切削。由于主轴系统和刀具刚性变化，当铣刀沿工件轮廓切向切入时，也会在切入处产生刀痕。为了减少刀痕，切入、切出时可沿外轮廓曲线延长线的切线方向切入、切出工件，如图 4-13 所示。

2）铣削方向选择。图 4-14 所示为铣刀沿工件轮廓顺时针方向铣削时，铣刀旋转方向与工件进给方向一致，为顺铣；图 4-15 所示为铣刀沿工件轮廓逆时针方向铣削时，铣刀旋转方向与工件进给方向相反，为逆铣。

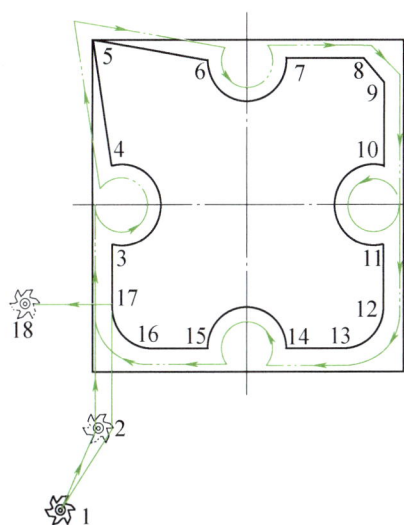

图 4-13　切入与切出

一般情况下尽可能采用顺铣，即外轮廓铣削时宜沿工件顺时针方向铣削。

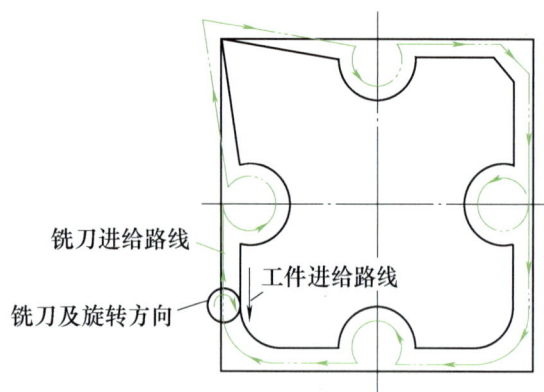

图 4-14　顺铣

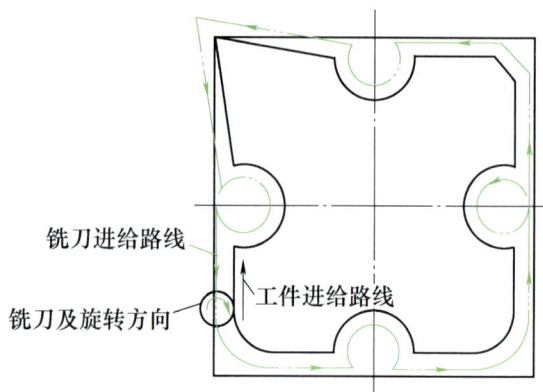

图 4-15　逆铣

3）铣削路线。刀具由 1 点运行至 2 点（轨迹的延长线上），建立刀具半径补偿，然后按 3→4→5→…→16→17 的顺序进行铣削。切出时由 17 点插补到 18 点，取消刀具半径补偿，如图 4-13 所示。

加工中，加工顺序为：用键槽铣刀粗加工→立铣刀精加工→手动铣削剩余岛屿或编程铣削剩余岛屿。精加工（轮廓）余量用刀具半径补偿控制，精加工尺寸精度由调试参数值控制。

（2）合理选择切削用量　加工材料为硬铝，硬度低，切削力较小，粗铣深度除留精铣余量外，一刀切完；切削速度选择较高，进给速度为 50~80mm/min，具体见表 4-15。

表 4-15　铣削外轮廓的切削用量

| 刀　具 | 工　作　内　容 | $v_f$/（mm/min） | $n$/（r/min） |
|---|---|---|---|
| 高速钢键槽铣刀（T1） | 粗铣外轮廓<br>留精加工余量 0.3mm | 70 | 800 |
| 高速钢立铣刀（T2） | 精铣外轮廓 | 60 | 1000 |

### 三、参考程序编制

（1）建立工件坐标系　根据工件坐标系的建立原则，此任务工件坐标系建立在工件几何中心上较为合适。

（2）计算基点坐标　加工中采用刀具半径补偿功能，故只需计算工件轮廓上的基点坐标即可，不需计算刀具轨迹及坐标，基点如图 4-13 所示，各点坐标见表 4-16。其中，点 8、9 处和点 12、13 处用倒角指令和倒圆指令，只需求出虚拟交点坐标。

表 4-16　各点坐标　　　　（单位：mm）

| 基　点 | 坐标（X，Y） | 基　点 | 坐标（X，Y） |
|---|---|---|---|
| 1 | （-45，-60） | 4 | （-35，9.7） |
| 2 | （-35，-50） | 5 | （-40，40） |
| 3 | （-35，-9.7） | 6 | （-10，35） |

（续）

| 基 点 | 坐标（X，Y） | 基 点 | 坐标（X，Y） |
|---|---|---|---|
| 7 | （10，35） | 14 | （10，-35） |
| 8、9虚拟交点坐标 | （35，35） | 15 | （-10，-35） |
| 10 | （35，9.7） | 16 | （-25，-35） |
| 11 | （35，-9.7） | 17 | （-35，-25） |
| 12、13虚拟交点坐标 | （35，-35） | 18 | （-50，-25） |

（3）参考程序

1）主程序（发那科系统程序名为"O0420"；西门子系统程序名为"XX0420. MPF"）见表4-17。

表 4-17　主程序

| 程序段号 | 程序内容（发那科系统） | 程序内容（西门子系统） | 程 序 说 明 |
|---|---|---|---|
| N5 | G40 G49 G80 G90; | G40 G90 | 设置初始状态 |
| N10 | G54 M3 S800 T1 M08; | G54 M3 S800 T1 D1 M08 | 设置加工参数 |
| N20 | G0 G43 X-45 Y-60 Z10 H1; | G0 X-45 Y-60 Z10 | 刀具快速移动至1点上方 |
| N30 | Z-1.7 F70; | Z-1.7 F70 | 下刀 |
| N40 | M98 P0050; | L50 | 调用子程序，粗加工轮廓 |
| N50 | G0 Z100; | G0 Z100 | 抬刀 |
| N60 | M5; | M5 | 主轴停止 |
| N70 | M0; | M0 | 程序停，换精铣刀具 |
| N80 | M3 S1000 T2 F60; | M3 S1000 T2 D1 F60 | 设置精加工参数 |
| N90 | G0 X-45 Y-60; | G0 X-45 Y-60 | 刀具快速移动至1点上方 |
| N100 | G43 Z-2 H2; | Z-2 | 下刀 |
| N110 | M98 P0050; | L50 | 调用子程序，精加工轮廓 |
| N120 | G0 Z100; | G0 Z100 | 抬刀 |
| N130 | M2; | M2 | 程序结束 |

2）子程序（发那科系统子程序名为"O0050"；西门子系统子程序名为"L50. SPF"）见表4-18。

表 4-18　子程序

| 程序段号 | 程序内容（发那科系统） | 程序内容（西门子系统） | 程 序 说 明 |
|---|---|---|---|
| N10 | G0 G41 X-35 Y-50 D1; | G0 G41 X-35 Y-50 | 建立刀具半径左补偿 |
| N20 | G1 Y-9.7; | G1 Y-9.7 | 直线加工至3点 |
| N30 | G3 Y9.7 R-10; | G3 Y9.7 CR=-10 | 圆弧加工至4点 |
| N40 | G1 X-40 Y40; | G1 X-40 Y40 | 直线加工至5点 |
| N50 | X-10 Y35; | X-10 Y35 | 直线加工至6点 |

（续）

| 程序段号 | 程序内容（发那科系统） | 程序内容（西门子系统） | 程序说明 |
|---|---|---|---|
| N60 | G3 X10 R10; | G3 X10 CR＝10 | 圆弧加工至 7 点 |
| N70 | G1 X35 Y35，C5; | G1 X35 Y35 CHF＝7.07 | 利用倒角指令加工 8、9 点 |
| N80 | Y9.7; | Y9.7 | 直线加工至 10 点 |
| N90 | G3 Y−9.7 R−10; | G3 Y−9.7 CR＝−10 | 圆弧加工至 11 点 |
| N100 | G1 Y−35，R10; | G1 Y−35 RND＝10 | 利用倒圆指令加工 12、13 点 |
| N110 | X10; | X10 | 直线加工至 14 点 |
| N120 | G3 X−10 R10; | G3 X−10 CR＝10 | 圆弧加工至 15 点 |
| N130 | G1 X−25; | G1 X−25 | 直线加工至 16 点 |
| N140 | G2 X−35 Y−25 R10; | G2 X−35 Y−25 CR＝10 | 圆弧加工至 17 点 |
| N150 | G1 G40 X−60 Y−25; | G1 G40 X−60 Y−25 | 取消刀具半径补偿到 18 点 |
| N160 | M99; | M17 | 子程序结束 |

　　用加工中心加工时，只需把手动换刀指令换成自动换刀指令即可，即主程序中 N70 段程序改成自动换刀指令 M6 T2。

### 资料链接

　　使用刀具半径补偿指令加工内、外轮廓和内角时，常出现以下几种由临界加工情况引起的过切现象。

　　1）图 4-16 所示为轮廓过渡时轮廓位移小于刀具半径（$B<R$）产生的过切。

　　2）图 4-17 所示为凹槽宽度小于铣刀直径（$B<2R$）时产生的过切。

　　3）如图 4-18 所示，内轮廓加工，当铣刀半径大于内轮廓圆弧半径时产生的过切。

　　以上几种情况下，一般数控系统都会发出报警信息，必须更改轮廓参数或铣刀半径才能消除报警。

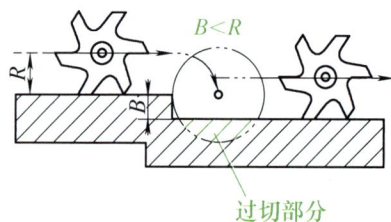

图 4-16　过切（一）

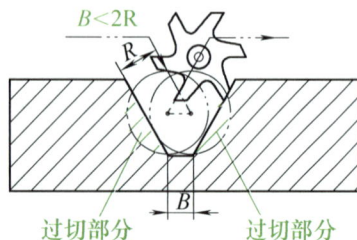

图 4-17　过切（二）

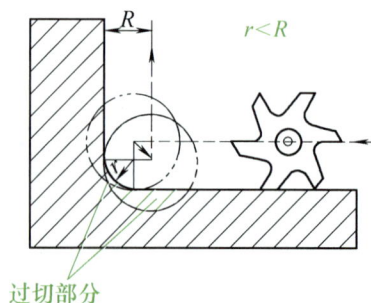

图 4-18　过切（三）

**任务实施**

## 一、加工准备

1）检查毛坯尺寸。

2）开机、回参考点。

3）程序输入：将数控程序输入数控系统。

4）工件装夹：将机用平口钳装夹在工作台上，用百分表校正其位置；将工件装夹在机用平口钳上，底部用垫块垫起，使工件伸出钳口5~10mm，用百分表校平上表面。

5）装夹刀具：共采用两把铣刀，一把粗加工键槽铣刀，另一把精加工立铣刀。通过弹簧夹头把铣刀装夹在铣刀刀柄中。根据加工情况分别把粗、精加工铣刀柄装入铣床主轴（加工中心则把粗、精加工铣刀全部装入刀库）中。

## 二、对刀操作

（1）X、Y方向对刀 X、Y方向采用试切法对刀，将机床坐标系原点偏置到工件坐标系原点上，通过对刀操作得到X、Y偏置值并输入到G54中，G54中Z坐标输入0。

（2）Z方向对刀 依次安装粗、精加工铣刀，测量每把刀的刀位点从参考点到工件上表面的Z值并输入到相应的刀具长度补偿号中，加工时调用。

## 三、机床刀具半径补偿值的调整

采用刀具半径补偿功能时，机床中刀具半径补偿值应做相应调整，调整方法如下：

发那科系统按参数键 ▣，按 刀 偏 软键出现如图1-25所示的界面；把光标移动至所用刀具号的（形状）D处，输入刀具半径值"8"，出现如图4-19所示的界面，按 输 入 软键或按输入键 ⬙。

西门子系统按参数操作区域键 OFFSET PARAM，按刀具清单按钮 ▣刀具清单，出现如图4-20所示的刀具列表界面，将光标移至所需调整刀具号的半径位置，输入半径值"8"，按 ⬙ 键。此外，通过右侧软键还可进行刀具测量、删除刀具、选择刀库、更改刀沿等有关刀具参数的设置。

## 四、空运行及仿真

1）发那科系统：调整机床刀具半径补偿值，把基础坐标系中Z方向值变为"+50"，打开程序，选择MEM工作模式，按下空运行按钮，按循环启动键，观察加工情况及程序运行情况；或用机床锁住功能进行空运行。空运行结束后，使空运行按钮复位。

2）西门子系统：调整机床刀具半径补偿值，设置空运行和程序测试有效，打开程序，选择自动模式，按下数控启动键，观察程序运行情况。

图 4-19　发那科系统刀具半径补偿界面

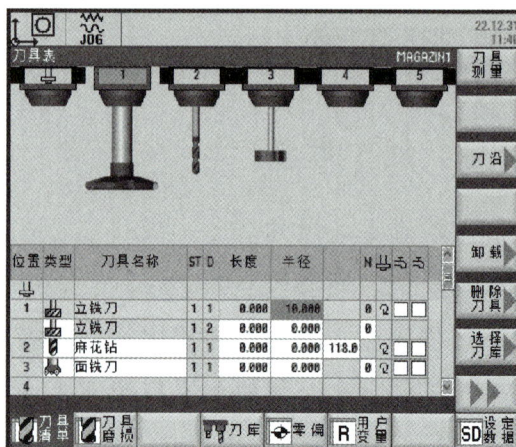

图 4-20　西门子系统刀具列表界面

在数控机床上进行模拟或用仿真软件在计算机上进行仿真练习，测试程序及加工情况。

## 五、零件自动加工及尺寸控制

加工时先用 $\phi16mm$ 键槽铣刀进行粗加工，然后用 $\phi16mm$ 立铣刀进行精加工。因粗、精加工轮廓子程序相同，故粗加工轮廓时把机床中的刀具半径补偿值设置为 8.3mm，轮廓留 0.3mm 的精加工余量，深度方向也留 0.3mm 的精加工余量，由程序控制。用立铣刀精加工时机床中的刀具半径补偿值先设置为 8.2mm，运行完精加工程序后，根据轮廓实测尺寸再修改机床中的刀具半径补偿值，然后重新运行精加工程序，以保证轮廓尺寸符合图样要求，具体做法如下：

若第一次运行精加工程序后，用游标卡尺测得轮廓 $70_{-0.1}^{0}$ mm 的实际尺寸为 70.55mm，比图样要求尺寸还大 0.45~0.55mm，单边大 0.225~0.275mm（取中间值 0.25mm），则机床中的刀具半径补偿值应修改为 8.2mm-0.25mm＝7.95mm，然后重新运行精加工程序进行精加工，即可保证轮廓尺寸符合图样要求。

深度尺寸也用类似方法进行控制。先设置刀具长度补偿值（或长度磨损值），第一次精加工程序运行后，测量实际深度尺寸，再修改刀具长度补偿值（或长度磨损值），然后重新运行精加工程序，以保证深度尺寸符合要求。

## 六、任务检测与评分标准（见表 4-19）

表 4-19　平面外轮廓加工检测评价表

| 序号 | 检测项目 | 检测内容及要求 | 配分 | 学生自检 | 学生互检 | 教师检测 | 得分 |
|---|---|---|---|---|---|---|---|
| 1 | 职业素养 | 文明、礼仪 | 5 | | | | |
| 2 | | 安全、纪律 | 10 | | | | |
| 3 | | 行为习惯 | 5 | | | | |
| 4 | | 工作态度 | 5 | | | | |
| 5 | | 团队合作 | 5 | | | | |

（续）

| 序号 | 检测项目 | 检测内容及要求 | 配分 | 学生自检 | 学生互检 | 教师检测 | 得分 |
|---|---|---|---|---|---|---|---|
| 6 | 制订工艺 | 1）选择装夹与定位方式<br>2）选择刀具<br>3）选择加工路径<br>4）选择合理的切削用量 | 5 | | | | |
| 7 | 程序编制 | 1）编程坐标系选择正确<br>2）指令使用与程序格式正确<br>3）基点坐标计算正确 | 10 | | | | |
| 8 | 机床操作 | 1）开机前检查、开机、回参考点<br>2）工件、刀具的装夹与对刀<br>3）程序输入与校验 | 5 | | | | |
| 9 | 零件加工 | $70_{-0.1}^{0}$mm（2处） | 10 | | | | |
| 10 | | $2_{0}^{+0.1}$mm | 5 | | | | |
| 11 | | $R10$mm（6处） | 15 | | | | |
| 12 | | 5mm | 5 | | | | |
| 13 | | 9.7mm（2处） | 10 | | | | |
| 14 | | 表面粗糙度值$Ra3.2\mu$m | 5 | | | | |
| | 综合评价 | | | | | | |

## 七、加工结束，拆下工件与刀具，清理机床

**操作注意事项**

1）编程时采用刀具半径补偿指令，加工前应设置好机床中的刀具半径补偿值，否则刀具将不按半径补偿加工。

2）首件加工都是采用"试测法"控制轮廓及深度尺寸，故加工时应及时测量工件尺寸和修改数控机床中的刀具半径、长度补偿（或长度磨损）等参数。首件加工合格后，不需要调整机床中的刀具半径、长度补偿等参数，除非刀具在加工过程中磨损。

3）为保证工件轮廓表面质量，最终轮廓应安排在最后一次进给中连续加工完成。

4）尽量避免切削过程中途停顿，以减少因切削力突然变化造成弹性变形而留下的刀痕。

5）平面外轮廓粗加工通常采用由外向内逐渐接近工件轮廓铣削的方式进行，并可通过改变刀具半径补偿值来控制轮廓尺寸。

6）铣削平面外轮廓时尽量采用顺铣方式，以提高表面质量。

7）工件装夹在机用平口钳上应校平上表面，否则深度尺寸不易控制；也可在对刀前（或程序中）用面铣刀铣平上表面。

### 思考与练习

1. 采用倒角、倒圆指令只能加工出什么样尺寸要求的倒角、倒圆？

2. 如何判断刀具半径补偿的方向？

3. 什么是刀具半径补偿？使用刀具半径补偿指令应注意哪些问题？

4. 如何确定外轮廓切入、切出方向？

5. 做一做：针对图 4-21 所示零件，编写加工程序并进行加工。

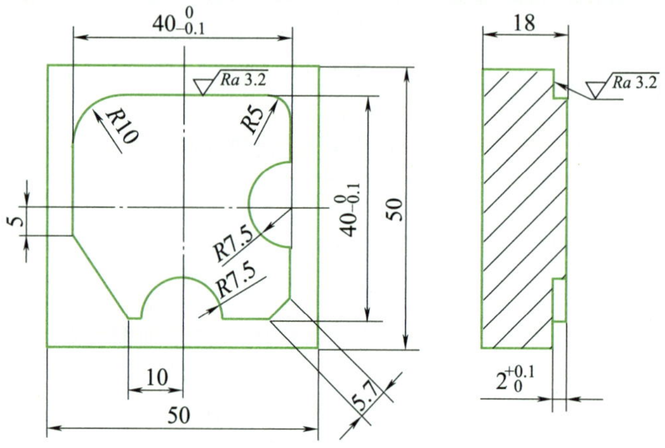

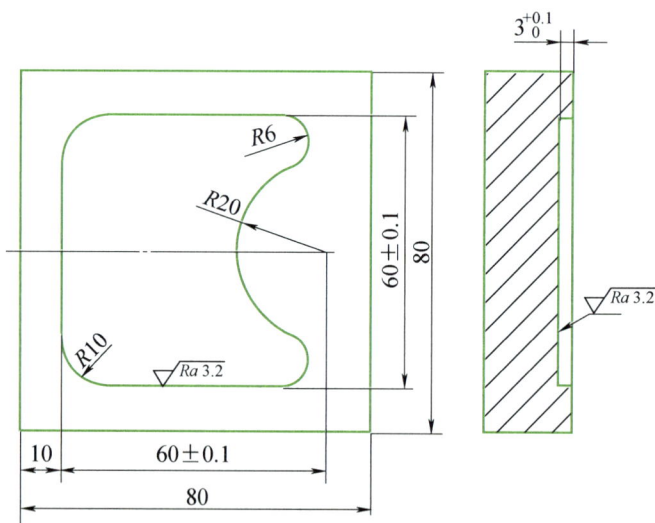

图 4-21　5 题图

# 任务三　平面内轮廓加工

### 学习目标

#### 1. 知识目标

1）了解回参考点指令和回固定点指令及其应用。

2）掌握平面内轮廓加工进给路线的制订方法。

3）掌握平面内轮廓加工刀具及切削用量的选择方法。

#### 2. 技能目标

1）会用 CAD 软件查找基点坐标。

2）会进行平面内轮廓加工。

3）会进行平面内轮廓尺寸控制。

4）完成图 4-22 所示零件的加工，其三维效果图如图 4-23 所示，材料为硬铝。

图 4-22　零件图

图 4-23　三维效果图

知识学习

## 一、编程指令

### 1. 回参考点指令

（1）指令功能　参考点是机床上的一个固定点，用该指令可以使刀具非常方便地移动到该位置。

（2）指令格式　见表4-20。

表4-20　发那科系统与西门子系统回参考点指令格式

| 发那科系统 | 西门子系统 |
| --- | --- |
| G28 IP_；IP 是指定中间点位置的指令<br>例　N1 G28 X40 Y0；中间点（X40，Y0）<br>　　N2 G28 Y60；中间点（X40，Y60） | G74 X0 Y0 Z0　占独立程序段<br>例　N20 G74 X0 Y0 Z0　回机床参考点 |

（3）指令使用说明

1）用G28（G74）指令返回参考点的各轴速度储存在机床数据中（快速）。

2）使用回参考点指令前，为安全起见，应取消刀具半径补偿和刀具长度补偿。

3）发那科系统与西门子系统回参考点指令不同，发那科系统须指定中间点坐标，刀具经中间点回到参考点；西门子系统不需跟 X、Y、Z 值，直接回机床参考点。

4）返回参考点指令为程序段有效指令。

5）西门子系统回参考点程序写成：G74 X30 Y10，程序段后 X、Y 下编程数值不识别。

### 2. 返回固定点指令

（1）功能　刀具自动返回到机床上某一指定的固定点，如换刀点。

（2）指令格式　见表4-21。

表4-21　发那科系统与西门子系统返回固定点指令格式

| 发那科系统 | 西门子系统 |
| --- | --- |
| G29 IP_；IP 是指从参考点返回目标点的指令<br>例　N2 G29 X40 Y60；目标点（X40，Y60） | G75 X0 Y0 Z0　占独立程序段，固定点的位置固定地存储在机床数据中<br>例　N40 G75 X0 Y0 Z0　返回固定点 |

（3）指令使用说明

1）发那科系统与西门子系统指令、含义各不相同。

2）返回固定点指令为程序段有效指令。

3）返回固定点指令之后的程序段中原来的G0、G1、G2、G3……将再次生效。

4）西门子系统返回固定点程序写成：G75 X30 Y10，程序段后 X、Y 下编程数值不识别。

## 二、加工工艺分析

### 1. 工、量、刃具选择

（1）工具选择　工件采用机用平口钳装夹，试切法对刀。其他工具见表4-22。

（2）量具选择　轮廓及深度尺寸用游标卡尺测量，圆弧半径用半径样板测量，表面粗糙度用表面粗糙度样板检测，另用百分表校正机用平口钳及工件上表面。量具具体规格见表4-22。

（3）刃具选择　铣内轮廓的刀具半径必须小于内轮廓最小圆弧半径，否则将无法加工出内轮廓圆弧。本任务内轮廓最小圆弧轮廓半径为$R6$mm，故所选铣刀直径不得大于$\phi12$mm，此处选用直径为$\phi10$mm的铣刀。粗加工用键槽铣刀铣削；精加工用能垂直下刀的立铣刀或键槽铣刀。加工材料为硬铝，铣刀材料选用普通高速钢即可，刃具具体规格见表4-22。

表4-22　工、量、刃具清单

| 种　类 | 序　号 | 名　称 | 规　格 | 精度（分度值）/mm | 数　量 |
|---|---|---|---|---|---|
| 工具 | 1 | 机用平口钳 | QH135 | | 1个 |
| | 2 | 扳手 | | | 1把 |
| | 3 | 平行垫铁 | | | 1副 |
| | 4 | 塑胶锤子 | | | 1个 |
| 量具 | 1 | 带表游标卡尺 | 0～150mm | 0.01 | 1把 |
| | 2 | 半径样板 | $R6$mm、$R10$mm、$R20$mm | | 各1套 |
| | 3 | 百分表及表座 | 0～10mm | 0.01 | 1只 |
| | 4 | 表面粗糙度样板 | N0～N1 | 12级 | 1副 |
| 刃具 | 1 | 键槽铣刀 | $\phi10$mm | | 1把 |
| | 2 | 立铣刀 | $\phi10$mm | | 1把 |

### 2. 加工工艺方案

（1）加工工艺路线

1）切入、切出方式的选择。铣削封闭内轮廓表面时，刀具无法沿轮廓线的延长线方向切入、切出，只有沿法线方向或圆弧切入、切出。本任务选择法线方向切入和切出，此种情况切入、切出点应选在零件轮廓两几何要素的交点上，而且进给过程中要避免停顿。

2）铣削方向的确定。铣刀沿内轮廓逆时针方向铣削时，铣刀旋转方向与工件进给运动方向一致，为顺铣，如图4-24所示。铣刀沿内轮廓顺时针方向铣削时，铣刀旋转方向与工件进给运动方向相反，为逆铣，如图4-25所示。一般尽可能采用顺铣，即在铣内轮廓时沿内轮廓逆时针方向铣削。

3）进给路线。铣削内轮廓的进给路线有行切、环切和综合切削三种，图4-26所示为行切法，图4-27所示为环切法，

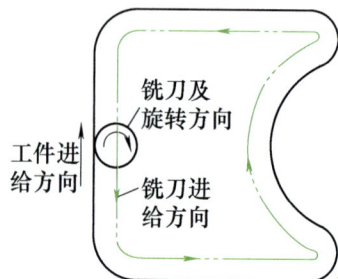

图4-24　铣削方向（一）

综合切削法是先行切后环切。行切与环切进给路线都能切净内轮廓中的全部面积，不留死角，不伤轮廓，同时能尽量减少重复进给的搭接量。不同点是行切法的进给路线比环切法短，但行切法在每两次进给的起点与终点间会留下残留面积，达不到所要求的表面粗糙度。用环切法获得的表面粗糙度值要小于行切法，但环切法需要逐次向外扩展轮廓线，刀位点计算复杂、刀具路径长。加工中可结合行切法、环切法的优点，采用综合切削法：先用行切法去除中间部分余量，然后用环切法加工内轮廓表面，既可缩短进刀路线，又能获得较好的表面质量。

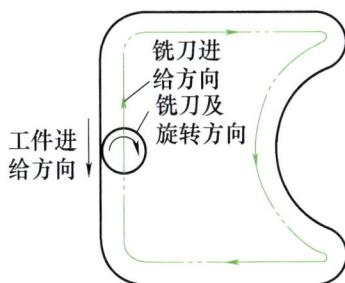

图 4-25　铣削方向（二）

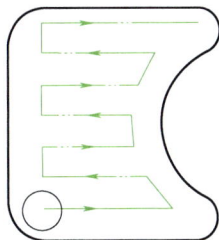

图 4-26　行切法

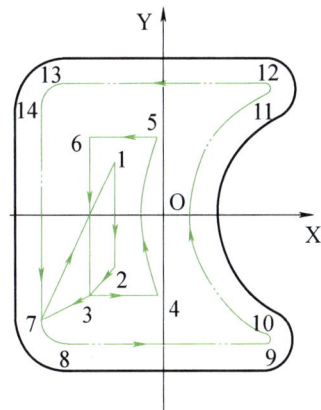

图 4-27　环切法

由于本任务内轮廓余量不多，选择环切法并由内向外加工，加工中行距取刀具直径的50%～90%，加工路线如图 4-27 所示。

刀具由 1→2→3→4→5→6→3→7→8→9→10→11→12→13→14→7→1 的顺序按环切方式进行加工，刀具从点 3 运行至点 7 时建立刀具半径补偿，加工结束时刀具从点 7 运行至点 1 的过程中取消刀具半径补偿。

（2）合理选择切削用量　加工材料为硬铝，切削力较小，铣削深度除留 0.3mm 的精加工余量外，其余一刀切完；切削速度可选得较高，进给速度为 50～80mm/min，垂直进给速度较小，具体见表 4-23。

表 4-23　粗、精铣切削用量的选择

| 刀 具 | 工 作 内 容 | $v_f$/(mm/min) | $n$/(r/min) |
|---|---|---|---|
| 高速钢键槽铣刀（T1） | 垂直进给，深度留 0.3mm 的精加工余量 | 50 | 1000 |
| | 粗铣内轮廓，轮廓留 0.3mm 的精加工余量 | 70 | 1000 |
| 高速钢立铣刀（T2） | 垂直进给 | 50 | 1200 |
| | 精铣内轮廓 | 70 | 1200 |

### 三、参考程序编制

（1）建立工件坐标系　根据工件坐标系的建立原则，本任务工件坐标系建立在工件几何中心上较为合适，Z 零点设置在工件上表面，如图 4-27 所示。

（2）计算基点坐标 本任务不仅要计算基点 7、8、9、10、11、12、13、14 等的坐标，还要计算环切余量时点 1、2、3、4、5、6 的坐标。其中，点 1、2、3、4、5、6、9、10、11、12 坐标不易计算，可采用 CAD 软件查找点坐标的方法，具体做法：在二维 CAD 软件（如 AutoCAD 或 CAXA 电子图板）中画出内轮廓图形（注意工件坐标系与 CAD 软件坐标系一致，坐标原点重合），然后把光标放置在各点上，可通过软件屏幕下方显示该点坐标或用软件查询工具查找各点坐标，见表 4-24。

表 4-24 基点及环切时各点的坐标 （单位：mm）

| 基 点 | 坐标（X，Y） | 基 点 | 坐标（X，Y） |
|---|---|---|---|
| 1 | （-10，10） | 8 | （-20，-30） |
| 2 | （-10，-10） | 9 | （20，-30） |
| 3 | （-17，-17） | 10 | （22.308，-18.462） |
| 4 | （-1.716，-17） | 11 | （22.308，18.462） |
| 5 | （-1.716，17） | 12 | （20，30） |
| 6 | （-17，17） | 13 | （-20，30） |
| 7 | （-30，-20） | 14 | （-30，20） |

（3）参考程序

1）主程序（发那科系统程序名为"O0430"；西门子系统程序名为"XX0430.MPF"）见表 4-25。

表 4-25 参考程序

| 程序段号 | 程序内容（发那科系统） | 程序内容（西门子系统） | 程序说明 |
|---|---|---|---|
| N5 | G90 G49 G40 G80； | G40 G90 | 设置初始参数 |
| N10 | G54 M3 S1000 T01； | G54 M3 S1000 T01 D1 | 设置加工参数 |
| N20 | G0 G43 X-10 Y10 Z5 H01； | G0 X-10 Y10 Z5 | 刀具快速移动至 1 点上方 |
| N30 | G1 Z-2.7 F50； | G1 Z-2.7 F50 | 下刀 |
| N40 | M98 P0043； | L43 | 调用子程序，粗加工轮廓 |
| N50 | G0 Z100； | G0 Z100 | 抬刀 |
| N60 | M5； | M5 | 主轴停止 |
| N70 | M0； | M0 | 程序停，换精铣刀具 |
| N80 | M3 S1200 T02； | M3 S1200 T02 D1 | 主轴正转，转速为 1200r/min |
| N90 | G0 G43 X0 Y10 Z5 H02； | G0 X0 Y10 Z5 | 刀具快速移动至 X0 Y10 处 |
| N100 | G1 X-10 Z-3 F50； | G1 X-10 Z-3 F50 | 斜坡下刀至 1 点 |
| N110 | M98 P0043； | L43 | 调用子程序，精加工轮廓 |
| N120 | G0 Z100； | G0 Z100 | 抬刀 |
| N130 | M2； | M2 | 程序结束 |

2）子程序（发那科系统子程序名为"O0043"；西门子系统子程序名为"L43.SPF"）见表4-26。

表 4-26 子程序

| 程序段号 | 程序内容（发那科系统） | 程序内容（西门子系统） | 程序说明 |
|---|---|---|---|
| N10 | G1 X-10 Y-10 F70; | G1 X-10 Y-10 F70 | 从1点直线加工至2点 |
| N20 | X-17 Y-17; | X-17 Y-17 | 直线加工至3点 |
| N30 | X-1.716; | X-1.716 | 直线加工至4点 |
| N40 | G2 Y17 R35; | G2 Y17 CR=35 | 圆弧加工至5点 |
| N50 | G1 X-17; | G1 X-17 | 直线加工至6点 |
| N60 | Y-17; | Y-17 | 直线加工至3点 |
| N70 | G41 X-30 Y-20 D1; | G41 X-30 Y-20 | 建立刀具半径补偿至7点 |
| N80 | G3 X-20 Y-30 R10; | G3 X-20 Y-30 CR=10 | 圆弧加工至8点 |
| N90 | G1 X20; | G1 X20 | 直线加工至9点 |
| N100 | G3X22.308Y-18.462 R6; | G3 X22.308 Y-18.462 CR=6 | 圆弧加工至10点 |
| N110 | G2 Y18.462 R20; | G2 Y18.462 CR=20 | 圆弧加工至11点 |
| N120 | G3 X20 Y30 R6; | G3 X20 Y30 CR=6 | 圆弧加工至12点 |
| N130 | G1 X-20; | G1 X-20 | 直线加工至13点 |
| N140 | G3 X-30 Y20 R10; | G3 X-30 Y20 CR=10 | 圆弧加工至14点 |
| N150 | G1 Y-20; | G1 Y-20 | 直线加工至7点 |
| N160 | G40 X-10 Y10; | G40 X-10 Y10 | 移动至1点并取消刀具半径补偿 |
| N170 | M99; | M17 | 子程序结束 |

用加工中心加工时，只需把手动换刀指令换成自动换刀指令即可，即主程序中N70段程序换成自动换刀指令 M6 T02。

### 资料链接

加工型腔类零件下刀方法。加工型腔类零件，在垂直进给时切削条件差，轴向抗力大，切削较为困难。一般根据具体情况采用以下几种方法进行加工。①用钻头在铣刀下刀位置预钻一个孔，铣刀在预钻孔位置下刀进行型腔的铣削。此方法对铣刀种类没有要求，下刀速度不用降低，但需增加一把钻头，也增加了换刀和钻孔时间。②用键槽铣刀（或有端面刃的立铣刀）直接垂直下刀进给，再进行型腔铣削。此方法下刀速度不能过快，否则会产生振动，损坏切削刃。③使用 X/Y 和 Z 方向的线性坡切削下刀，达到轴向深度后再进行型腔铣削，此方法适宜加工宽度较窄的型腔。④螺旋下刀。铣刀在下刀过程中沿螺旋线路径下刀，产生的轴向力小，工件加工质量高，对铣刀种类也没什么要求，是最佳下刀方式。

### 任务实施

## 一、加工准备

1）检查毛坯尺寸。

2）开机、回参考点。

3）输入程序：把编写好的程序或经仿真后的数控程序输入数控系统。

4）装夹工件：将机用平口钳装夹在铣床工作台上，用百分表校正其位置；将工件装夹在机用平口钳上，底部用垫块垫起，伸出钳口 5～10mm，用百分表校平工件上表面。

5）装夹刀具：共采用两把铣刀，一把为粗加工键槽铣刀，另一把为精加工立铣刀，通过弹簧夹头把铣刀装夹在铣刀刀柄中。根据加工情况分别把粗、精加工铣刀柄装入铣床主轴（加工中心则把粗、精加工铣刀全部装入刀库）中。

## 二、对刀操作

（1）X、Y方向对刀  X、Y方向采用试切法对刀，将机床坐标系原点偏置到工件坐标系原点上，通过对刀操作得到X、Y偏置值并输入到G54中，G54中Z坐标为0。

（2）Z方向对刀  依次安装粗、精加工铣刀，测量每把刀的刀位点，将从参考点到工件上表面的Z值输入到相应的刀具长度补偿号中，加工时调用。

## 三、空运行及仿真

发那科系统：调整机床中的刀具半径补偿值，把基础坐标系中的Z方向值变为"+50"，打开程序，选择MEM工作模式，按下空运行按钮，按数控启动键，观察程序运行及加工情况；或用机床锁住功能进行空运行，空运行结束后，使空运行按钮复位。

西门子系统：调整机床中的刀具半径补偿值，设置空运行和程序测试有效，打开程序，选择自动模式，按下数控启动键，观察程序运行情况。

在数控机床上进行模拟或用仿真软件在计算机上进行仿真练习，测试程序及加工情况。

## 四、零件自动加工及尺寸控制

加工时先用 $\phi$10mm 的键槽铣刀进行粗加工，然后用 $\phi$10mm 的立铣刀进行精加工。因粗、精加工轮廓子程序相同，故粗加工轮廓时把机床中的刀具半径补偿值设置为 5.3mm，轮廓留 0.3mm 的精加工余量，深度方向留 0.3mm 的精加工余量，由程序控制。用立铣刀精加工时，机床中的刀具半径补偿值先设置为 5.2mm，运行完精加工程序后，根据轮廓实测尺寸再修改机床中的刀具半径补偿值，然后重新运行精加工程序，以保证轮廓尺寸符合图样要求，具体做法如下：

若第一次运行精加工程序后，用游标卡尺测得内轮廓（60±0.1）mm 实际尺寸为 59.45mm，比图样要求尺寸小 0.45～0.65mm，单边小 0.225～0.325mm（取中间值 0.275mm），则机床中的刀具半径补偿值修改为 5.2mm−0.275mm＝4.925mm；然后重新运行精加工程序进行精加工，即可保证轮廓尺寸符合图样要求。

深度尺寸也用类似方法进行控制，通过设置刀具长度补偿值（或长度磨损值），第一次精加工程序运行后，测量轮廓实际深度尺寸，再修改刀具长度补偿值（或长度磨损值），然后重新运行精加工程序，以保证深度尺寸。

## 五、任务检测与评分标准（见表 4-27）

表 4-27 平面内轮廓加工检测评价表

| 序号 | 检测项目 | 检测内容及要求 | 配分 | 学生自检 | 学生互检 | 教师检测 | 得分 |
|---|---|---|---|---|---|---|---|
| 1 | 职业素养 | 文明、礼仪 | 5 | | | | |
| 2 | | 安全、纪律 | 10 | | | | |
| 3 | | 行为习惯 | 5 | | | | |
| 4 | | 工作态度 | 5 | | | | |
| 5 | | 团队合作 | 5 | | | | |
| 6 | 制订工艺 | 1）选择装夹与定位方式<br>2）选择刀具<br>3）选择加工路径<br>4）选择合理的切削用量 | 5 | | | | |
| 7 | 程序编制 | 1）编程坐标系选择正确<br>2）指令使用与程序格式正确<br>3）基点坐标计算正确 | 10 | | | | |
| 8 | 机床操作 | 1）开机前检查、开机、回参考点<br>2）工件、刀具的装夹与对刀<br>3）程序输入与校验 | 5 | | | | |
| 9 | 零件加工 | （60±0.1）mm（2 处） | 20 | | | | |
| 10 | | $3^{+0.1}_{0}$ mm | 5 | | | | |
| 11 | | $R10$mm（2 处） | 5 | | | | |
| 12 | | $R6$mm（2 处） | 5 | | | | |
| 13 | | $R20$mm | 5 | | | | |
| 14 | | 10mm | 5 | | | | |
| 15 | | 表面粗糙度值 $Ra3.2\mu m$ | 5 | | | | |
| | 综合评价 | | | | | | |

## 六、加工结束，拆下工件与刀具，清理机床

### 操作注意事项

1）铣刀半径必须小于或等于工件内轮廓凹圆弧的最小半径，否则无法加工出内轮廓圆

弧。机床中的刀具半径参数设置也不能大于内轮廓圆弧半径，否则会发生报警。

2）加工内轮廓应尽可能采用顺铣，以提高表面质量。

3）平面内轮廓加工应尽可能采用行切、环切相结合的路线，并从内向外加工，既可缩短切削时间，又可保证加工表面质量。

4）内轮廓无法加工预制孔，精加工时用立铣刀以螺旋方式下刀或采用键槽铣刀。

5）机床中的刀具半径参数值设置得越大，内轮廓尺寸越小，与外轮廓刚好相反。

6）工件装夹在机用平口钳上应校平上表面，否则深度尺寸不易控制；也可在对刀前（或程序中）用面铣刀铣平工件上表面。

**思考与练习**

1. 采用行切或环切时行距如何确定？

2. 发那科系统与西门子系统使用长度补偿与深度尺寸控制有何关系？

3. 试一试：用 CAD 软件查找各点坐标，编写图 4-28 所示零件的加工程序并进行加工。

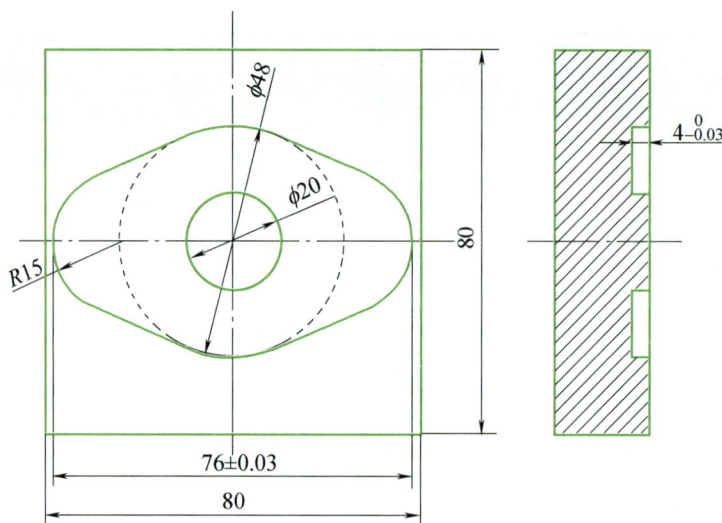

图 4-28　3 题图

# 任务四　轮廓综合加工

**学习目标**

### 1. 知识目标

1）掌握轮廓综合加工工艺的制订方法。

2）了解相同形状内、外轮廓的编程方法。

### 2. 技能目标

1）会进行轮廓综合加工。

2）会进行相同形状内、外轮廓的加工。

3）会编制薄壁零件加工工艺。

4）完成图 4-29 所示零件的加工，其三维效果图如图 4-30 所示，材料为硬铝。

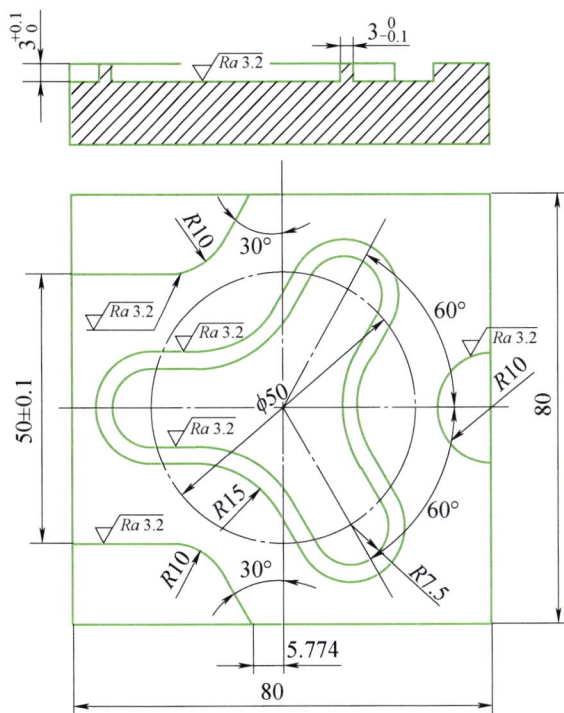

图 4-29　零件图

图 4-30　三维效果图

![知识学习]

## 一、编程知识

使用刀具半径补偿指令时，当机床中的刀具半径参数值为正时，刀具沿工件外轮廓运行；刀具半径参数值为负，刀具将沿工件内侧运行。图 4-31a 所示为机床中刀具半径参数值为正时的刀具中心轨迹；图 4-31b 所示为机床中刀具半径参数值为负时的刀具中心轨迹，相当于 G41、G42 指令互换。用此方法可加工凹、凸配合形状零件或相同形状的内、外轮廓（如薄壁件），且它们之间的间隙（厚度）可通过调节刀具半径参数值大小来控制。

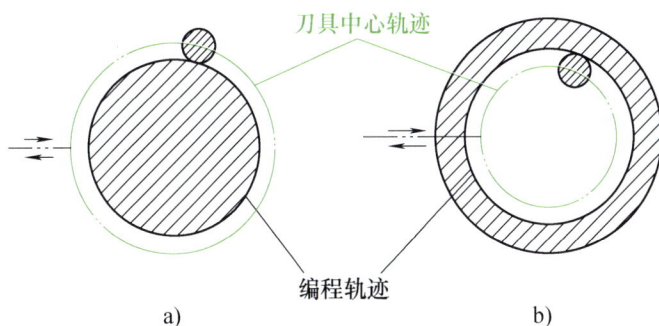

图 4-31　刀具半径参数值

a）刀具半径参数值为正　b）刀具半径参数值为负

## 二、加工工艺分析

### 1. 工、量、刃具选择

（1）工具选择　工件采用机用平口钳装夹，试切法对刀。其他工具见表4-28。

（2）量具选择　轮廓及深度尺寸用游标卡尺测量，圆弧半径用半径样板测量，表面粗糙度用表面粗糙度样板比对，角度用游标万能角度尺测量，另用百分表校正机用平口钳及工件上表面，量具具体规格见表4-28。

（3）刃具选择　本任务有内轮廓还有外轮廓，刀具直径选择不仅要考虑内轮廓最小圆弧轮廓半径，还要考虑两轮廓最小间距。内轮廓最小圆弧半径为 $R7.5mm$；上、下凸台与中间轮廓最小间距为 14.5mm，右侧半圆台与中间轮廓最小间距为 15mm，故加工中间内轮廓选用直径在 $\phi15mm$ 以下的铣刀；加工外轮廓及上、下凸台，右侧半圆台的铣刀直径则不能大于 $\phi14.5mm$，此处选择 $\phi12mm$ 的铣刀。为减少刀具数量，统一用 $\phi12mm$ 铣刀。粗加工用键槽铣刀，精加工用能垂直下刀的立铣刀或用键槽铣刀。加工材料为硬铝，铣刀选用普通高速钢铣刀即可，刃具具体规格见表4-28。

表4-28　综合轮廓加工工、量、刃具清单

| 种　　类 | 序　号 | 名　　称 | 规　　格 | 精度（分度值） | 数　　量 |
|---|---|---|---|---|---|
| 工具 | 1 | 机用平口钳 | QH135 | | 1个 |
| | 2 | 扳手 | | | 1把 |
| | 3 | 平行垫铁 | | | 1副 |
| | 4 | 塑胶锤子 | | | 1个 |
| 量具 | 1 | 带表游标卡尺 | 0～150mm | 0.01mm | 1把 |
| | 2 | 半径样板 | $R7.5mm$、$R10mm$、$R15mm$ | | 各1套 |
| | 3 | 游标万能角度尺 | 0°～360° | 2′ | 1把 |
| | 4 | 百分表及表座 | 0～10mm | 0.01mm | 1只 |
| | 5 | 表面粗糙度样板 | N0～N1 | 12级 | 1副 |
| 刃具 | 1 | 键槽铣刀 | $\phi12mm$ | | 1把 |
| | 2 | 立铣刀 | $\phi12mm$ | | 1把 |

### 2. 加工工艺方案

（1）加工工艺路线的制订　本任务工件既有外轮廓又有内轮廓，一般应先加工内轮廓，中间内、外轮廓形状相同可用同一程序，通过设置机床刀具半径补偿值来加工，如图4-32所示。

内轮廓无法沿轮廓切线延长线方向切入、切出，只能沿法向（或圆弧）切入、切出，此处沿法线方向切入、切出，刀具由 O 运行至 1 时建立刀具半径补偿，然后沿着下列次序运行：1→2→3→4→5→6→7→8→9→10→11→12→13→1→O，在刀具由 1 运行至 O 点时取

消刀具半径补偿。

外轮廓沿切线延长线方向切入、切出，路线为：14→15→1→2→3→4→5→6→7→8→9→10→11→12→13→1→16→17，在切入前建立刀具半径补偿，切出后取消刀具半径补偿。

其他轮廓加工路线为：17→18→19→20→21；14→22→23→24→25；26→27。

（2）合理选择切削用量 加工材料为硬铝，粗铣铣削深度除留 0.3mm 的精铣余量外，其余一刀切完。切削速度可较高，进给速度为 50～80mm/min，具体见表 4-29。

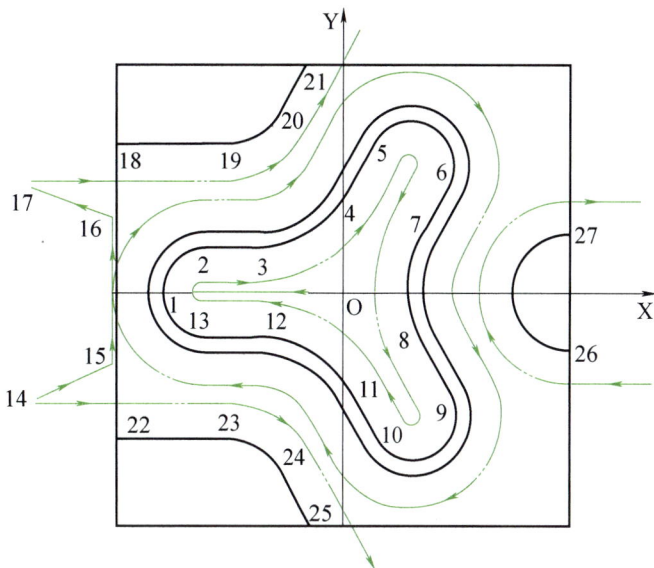

图 4-32 加工路线

表 4-29 粗、精铣削用量

| 刀 具 | 工 作 内 容 | $v_f$/（mm/min） | $n$/（r/min） |
|---|---|---|---|
| 高速钢键槽铣刀（T1） | 垂直进给，深度留 0.3mm 的精加工余量 | 50 | 1000 |
| | 粗铣内、外轮廓，轮廓留 0.3mm 的精加工余量 | 70 | 1000 |
| 高速钢立铣刀（T2） | 垂直进给 | 50 | 1200 |
| | 精铣内、外轮廓 | 60 | 1200 |

## 三、参考程序编制

（1）建立工件坐标系 根据工件坐标系的建立原则，本任务工件坐标系建立在工件几何中心上较为适宜，Z 零点设在工件上表面。

（2）计算基点坐标 本任务圆弧过渡较多，基点坐标不易计算，仍采用 CAD 软件查找坐标方法。在 CAD 软件（如 AutoCAD 或 CAXA 电子图板）中画出工件轮廓图形（注意工件坐标系与 CAD 软件坐标系一致，原点重合），然后通过软件屏幕下方显示各基点坐标，或用软件查询工具查找出各基点坐标，见表 4-30（具体查找时只需查找点 1、2、3、4、5、6、7、18、19、20 即可，其余各点与这些点呈 X 轴对称）。

表 4-30 各基点坐标 （单位：mm）

| 基 点 | 坐标（X，Y） | 基 点 | 坐标（X，Y） |
|---|---|---|---|
| 1 | （-32.5，0） | 5 | （6.005，25.401） |
| 2 | （-25，7.5） | 6 | （18.995，17.901） |
| 3 | （-15.877，7.5） | 7 | （14.434，10） |
| 4 | （1.443，17.5） | 8 | （14.434，-10） |

（续）

| 基　　点 | 坐标（X，Y） | 基　　点 | 坐标（X，Y） |
|---|---|---|---|
| 9 | （18.995，−17.901） | 21 | （−5.774，40） |
| 10 | （6.005，−25.401） | 22 | （−40，−25） |
| 11 | （1.443，−17.5） | 23 | （−20.207，−25） |
| 12 | （−15.877，−7.5） | 24 | （−11.547，−30） |
| 13 | （−25，−7.5） | 25 | （−5.774，−40） |
| 18 | （−40，25） | 26 | （40，−10） |
| 19 | （−20.207，25） | 27 | （40，10） |
| 20 | （−11.547，30） | | |

（3）参考程序

1）主程序（发那科系统程序名为"O0440"；西门子系统程序名为"XX440.MPF"）见表4-31。

表 4-31　主程序

| 程序段号 | 程序内容（发那科系统） | 程序内容（西门子系统） | 程序说明 |
|---|---|---|---|
| N5 | G40 G49 G90 G80； | G40 G90 | 设置初始状态 |
| N10 | G54 M3 S1000 T01； | G54 M3 S1000 T01 D1 | 设置加工参数，D1＝6.3mm |
| N20 | G0 G43 X0 Y0 Z5 H01； | G0 X0 Y0 Z5 | 刀具快速运动至原点上方 |
| N30 | G1 Z−2.7 F50； | G1 Z−2.7 F50 | 下刀深2.7mm |
| N40 | G42 X−32.5 Y0 D1； | G42 X−32.5 Y0 | 建立刀具半径补偿至1点 |
| N50 | M98 P0010； | L10 | 调用子程序粗加工内轮廓 |
| N60 | G1 G40 X0 Y0； | G1 G40 X0 Y0 | 取消刀具半径补偿 |
| N70 | G0 Z5； | G0 Z5 | 抬刀 |
| N80 | X−55 Y−16； | X−55 Y−16 | 刀具移动至14点 |
| N90 | G1 Z−2.7 F50； | G1 Z−2.7 F50 | 下刀 |
| N100 | G41 X−32.5 Y−10 D3； | G41 X−32.5 Y−10 D3 | D3值为9.3mm，转为加工外轮廓 |
| N110 | G1 Y0； | G1 Y0 | 延长线切入，加工至1点 |
| N120 | M98 P0010； | L10 | 调用子程序加工外轮廓 |
| N130 | G1 X−32.5 Y7.5； | G1 X−32.5 Y7.5 | 切线方向切出至16点 |
| N140 | G40 X−60 Y16； | G40 X−60 Y16 | 取消刀具半径补偿 |
| N150 | G42 X−40 Y25 D1 F70； | G42 X−40 Y25 F70 D1 | 建立刀具半径补偿至18点 |
| N160 | G1 X−20.207 Y25； | G1 X−20.207 Y25 | 直线加工至19点 |
| N170 | G3 X−11.547 Y30 R10； | G3 X−11.547 Y30 CR＝10 | 圆弧加工至20点 |
| N180 | G1 X−5.774 Y40； | G1 X−5.774 Y40 | 直线加工至21点 |
| N190 | G40 X2 Y46； | G40 X2 Y46 | 取消刀具半径补偿 |
| N200 | G0 Z5； | G0 Z5 | 抬刀 |
| N210 | X−55 Y−16； | X−55 Y−16 | 刀具移动至14点 |

（续）

| 程序段号 | 程序内容（发那科系统） | 程序内容（西门子系统） | 程序说明 |
|---|---|---|---|
| N220 | G1 Z-2.7 F50; | G1 Z-2.7 F50 | 下刀 |
| N230 | G41 X-45 Y-25 D1 F70; | G41 X-45 Y-25 F70 D1 | 建立刀具半径补偿至 22 点 |
| N240 | X-20.207 Y-25; | X-20.207 Y-25 | 直线加工至 23 点 |
| N250 | G2 X-11.547 Y-30 R10; | G2 X-11.547 Y-30 CR=10 | 圆弧加工至 24 点 |
| N260 | G1 X-5.774 Y-40; | G1 X-5.774 Y-40 | 直线加工至 25 点 |
| N270 | G40 X2 Y-46; | G40 X2 Y-46 | 取消刀具半径补偿 |
| N280 | G0 Z5; | G0 Z5 | 抬刀 |
| N290 | G41 X50 Y-10 D1; | G41 X50 Y-10 D1 | |
| N300 | G1 Z-2.7 F50; | G1 Z-2.7 F50 | |
| N310 | X40 Y-10 F70; | X40 Y-10 F70 | 加工右侧半圆凸台 |
| N320 | G2 X40 Y10 R10; | G2 X40 Y10 CR=10 | |
| N330 | G1 Y15; | G1 Y15 | |
| N340 | G0 Z5; | G0 Z5 | 抬刀 |
| N350 | G40 X0 Y0 Z100; | G40 X0 Y0 Z100 | 取消刀补 |
| N360 | M5; | M5 | |
| N370 | M0; | M0 | 主轴停、程序停，换精加工刀具进行精加工，其中 D2=6mm |
| N380 | M3 S1200 T2; | M3 S1200 T2 D2 | |
| N390 | G0 G43 X0 Y0 Z5 H02; | G0 X0 Y0 Z5 | 刀具快速运动至原点上方 |
| N400 | G1 Z-3 F50; | G1 Z-3 F50 | 下刀深 3mm |
| N410 | G42 X-32.5 Y0 D2; | G42 X-32.5 Y0 | 建立刀具半径补偿至 1 点 |
| N420 | M98 P0010; | L10 | 调用子程序精加工内轮廓 |
| N430 | G1 G40 X0 Y0; | G1 G40 X0 Y0 | 取消刀具半径补偿 |
| N440 | G0 Z5; | G0 Z5 | 抬刀 |
| N450 | X-55 Y-16; | X-55 Y-16 | 刀具空间移动至 14 点 |
| N460 | G1 Z-3 F50; | G1 Z-3 F50 | 下刀 |
| N470 | G41 X-32.5 Y-10 D4; | G41 X-32.5 Y-10 D4 | D4 值为 9mm，转为加工外轮廓 |
| N480 | G1 Y0; | G1 Y0 | 延长线切入外轮廓 |
| N490 | M98 P0010; | L10 | 调用环形轮廓子程序 |
| N500 | G1 X-32.5 Y7.5; | G1 X-32.5 Y7.5 | 切线方向切出 |
| N510 | G40 X-60 Y16; | G40 X-60 Y16 | 取消刀具半径补偿 |
| N520 | G42 X-40 Y25 D2 F60; | G42 X-40 Y25 F60 D2 | 建立刀具半径补偿至 18 点 |
| N530 | G1 X-20.207 Y25; | G1 X-20.207 Y25 | 直线加工至 19 点 |
| N540 | G3 X-11.547 Y30 R10; | G3 X-11.547 Y30 CR=10 | 圆弧加工至 20 点 |
| N550 | G1 X-5.774 Y40; | G1 X-5.774 Y40 | 直线加工至 21 点 |
| N560 | G40 X2 Y46; | G40 X2 Y46 | 取消刀具半径补偿 |
| N570 | G0 Z5; | G0 Z5 | 抬刀 |

（续）

| 程序段号 | 程序内容（发那科系统） | 程序内容（西门子系统） | 程序说明 |
|---|---|---|---|
| N580 | X-55 Y-16； | X-55 Y-16 | 刀具空间移动至 14 点 |
| N590 | G1 Z-3 F50； | G1 Z-3 F50 | 下刀 |
| N600 | G41 X-45 Y-25 D2 F60； | G41 X-45 Y-25 F60 D2 | 建立刀具半径补偿至 22 点 |
| N610 | X-20. 207 Y-25； | X-20. 207 Y-25 | 直线加工至 23 点 |
| N620 | G2 X-11. 547 Y-30 R10； | G2 X-11. 547 Y-30 CR=10 | 圆弧加工至 24 点 |
| N630 | G1 X-5. 774 Y-40； | G1 X-5. 774 Y-40 | 直线加工至 25 点 |
| N640 | G40 X2 Y-46； | G40 X2 Y-46 | 取消刀具半径补偿 |
| N650 | G0 Z5； | G0 Z5 | 抬刀 |
| N660 | G41 X50 Y-10 D2； | G41 X50 Y-10 | 建立刀具半径补偿 |
| N670 | G1 Z-3 F50； | G1 Z-3 F50 | 精加工右侧半圆凸台 |
| N680 | X40 Y-10 F60； | X40 Y-10 F60 | |
| N690 | G2 X40 Y10 R10； | G2 X40 Y10 CR=10 | |
| N700 | G1 Y15； | G1 Y15 | |
| N710 | G0 Z5； | G0 Z5 | 抬刀 |
| N720 | G40 G49 X0 Y0 Z100； | G40 X0 Y0 Z100 | 取消刀具补偿 |
| N730 | M02； | M02 | 程序结束 |

2）环形轮廓加工子程序（发那科系统子程序名为"O0010"；西门子系统子程序名为"L10. SPF"）见表 4-32。

表 4-32　环形轮廓加工子程序

| 程序段号 | 程序内容（发那科系统） | 程序内容（西门子系统） | 程序说明 |
|---|---|---|---|
| N10 | G2 X-25 Y7.5 R7.5 F70； | G2 X-25 Y7.5 CR=7.5 F70 | 圆弧加工至 2 点 |
| N20 | G1 X-15. 877； | G1 X-15. 877 | 直线加工至 3 点 |
| N30 | G3 X1. 443 Y17.5 R15； | G3 X1. 443 Y17.5 CR=15 | 圆弧加工至 4 点 |
| N40 | G1 X6. 005 Y25. 401； | G1 X6. 005 Y25. 401 | 直线加工至 5 点 |
| N50 | G2 X18. 995 Y17. 901 R7.5； | G2 X18. 995 Y17. 901 CR=7.5 | 圆弧加工至 6 点 |
| N60 | G1 X14. 434 Y10； | G1 X14. 434 Y10 | 直线加工至 7 点 |
| N70 | G3 X14. 434 Y-10 R15； | G3 X14. 434 Y-10 CR=15 | 圆弧加工至 8 点 |
| N80 | G1 X18. 995 Y-17. 901； | G1 X18. 995 Y-17. 901 | 直线加工至 9 点 |
| N90 | G2 X6. 005 Y-25. 401 R7.5； | G2 X6. 005 Y-25. 401 CR=7.5 | 圆弧加工至 10 点 |
| N100 | G1 X1. 443 Y-17.5； | G1 X1. 443 Y-17.5 | 直线加工至 11 点 |
| N110 | G3 X-15. 877 Y-7.5 R15； | G3 X-15. 877 Y-7.5 CR=15 | 圆弧加工至 12 点 |
| N120 | G1 X-25 Y-7.5； | G1 X-25 Y-7.5 | 直线加工至 13 点 |
| N130 | G2 X-32.5 Y0 R7.5； | G2 X-32.5 Y0 CR=7.5 | 圆弧加工至 1 点 |
| N140 | M99； | M17 | 子程序结束 |

加工环形内、外轮廓可通过调用不同刀具半径补偿号实现，本任务粗加工刀具半径补

偿值为 D1 = 6.3mm、D3 = -9.3mm，精加工刀具半径补偿值为 D2 = 6mm、D4 = -9mm。

**任务实施**

### 一、加工准备

1) 检查毛坯尺寸。

2) 开机、回参考点。

3) 输入程序：把编写好的程序或经仿真的数控程序输入数控系统。

4) 装夹工件：将机用平口钳装夹在铣床工作台上，用百分表校正其位置；将工件装夹在机用平口钳上，底部用垫块垫起，伸出钳口 5~10mm 并校平上表面。

5) 装夹刀具：共采用两把铣刀，一把为粗加工键槽铣刀，另一把为精加工立铣刀。通过弹簧夹头把铣刀装入铣刀刀柄中。根据加工情况分别把粗、精加工铣刀柄装入铣床主轴（加工中心则把粗、精加工铣刀全部装入刀库）中。

### 二、对刀操作

（1）X、Y 方向对刀　X、Y 方向采用试切法对刀，将机床坐标系原点偏置到工件坐标系原点上，通过对刀操作得到 X、Y 偏置值并输入到 G54 中，G54 中 Z 坐标输入 0。

（2）Z 方向对刀　依次安装粗、精加工铣刀，测量每把刀的刀位点，将从参考点到工件上表面的 Z 值输入到相应的刀具长度补偿号中，加工时调用。

### 三、空运行及仿真

1) 发那科系统：设置好机床中的刀具半径补偿值，把基础坐标系中的 Z 方向值变为 "+50"，打开程序，选择 MEM 工作模式，按下空运行按钮，按循环启动键，观察程序运行情况；或用机床锁住功能进行空运行，空运行结束后，使空运行按钮复位。

2) 西门子系统：设置好机床中的刀具半径补偿值，设置空运行和程序测试有效，打开程序，选择自动模式，按下数控启动键，观察程序运行情况。

在数控机床上进行模拟或用仿真软件在计算机上进行仿真练习，测试程序及加工情况。

### 四、零件自动加工及尺寸控制

粗加工时通过设置刀具半径补偿值留 0.3mm 的精加工余量，深度方向精加工余量由程序控制。精加工时刀具半径补偿值设置应合理，深度方向刀具长度补偿值（或长度磨损值）设置也应合理；精加工程序运行后，通过实测轮廓尺寸和深度尺寸进一步修调刀具半径补偿值和刀具长度补偿值（或长度磨损值），然后重新运行精加工程序，以控制尺寸精度。

## 五、任务检测与评分标准（见表4-33）

表 4-33　轮廓综合加工检测评价表

| 序号 | 检测项目 | 检测内容及要求 | 配分 | 学生自检 | 学生互检 | 教师检测 | 得分 |
|---|---|---|---|---|---|---|---|
| 1 | 职业素养 | 文明、礼仪 | 5 | | | | |
| 2 | | 安全、纪律 | 10 | | | | |
| 3 | | 行为习惯 | 5 | | | | |
| 4 | | 工作态度 | 5 | | | | |
| 5 | | 团队合作 | 5 | | | | |
| 6 | 制订工艺 | 1）选择装夹与定位方式<br>2）选择刀具<br>3）选择加工路径<br>4）选择合理的切削用量 | 5 | | | | |
| 7 | 程序编制 | 1）编程坐标系选择正确<br>2）指令使用与程序格式正确<br>3）基点坐标计算正确 | 10 | | | | |
| 8 | 机床操作 | 1）开机前检查、开机、回参考点<br>2）工件、刀具的装夹与对刀<br>3）程序输入与校验 | 5 | | | | |
| 9 | 零件加工 | （50±0.1）mm | 5 | | | | |
| 10 | | $3^{+0.1}_{0}$ mm | 5 | | | | |
| 11 | | $3^{0}_{-0.1}$ mm | 5 | | | | |
| 12 | | $R10$mm（3处） | 6 | | | | |
| 13 | | $R15$mm（3处） | 6 | | | | |
| 14 | | $R7.5$mm（3处） | 6 | | | | |
| 15 | | 60° | 5 | | | | |
| 16 | | 30° | 5 | | | | |
| 17 | | $\phi50$mm | 1 | | | | |
| 18 | | 5.774mm | 1 | | | | |
| 19 | | 表面粗糙度值 $Ra3.2\mu$m | 5 | | | | |
| | 综合评价 | | | | | | |

## 六、加工结束，拆下工件与刀具，清理机床

**操作注意事项**

1）精加工余量是通过设置不同的刀具半径补偿值来实现的，精加工尺寸控制也是通过实际测量尺寸和调节刀具半径补偿值来控制的，所以操作中应注意及时调整刀具半径补偿值。

2）应注意刀具直径不能选择太大，以避免破坏工件轮廓形状。

3）内、外轮廓剩余部分余量可通过自动编程切除或手动模式切除。

4）工件装夹在机用平口钳上应校平上表面，否则深度尺寸不易控制；也可以在对刀前（或程序中）用面铣刀铣平上表面。

### 拓展学习

"墨子号"量子科学实验卫星是由我国自主研制的世界上首颗空间量子科学实验卫星，是利用量子纠缠效应进行信息传递的一种新型通信方式，使我国在世界上首次实现卫星和地面之间的量子通信，构建天地一体化的量子保密通信与科学实验体系，也使我国在量子通信技术实用化整体水平上保持和扩大了国际领先地位。"墨子号"卫星之名取自于我国科学家先贤，体现了我们的文化自信。

"墨子号"量子科学实验卫星

### 思考与练习

1. 刀具半径补偿值由正变成负时，加工轮廓如何变化？G41、G42 指令如何变化？

2. 加工内、外轮廓切入、切出时应考虑哪些因素？为什么？

3. 如何控制相同内、外轮廓的壁厚？

4. 做一做：针对图 4-33 所示零件，试编写加工程序并进行加工（加工部位表面粗糙度值全都为 $Ra3.2\mu m$）。

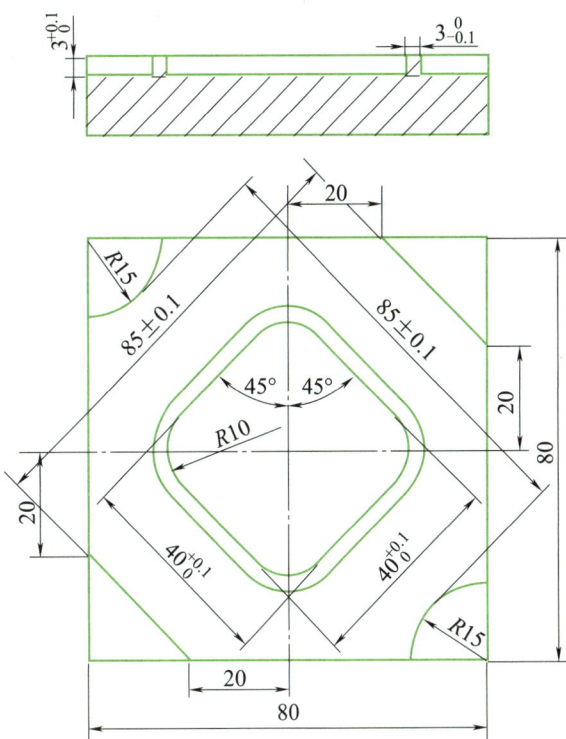

图 4-33　4 题图

# 项目五　凹槽加工

## 任务一　键槽加工

### 1. 知识目标

1）理解局部坐标系的概念。

2）熟练应用子程序编程。

3）掌握坐标轴偏移指令。

4）掌握键槽加工工艺的制订方法。

### 2. 技能目标

1）会选择键槽铣刀。

2）会进行圆弧切向进刀。

3）会进行键槽铣削及尺寸控制。

4）完成图 5-1 所示零件的加工，其三维效果图如图 5-2 所示，材料为硬铝，毛坯尺寸为 80mm×80mm×20mm。

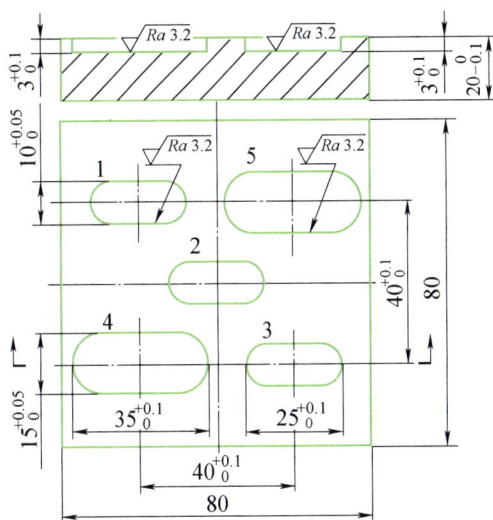

图 5-1　零件图

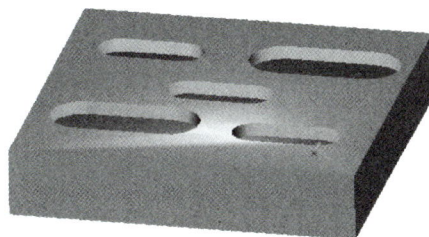

图 5-2　三维效果图

**知识学习**

## 一、编程指令

### 1. 局部坐标系的概念

如果工件在不同位置有重复出现的形状或结构，可把这一部分形状或结构编写成子程序，供主程序在适当的位置调用、运行，即可加工出相同的形状和结构，从而简化编程。而编写子程序时不可能用工件坐标系，必须重新建立一个子程序的坐标系，这种在工件坐标系中建立的子坐标系称为局部坐标系。

如图 5-3 所示，加工五个矩形槽，用子程序编程，方便快捷，工件坐标系 XOY 设置在左下角，而子程序坐标系即局部坐标系则应设置在矩形槽中心，即 X′O′Y′，子程序中基点坐标是相对于局部坐标系 X′O′Y′（当前坐标系）而言的，其坐标值计算方便、快捷。

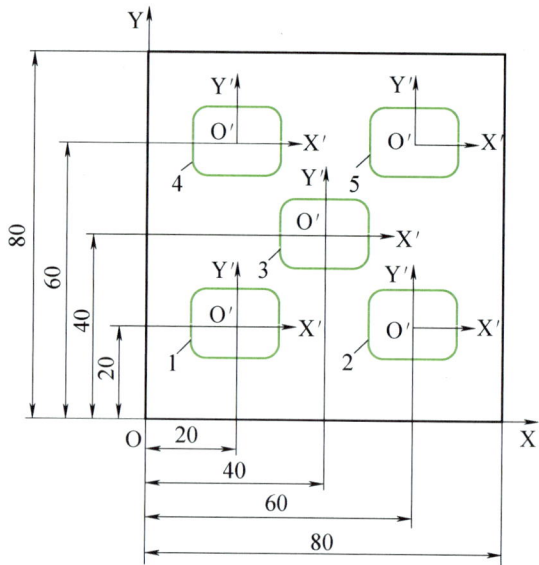

图 5-3　局部坐标系

### 2. 坐标系（可编程的）偏移指令

该指令通过编程将工件坐标系原点偏移到需要的位置，如偏移到局部坐标系原点上，使工件坐标系与局部坐标系重合。其指令格式、参数含义及使用说明见表 5-1。

表 5-1　发那科系统与西门子系统坐标系偏移指令格式、参数含义及使用说明

| 数控系统 | 发那科系统 | 西门子系统 |
|---|---|---|
| 指令格式 | G52 X_ Y_ Z_；坐标系偏移<br><br>G52　X0　Y0　Z0；取消坐标系偏移 | TRANS　X_　Y_　Z_　可编程的零点偏移<br>ATRANS　X_　Y_　Z_　附加的可编程零点偏移<br>TRANS　指令后面不带数值，表示取消当前的可编程零点偏移、偏转、镜像等 |
| 参数含义 | X、Y、Z：指定工件坐标系中各坐标轴的偏移值（或局部坐标系原点在工件坐标系中的坐标） | |
| 使用说明 | （1）坐标系偏移指令要求为一个独立程序段<br>（2）坐标系偏移指令可以对所有坐标轴零点进行偏移<br>（3）用 G52 及 TRANS 后的偏移指令取代先前的偏移指令（即在工件坐标系基础上进行偏移），而 ATRANS 则可附加在已偏移坐标轴的基础上再偏移<br>（4）坐标系偏移指令有多种，包括可设定的偏移（如 G54、G55 等）、可编程的偏移等<br>（5）发那科系统说明书中常称 G52 指令为局部坐标系指令，其含义相同 | |

**例** 将图 5-3 中工件坐标系分别偏移到槽 1 和槽 2 的几何中心上，并将刀具移动到局部坐标系原点处，发那科系统与西门子系统程序见表 5-2。

表 5-2 发那科系统与西门子系统示例程序

| 程序段号 | 程序内容<br>（发那科系统） | 程序内容<br>（西门子系统） | 程序说明 |
| --- | --- | --- | --- |
| N10 | G0 G54 X0 Y0； | G0 G54 X0 Y0 | 刀具移动到工件坐标系原点 O 处 |
| N20 | G52 X20 Y20 Z0； | TRANS X20 Y20 Z0 | 将工件坐标系偏移到 X20 Y20 处 |
| N30 | G00 X0 Y0； | G00 X0 Y0 | 在局部坐标（当前坐标）系中，刀具移动到 X0 Y0 处，即槽 1 几何中心点 |
| N40 | G52 X60 Y20 Z0； | TRANS X60 Y20 Z0 | 将工件坐标系偏移到 X60 Y20 处 |
| N50 | G00 X0 Y0； | G00 X0 Y0 | 在局部坐标（当前坐标）系中，刀具移动到 X0 Y0 处，即槽 2 几何中心点 |
| N60 | G52 X0 Y0 Z0； | TRANS | 取消坐标系偏移 |
| N70 | G00 X0 Y0； | G00 X0 Y0 | 刀具移动到工件坐标系原点 O 处 |

## 二、加工工艺分析

### 1. 工、量、刃具选择

（1）工具选择　工件采用机用平口钳装夹，试切法对刀。其他工具见表 5-3。

（2）量具选择　轮廓尺寸、槽间距用带表游标卡尺测量，深度尺寸用游标深度卡尺测量，表面粗糙度用表面粗糙度样板比对，另用百分表校正机用平口钳及工件上表面，量具具体规格见表 5-3。

（3）刃具选择　选择刀具直径主要应考虑凹槽拐角圆弧半径值的大小，本任务最小圆弧轮廓半径为 $R5\text{mm}$，所选铣刀直径应小于等于 $\phi10\text{mm}$，此处选择 $\phi8\text{mm}$；粗加工用键槽铣刀铣削，精加工用能垂直进给的立铣刀或键槽铣刀。加工材料为硬铝，铣刀选用普通高速钢铣刀即可，具体规格见表 5-3。

表 5-3 工、量、刃具清单

| 种 类 | 序 号 | 名 称 | 规 格 | 精度（分度值） | 数 量 |
| --- | --- | --- | --- | --- | --- |
| 工具 | 1 | 机用平口钳 | QH135 | | 1 个 |
| | 2 | 扳手 | | | 1 把 |
| | 3 | 平行垫铁 | | | 1 副 |
| | 4 | 塑胶锤子 | | | 1 个 |
| 量具 | 1 | 带表游标卡尺 | 0～150mm | 0.01mm | 1 把 |
| | 2 | 游标深度卡尺 | 0～200mm | 0.02mm | 1 把 |
| | 3 | 百分表及表座 | 0～10mm | 0.01mm | 1 只 |
| | 4 | 表面粗糙度样板 | N0～N1 | 12 级 | 1 副 |
| 刃具 | 1 | 键槽铣刀 | $\phi8\text{mm}$ | | 1 把 |
| | 2 | 立铣刀 | $\phi8\text{mm}$ | | 1 把 |

### 2. 加工工艺方案

（1）加工工艺路线　槽1、槽2、槽3尺寸完全一样，可编写一个子程序，调用3次。槽4、槽5尺寸完全一样，可另编一个子程序，调用2次；粗、精加工子程序分别编写，加工时分别调用。子程序坐标系（局部坐标系）建立在槽的几何中心上，工件坐标系建立在工件几何中心上，用坐标系偏移指令将工件坐标系原点偏移到局部坐标系原点上，再调用子程序加工各槽。其中单个槽加工工艺如下。

1）圆弧切入、切出。槽加工与内轮廓加工类似，无法沿轮廓延长线方向切入、切出，一般都沿法向切入、切出，也可沿槽内轮廓切向切入、切出。具体做法是沿内轮廓设置一过渡圆弧切入和切出工件轮廓。图5-4所示为加工圆形槽的切入、切出路径，图5-5所示为加工键槽使用刀具半径补偿后再设置圆弧切入、切出的路径。

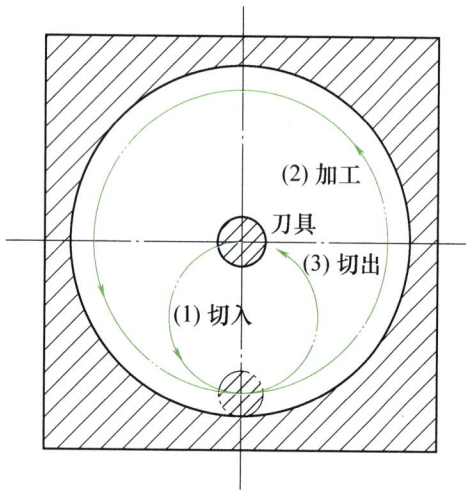

图 5-4　加工圆形槽

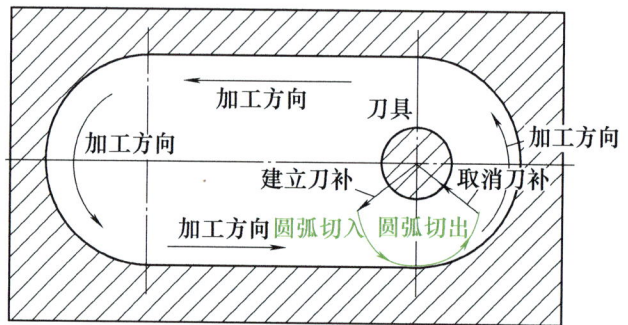

图 5-5　加工键槽

2）铣削方向的确定。与内轮廓加工一样，顺铣时由于切削厚度由厚变薄，不存在刀齿滑行，刀具磨损少，表面质量较高，故一般采用顺铣方式。当铣刀沿槽轮廓逆时针方向铣削时，刀具旋转方向与工件进给方向一致为顺铣，如图5-5所示。

3）铣削路径。铣削凹槽时仍采用行切和环切相结合的方式进行铣削，以保证能完全切除槽中余量。本任务由于凹槽宽度较小，铣刀沿轮廓加工一圈即可把槽中余量全部切除，故不需采用行切方式切除槽中多余余量。对于每一个槽，根据其尺寸精度、表面粗糙度要求，分为粗、精加工两道路线；粗加工时，留0.3mm左右的精加工余量，再精加工至尺寸。

（2）合理选择切削用量　加工材料为硬铝，粗铣铣削深度除留精铣余量外，其余一刀切完。切削速度可较高，进给速度选择50～80mm/min，具体见表5-4。

表 5-4　粗、精加工铣削用量

| 刀　具 | 工 作 内 容 | $v_f$/（mm/min） | $n$/（r/min） |
|---|---|---|---|
| 高速钢键槽铣刀粗铣（T1） | 垂直进给，深度方向留 0.3mm 的精加工余量 | 50 | 1000 |
| | 表面直线进给，轮廓留 0.3mm 的精加工余量 | 70 | 1000 |
| | 表面圆弧进给，轮廓留 0.3mm 的精加工余量 | 70 | 1000 |
| 高速钢立铣刀精铣（T2） | 垂直进给 | 50 | 1200 |
| | 表面直线进给 | 60 | 1200 |
| | 表面圆弧进给 | 60 | 1200 |

## 三、参考程序编制

### 1. 建立工件坐标系

工件坐标系 X、Y 方向零点应建立在设计基准上，即建立在工件几何中心上；Z 方向零点设置在工件上表面。子程序坐标系（局部坐标系）X、Y 方向零点建立在键槽几何中心上，Z 方向零点仍设置在工件上表面上。

### 2. 计算基点坐标

键槽几何中心在工件坐标系中的坐标见表 5-5，即采用坐标系偏移指令的偏移值。

子程序中局部坐标系原点为键槽几何中心，局部坐标系中基点 A、B、C、D（图 5-6）的坐标值见表 5-6。

表 5-5　键槽几何中心坐标　　　（单位：mm）

| 键 槽 序 号 | 坐　　标 |
|---|---|
| 槽 1 | （-20，20） |
| 槽 2 | （0，0） |
| 槽 3 | （20，-20） |
| 槽 4 | （-20，-20） |
| 槽 5 | （20，20） |

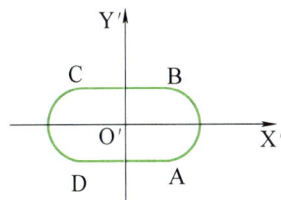

图 5-6　基点

### 3. 参考程序

1）主程序（发那科系统程序名为"O0510"；西门子系统程序名为"XX0510.MPF"）见表 5-7。

表 5-6　子程序中各点在局部坐标系中基点的坐标　　　（单位：mm）

| 基　点 | | 坐　标 | 基　点 | | 坐　标 |
|---|---|---|---|---|---|
| 槽 1、2、3 | A | （7.5，-5） | 槽 4、5 | A | （10，-7.5） |
| | B | （7.5，5） | | B | （10，7.5） |
| | C | （-7.5，5） | | C | （-10，7.5） |
| | D | （-7.5，-5） | | D | （-10，-7.5） |

表 5-7 主程序

| 程序段号 | 程序内容（发那科系统） | 程序内容（西门子系统） | 程 序 说 明 |
|---|---|---|---|
| N5 | G40 G90 G49 G80; | G40 G90 | 设置初始状态 |
| N10 | G54 M3 S1000 T01; | G54 M3 S1000 T01 D01 | 建立工件坐标系，选刀具 |
| N20 | G52 X−20 Y−20 Z0; | TRANS X−20 Y−20 Z0 | 工件坐标系偏移到槽4中心 |
| N30 | M98 P0020; | L20 | 调用子程序粗加工槽4 |
| N40 | G52 X20 Y20 Z0; | TRANS X20 Y20 Z0 | 工件坐标系偏移到槽5中心 |
| N50 | M98 P0020; | L20 | 调用子程序粗加工槽5 |
| N60 | G52 X−20 Y20 Z0; | TRANS X−20 Y20 Z0 | 工件坐标系偏移到槽1中心 |
| N70 | M98 P0030; | L30 | 调用子程序粗加工槽1 |
| N80 | G52 X0 Y0 Z0; | TRANS | 取消坐标系偏移 |
| N90 | M98 P0030; | L30 | 调用子程序粗加工槽2 |
| N100 | G52 X20 Y−20 Z0; | TRANS X20 Y−20 Z0 | 工件坐标系偏移到槽3中心 |
| N110 | M98 P0030; | L30 | 调用子程序粗加工槽3 |
| N120 | G52 X0 Y0 Z0; | TRANS | 取消坐标系偏移 |
| N130 | M5; | M5 | 主轴停 |
| N140 | M0; | M0 | 程序停，手动换刀并改参数 |
| N150 | M3 S1200 T02; | M3 S1200 T02 D02 | 设置精加工参数 |
| N160 | G52 X−20 Y−20 Z0; | TRANS X−20 Y−20 Z0 | 工件坐标系偏移到槽4中心 |
| N170 | M98 P0200; | L200 | 调用子程序精加工槽4 |
| N180 | G52 X20 Y20 Z0; | TRANS X20 Y20 Z0 | 工件坐标系偏移到槽5中心 |
| N190 | M98 P0200; | L200 | 调用子程序精加工槽5 |
| N200 | G52 X−20 Y20 Z0; | TRANS X−20 Y20 Z0 | 工件坐标系偏移到槽1中心 |
| N210 | M98 P0300; | L300 | 调用子程序精加工槽1 |
| N220 | G52 X0 Y0 Z0; | TRANS | 取消坐标系偏移 |
| N230 | M98 P0300; | L300 | 调用子程序精加工槽2 |
| N240 | G52 X20 Y−20 Z0; | TRANS X20 Y−20 Z0 | 工件坐标系偏移到槽3中心 |
| N250 | M98 P0300; | L300 | 调用子程序精加工槽3 |
| N260 | G52 X0 Y0 Z0; | TRANS | 取消坐标系偏移 |
| N270 | G0 Z100; | G0 Z100 | 刀具抬起 |
| N280 | M30; | M30 | 程序结束 |

2）槽4、5粗加工子程序（发那科系统"O0020"；西门子系统"L20.SPF"）见表5-8。

表 5-8 槽4、5粗加工子程序

| 程序段号 | 程序内容（发那科系统） | 程序内容（西门子系统） | 程 序 说 明 |
|---|---|---|---|
| N10 | G0 G43 X10 Y2 Z5 H01; | G0 X10 Y2 Z5 | 刀具移动至局部坐标系 X10 Y2 上方 |
| N20 | G1 Z−2.7 F50; | G1 Z−2.7 F50 | 下刀 |
| N30 | G41 X5 Y−2.5 D01 F70; | G41 X5 Y−2.5 F70 | 建立刀具半径补偿 |
| N40 | G3 X10 Y−7.5 R5; | G3 X10 Y−7.5 CR=5 | 圆弧切入至 A 点 |

（续）

| 程序段号 | 程序内容（发那科系统） | 程序内容（西门子系统） | 程序说明 |
|---|---|---|---|
| N50 | X10 Y7.5 R7.5； | X10 Y7.5 CR=7.5 | 圆弧加工至 B 点 |
| N60 | G1 X-10 Y7.5； | G1 X-10 Y7.5 | 直线加工至 C 点 |
| N70 | G3 X-10 Y-7.5 R7.5； | G3X-10 Y-7.5 CR=7.5 | 圆弧加工至 D 点 |
| N80 | G1 X10 Y-7.5； | G1 X10 Y-7.5 | 直线加工至 A 点 |
| N90 | G3 X15 Y-2.5 R5； | G3 X15 Y-2.5 CR=5 | 圆弧切出 |
| N100 | G1 G40 X10 Y2； | G1 G40 X10 Y2 | 取消刀具半径补偿 |
| N110 | G0 Z5； | G0 Z5 | 抬刀 |
| N120 | M99； | M17 | 子程序结束并返回主程序 |

3）槽 1、2、3 粗加工子程序（发那科系统"O0030"；西门子系统"L30. SPF"）见表 5-9。

表 5-9 槽 1、2、3 粗加工子程序

| 程序段号 | 程序内容（发那科系统） | 程序内容（西门子系统） | 程序说明 |
|---|---|---|---|
| N10 | G0 G43 X15 Y5 Z5 H01； | G0 X15 Y5 Z5 | 刀具移动至局部坐标系 X15 Y5 上方 |
| N20 | G41 X4.854 Y-4 D1； | G41 X4.854 Y-4 | 建立刀具半径补偿 |
| N30 | G1 Z-2.7 F50； | G1 Z-2.7 F50 | 下刀深度 2.7mm |
| N40 | G3 X7.5 Y-5 R4 F70； | G3 X7.5 Y-5 CR=4 F70 | 圆弧切入至 A 点 |
| N50 | X7.5 Y5 R5； | X7.5 Y5 CR=5 | 圆弧加工至 B 点 |
| N60 | G1 X-7.5 Y5； | G1 X-7.5 Y5 | 直线加工至 C 点 |
| N70 | G3 X-7.5 Y-5 R5； | G3 X-7.5 Y-5 CR=5 | 圆弧加工至 D 点 |
| N80 | G1 X7.5 Y-5； | G1 X7.5 Y-5 | 直线加工至 A 点 |
| N90 | G3 X10.146 Y-4 R4； | G3 X10.146 Y-4 CR=4 | 圆弧切出 |
| N100 | G0 Z5； | G0 Z5 | 抬刀 |
| N110 | G40 X15 Y5； | G40 X15 Y5 | 取消刀具半径补偿 |
| N120 | M99； | M17 | 子程序结束并返回主程序 |

4）槽 4、5 精加工子程序（发那科系统"O0200"；西门子系统"L200. SPF"）见表 5-10。

表 5-10 槽 4、5 精加工子程序

| 程序段号 | 程序内容（发那科系统） | 程序内容（西门子系统） | 程序说明 |
|---|---|---|---|
| N10 | G0 G43 X10 Y2 Z5 H02； | G0 X10 Y2 Z5 | 刀具移动至局部坐标系 X10 Y2 上方 |
| N20 | G1 Z-3 F50； | G1 Z-3 F50 | 下刀 |
| N30 | G41 X5 Y-2.5 D02 F60； | G41 X5 Y-2.5 F60 | 建立刀具半径补偿 |
| N40 | G3 X10 Y-7.5 R5； | G3 X10 Y-7.5 CR=5 | 圆弧切入至 A 点 |
| N50 | X10 Y7.5 R7.5； | X10 Y7.5 CR=7.5 | 圆弧加工至 B 点 |
| N60 | G1 X-10 Y7.5； | G1 X-10 Y7.5 | 直线加工至 C 点 |
| N70 | G3 X-10 Y-7.5 R7.5； | G3 X-10 Y-7.5 CR=7.5 | 圆弧加工至 D 点 |

（续）

| 程序段号 | 程序内容（发那科系统） | 程序内容（西门子系统） | 程序说明 |
|---|---|---|---|
| N80 | G1 X10 Y-7.5; | G1 X10 Y-7.5 | 直线加工至 A 点 |
| N90 | G3 X15 Y-2.5 R5; | G3 X15 Y-2.5 CR=5 | 圆弧切出 |
| N100 | G1 G40 X10 Y0; | G1 G40 X10 Y0 | 取消刀具半径补偿 |
| N110 | G0 Z5; | G0 Z5 | 抬刀 |
| N120 | M99; | M17 | 子程序结束并返回主程序 |

5）槽1、2、3精加工子程序（发那科系统"O0300"；西门子系统"L300.SPF"）见表5-11。

表5-11　槽1、2、3精加工子程序

| 程序段号 | 程序内容（发那科系统） | 程序内容（西门子系统） | 程序说明 |
|---|---|---|---|
| N10 | G0 G43 X15 Y5 Z5 H02; | G0 X15 Y5 Z5 | 刀具移动至局部坐标系 X15 Y5 上方 |
| N20 | G41 X4.854 Y-4 D2; | G41 X4.854 Y-4 | 建立刀具半径补偿 |
| N30 | G1 Z-3 F50; | G1 Z-3 F50 | 下刀深度 3mm |
| N40 | G3 X7.5 Y-5 R4 F70; | G3X7.5 Y-5 CR=4 F70 | 圆弧切入至 A 点 |
| N50 | X7.5 Y5 R5; | X7.5 Y5 CR=5 | 圆弧加工至 B 点 |
| N60 | G1 X-7.5 Y5; | G1 X-7.5 Y5 | 直线加工至 C 点 |
| N70 | G3 X-7.5 Y-5 R5; | G3 X-7.5 Y-5 CR=5 | 圆弧加工至 D 点 |
| N80 | G1 X7.5 Y-5; | G1 X7.5 Y-5 | 直线加工至 A 点 |
| N90 | G3 X10.146 Y-4 R4; | G3 X10.146 Y-4 CR=4 | 圆弧切出 |
| N100 | G0 Z5; | G0 Z5 | 抬刀 |
| N110 | G40 X15 Y5; | G40 X15 Y5 | 取消刀具半径补偿 |
| N120 | M99; | M17 | 子程序结束并返回主程序 |

用加工中心加工时，只需把手动换刀指令换成自动换刀指令即可，即将主程序中 N140 程序改成自动换刀指令 M6 T2，由机械手自动换刀。

### 资料链接

深度尺寸较大的凹槽加工方法：当凹槽深度较深时，需分层多次铣削才能完成，因此编程难度增加。此时可通过不断更改 Z 方向深度尺寸，运行同一程序加工；也可以通过设置参数（变量），使用循环指令编程加工。此外，对于铣键槽这类典型的铣削动作，还可以用参数（变量）方式编制出几何形状的子程序，在加工中按需要调用，并对子程序中设定的参数（变量）随时赋值，就可以加工出大小或形状不同的工件轮廓及不同深度的凹槽。西门子系统有专门的凹槽循环指令，发那科系统用户也可以用变量编制用户宏程序进行加工。

## 任务实施

### 一、加工准备

1）检查毛坯尺寸。

2）开机、回参考点。

3）输入程序：将程序输入数控系统中。

4）装夹工件：将机用平口钳装夹在铣床工作台上，用百分表校正；将工件装夹在机用平口钳上，底部用垫块垫起，使工件伸出钳口 5~10mm，用百分表校平上表面并夹紧。

5）装夹刀具：本任务共采用两把铣刀，一把为 $\phi$8mm 粗加工键槽铣刀，一把为 $\phi$8mm 精加工立铣刀（可垂直下刀）或精加工键槽铣刀，通过弹簧夹头把铣刀装夹入铣刀刀柄中。根据加工情况分别把粗、精加工铣刀柄装入铣床主轴（加工中心则把粗、精加工铣刀全部装入刀库）中。

### 二、对刀操作

#### 1. X、Y 方向对刀

X、Y 方向采用试切法对刀，将机床坐标系原点偏置到工件坐标系原点上，通过对刀操作得到 X、Y 偏置值并输入到 G54 中，G54 中 Z 坐标输入 0。

#### 2. Z 方向对刀

依次安装粗、精加工铣刀，测量每把刀的刀位点，将从参考点到工件上表面的 Z 值输入到相应的刀具长度补偿号中，加工时调用。

### 三、空运行及仿真

1）发那科系统：调整机床中的刀具半径补偿值，把基础坐标系中的 Z 方向值变为"+50"，打开程序，选择 MEM 工作模式，按下空运行按钮，按循环启动键，观察程序运行情况；空运行结束后，使空运行按钮复位。

2）西门子系统：调整机床中的刀具半径补偿值，设置空运行和程序测试有效，打开程序，选择自动模式，按下数控启动键，观察程序运行情况。

在数控机床上进行模拟或用仿真软件在计算机上进行仿真练习，测试程序及加工情况。

### 四、零件自动加工及精度控制方法

加工时先安装粗加工键槽铣刀进行粗加工，然后换精加工刀具进行精加工。粗加工时，精加工余量由设置的刀具半径补偿控制，即用 $\phi$8mm 键槽铣刀粗铣时，机床中的刀具半径补偿值 T01D01 输入 4.3mm，轮廓留 0.3mm 的精加工余量。深度方向通过设定 Z 坐标值为 −2.7mm，留 0.3mm 的深度方向精加工余量。精加工时刀具半径补偿值 T02 D02 设为 4.1mm，运行完精加工程序后，测量轮廓实际尺寸，根据测量结果重新修调刀具半径补偿值。具体如下：如测得槽 4 的宽度 $15^{+0.05}_{0}$mm 实际尺寸为 14.70mm，比图样尺寸要求还小 0.3~0.35mm，单边小 0.15~0.175mm，取中间值为 0.163mm，则把刀具半径补偿值 T02 D02 修改为 4.1mm−0.163mm=3.937mm，然后重新运行精加工程序，即可保证轮廓尺寸符合图样要求。深度尺寸也应根据加工测量结果通过逐步调整长度磨损来达到尺寸要求。

## 五、任务检测与评分标准 （见表5-12）

表 5-12　键槽加工检测评价表

| 序号 | 检测项目 | 检测内容及要求 | 配分 | 学生自检 | 学生互检 | 教师检测 | 得分 |
|---|---|---|---|---|---|---|---|
| 1 | 职业素养 | 文明、礼仪 | 5 | | | | |
| 2 | | 安全、纪律 | 10 | | | | |
| 3 | | 行为习惯 | 5 | | | | |
| 4 | | 工作态度 | 5 | | | | |
| 5 | | 团队合作 | 5 | | | | |
| 6 | 制订工艺 | 1）选择装夹与定位方式<br>2）选择刀具<br>3）选择加工路径<br>4）选择合理的切削用量 | 5 | | | | |
| 7 | 程序编制 | 1）编程坐标系选择正确<br>2）指令使用与程序格式正确<br>3）基点坐标计算正确 | 10 | | | | |
| 8 | 机床操作 | 1）开机前检查、开机、回参考点<br>2）工件、刀具的装夹与对刀<br>3）程序输入与校验 | 5 | | | | |
| 9 | 零件加工 | $25^{+0.1}_{0}$mm （3处） | 9 | | | | |
| 10 | | $10^{+0.05}_{0}$mm （3处） | 9 | | | | |
| 11 | | $35^{+0.1}_{0}$mm （2处） | 6 | | | | |
| 12 | | $15^{+0.05}_{0}$mm （2处） | 6 | | | | |
| 13 | | $3^{+0.1}_{0}$mm （5处） | 10 | | | | |
| 14 | | $40^{+0.1}_{0}$mm （2处） | 4 | | | | |
| 15 | | $20^{0}_{-0.1}$mm | 2 | | | | |
| 16 | | 表面粗糙度值 $Ra3.2\mu m$ | 4 | | | | |
| | 综合评价 | | | | | | |

## 六、加工结束，拆下工件与刀具，清理机床

### 操作注意事项

1）加工中应注意刀具半径、长度补偿等参数的设定与修改。

2）精加工时应选择能垂直进刀的立铣刀或键槽铣刀。

3）加工凹槽时，在标准的刀具半径基础上，刀具半径补偿值越大，其加工尺寸越小。

4）当槽宽度尺寸过小，无法采用圆弧切入、切出时，只能采用沿轮廓法向进刀方法切入、切出，切入、切出点选择在轮廓交点上。

5）工件装夹在机用平口钳上应校平上表面，否则凹槽深度尺寸不易控制；加工中也可以在对刀前（或程序中）用面铣刀铣平上表面。

### 思考与练习

1. 什么是局部坐标系？在局部坐标系中，坐标值是相对于哪个坐标系而言的？

2. 编程过程中如何理解局部坐标系与工件坐标系的关系？

3. 发那科系统与西门子系统坐标系偏移指令有何异同？

4. 做一做：对于图5-7所示零件，试用子程序、坐标系偏移指令编程并进行加工。

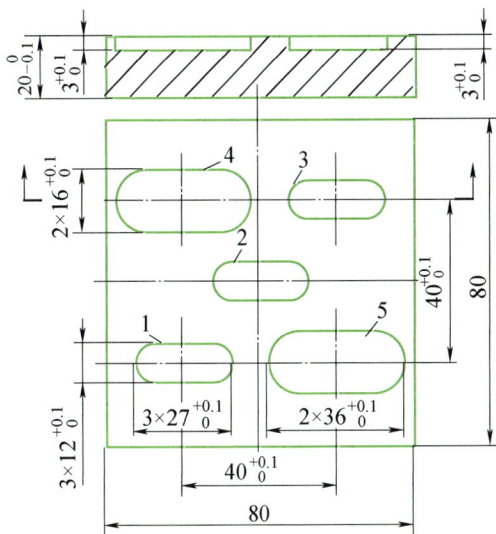

图 5-7  4 题图

# 任务二  直沟槽、圆弧槽加工

### 学习目标

1. 知识目标

1）掌握坐标系偏转指令及应用。

2）掌握镜像加工指令及应用。

3）掌握直沟槽、圆弧槽加工工艺的制订方法。

## 2. 技能目标

1）会进行直沟槽、圆弧槽加工。

2）会进行直沟槽、圆弧槽尺寸测量及精度控制。

3）完成图 5-8 所示零件的加工，其三维效果图如图 5-9 所示，材料为硬铝。

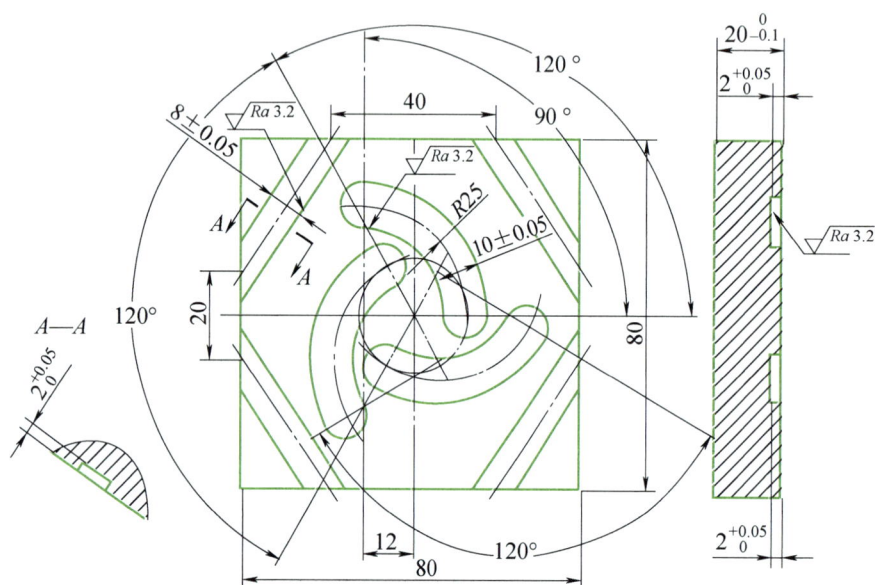

图 5-8　零件图

图 5-9　三维效果图

### 知识学习

## 一、编程指令

### 1. 坐标系偏转指令

（1）指令功能　将坐标系偏转一个角度，使刀具在偏转后的坐标系中运行。

（2）指令格式　坐标系偏转指令格式见表 5-13。

表 5-13　发那科系统与西门子系统坐标系偏转指令格式

| 系　　　统 | 指 令 格 式 | 指 令 含 义 |
|---|---|---|
| 发那科系统 | $\left.\begin{array}{l}G17\\G18\\G19\end{array}\right\}$ G68 α__ β__ R__ ; | 在选定平面内，以 α__　β__ 为旋转中心旋转 R 角度，α__　β__ 为以相应的 X、Y、Z 中的两个绝对坐标作为旋转中心 |
| | G69 ; | 取消坐标系偏转 |

（续）

| 系　　统 | 指 令 格 式 | 指 令 含 义 |
|---|---|---|
| 西门子系统 | G17<br>G18 ROT RPL=<br>G19 | 可编程的坐标系偏转，取消以前的偏置和偏转，RPL 后指定的是偏转角度 |
| | G17<br>G18 AROT RPL=<br>G19 | 附加的可编程的坐标系偏转，RPL 后指定的是偏转角度 |
| | TRANS（或 ROT） | 取消坐标系偏置及偏转 |

（3）指令使用说明

1）G17、G18、G19 是坐标系所在的平面，立式铣床（加工中心）是指 G17 平面。

2）R（RPL）为偏转角度，在不同平面内偏转角度正方向的规定如图 5-10 所示（逆时针方向为正，顺时针方向为负）。

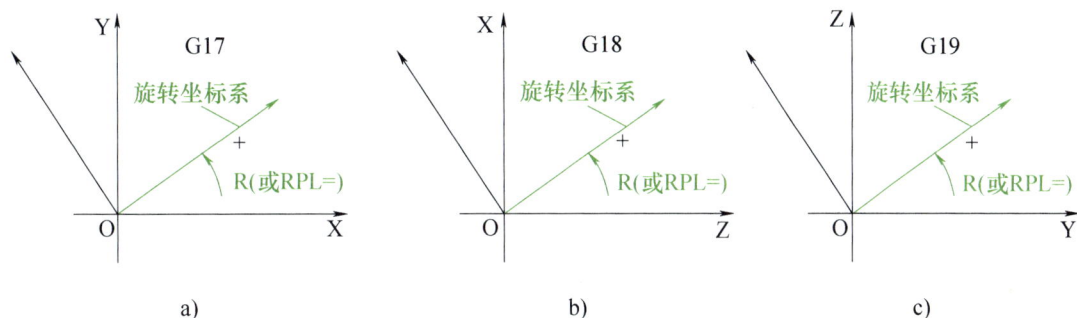

图 5-10　偏转角度正方向的规定

3）发那科系统中没有指定"α＿＿　β＿＿"时，G68 程序段的刀具位置为旋转中心。

4）发那科系统中，当程序未编制"R＿＿"值时，则参数（No. 5410）中的值被认为是旋转的角度。

5）发那科系统取消坐标系偏转指令 G69 可以编写在其他指令的程序段中，而西门子系统中取消坐标系偏置及偏转指令 TRANS（或 ROT）必须单设一段程序。

6）西门子系统 ROT 指令偏转时会取消以前的偏移和偏转，即始终相对于原坐标系偏转；使用 AROT 指令时，如果已经有一个 TRANS、ROT 或 AROT 指令生效，则在 AROT 指令下编程的坐标系偏转会附加在以前的偏移和偏转上。

例　加工如图 5-11 所示图形，在工件坐标系 XOY 中，A、B、C、D、E 各基点坐标不易求解，用坐标系偏转指令把工件坐标系偏转 35°至 X'O'Y'，在当前坐标系 X'O'Y' 中，基点坐标便很容易求出，编程也方便，其参考程序见表 5-14。

G68坐标系
旋转指令

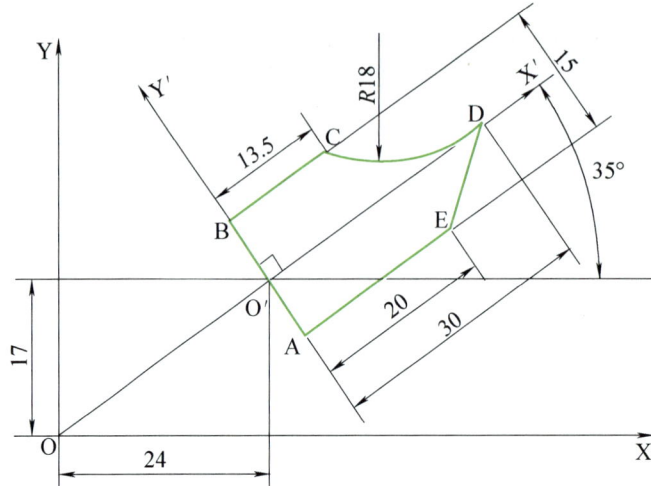

图 5-11  应用实例

表 5-14  发那科系统与西门子系统示例程序

| 程序段号 | 程序内容（发那科系统） | 程序内容（西门子系统） | 程序说明 |
|---|---|---|---|
| N5 | G90 G40 G80 G69； | G40 G90 | 设置初始状态 |
| N10 | G0 G54 X0 Y0 Z5 M3 S1000 T01； | G0 G54 X0 Y0 Z5 M3 S1000 T01 | 刀具在工件坐标系中移动到 X0 Y0 Z5 处 |
| N20 | G68 X24 Y17 R35； | TRANS X24 Y17 | 工件坐标系偏转到 X'O'Y'坐标系位置 |
| N25 | | AROT RPL=35 | |
| N30 | G0 Y−7.5 X0； | G0 Y−7.5 X0 | 刀具移动到当前坐标系中 Y−7.5 X0 处，即 A 点 |
| N40 | G1 Z−2 F50； | G1 Z−2 F50 | 下刀 |
| N50 | Y7.5； | Y7.5 | 直线加工到 B 点 |
| N60 | X13.5； | X13.5 | 直线加工到 C 点 |
| N70 | G3 X30 Y0 R18； | G3 X30 Y0 CR=18 | 圆弧插补到 D 点 |
| N80 | G1 X20 Y−7.5； | G1 X20 Y−7.5 | 直线加工到 E 点 |
| N90 | X0； | X0 | 直线加工到 A 点 |
| N100 | G0 Z5； | G0 Z5 | 抬刀 |
| N110 | G69； | ROT | 取消坐标系偏转 |
| N120 | G0 X0 Y0； | G0 X0 Y0 | 刀具移动到工件坐标系 X0 Y0 处 |

### 2. 镜像加工指令

（1）指令功能  镜像功能可以实现对称零件的加工。

（2）指令格式  镜像功能指令格式见表5-15。

如图 5-12 所示，原件编为子程序，其他用镜像指令加工，参考程序见表5-16。

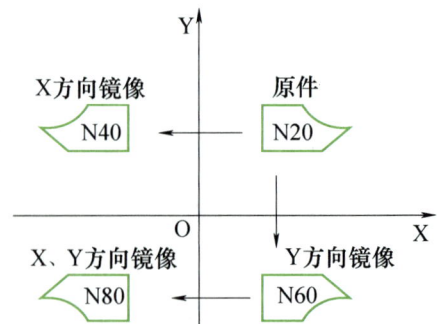

图 5-12  镜像加工

表 5-15　发那科系统与西门子系统镜像功能指令格式

| 数控系统 | 指令格式 | 指令含义 |
|---|---|---|
| 发那科系统 | G51.1 X_ Y_ Z_; | 设置可编程镜像 |
| | G50.1; | 取消可编程镜像 |
| 西门子 828D（840D sl）系统 | MIRROR X_ Y_ Z_; | 可编程镜像功能，清除所有偏移、偏转、镜像指令 |
| | AMIRROR X_ Y_ Z_; | 可编程镜像功能，附加于当前指令 |
| | MIRROR; | 不带数值，清除所有偏移、偏转、镜像指令 |

表 5-16　发那科系统与西门子（828D）系统示例程序

| 程序段号 | 程序内容（发那科系统） | 程序内容（西门子系统） | 程序说明 |
|---|---|---|---|
| N10 | G17; | G17 | 选择 XY 平面 |
| N20 | M98 P0020; | L20 | 调用子程序加工原件 |
| N30 | G51.1 X0; | MIRROR X0 | 沿 X 轴方向镜像，即以 X=0 为对称轴 |
| N40 | M98 P0020; | L20 | 调用子程序加工左边形状 |
| N50 | G51.1 Y0; | MIRROR Y0 | 沿 Y 轴方向镜像，即以 Y=0 为对称轴 |
| N60 | M98 P0020; | L20 | 调用子程序加工下边形状 |
| N70 | G51.1 X0 Y0; | MIRROR X0 Y0 | 沿 X、Y 轴方向同时镜像 |
| N80 | M98 P0020; | L20 | 调用子程序加工左下角形状 |
| N90 | G50.1; | MIRROR | 取消镜像 |

（3）镜像指令使用说明

1）使用镜像功能后，G02 和 G03、G42 和 G41 指令被互换。

2）在可编程镜像方式中，与返回参考点有关的指令和改变坐标系指令（G54～G59）等有关代码不许指定。

3）可根据需要选择镜像对称轴，如指令 G51.1 X50;（或 MIRROR X50;）以 X=50 作为镜像对称轴，指令 G51.1 Y50;（或 MIRROR Y50;）则以 Y=50 作为镜像对称轴。

4）发那科系统用 G51.1 可指定镜像的对称点和对称轴，而用 G50.1 仅指定镜像对称轴，不指定对称点。

5）西门子 802D、810D、828D（840D sl）以上系统才有镜像指令功能且 MIRROR/AMIRROR 指令要求占一个独立程序段。

## 二、加工工艺分析

### 1. 工、量、刃具选择

（1）工具选择　工件采用机用平口钳装夹，试切法对刀。其他工具见表 5-17。

（2）量具选择　槽宽及深度尺寸用带表游标卡尺测量，圆弧半径用半径样板测量，表面粗糙度用表面粗糙度样板检测，另用百分表校正机用平口钳及工件上表面，量具具体规格见表 5-17。

　　（3）刃具选择　　选择刀具直径主要应考虑槽拐角圆弧半径值大小、槽宽等因素，本任务最小圆弧轮廓半径为 $R5mm$，槽宽最小为 8mm，所选铣刀直径应小于等于 $\phi8mm$，此处选择 $\phi6mm$；粗加工用键槽铣刀铣削，精加工用能垂直进给的立铣刀或键槽铣刀。加工材料为硬铝，铣刀选用普通高速钢铣刀即可，具体规格见表 5-17。

表 5-17　工、量、刃具清单

| 种　类 | 序　号 | 名　称 | 规　格 | 精度（分度值） | 数　量 |
|---|---|---|---|---|---|
| 工具 | 1 | 机用平口钳 | QH135 | | 1 个 |
| | 2 | 扳手 | | | 1 把 |
| | 3 | 平行垫铁 | | | 1 副 |
| | 4 | 塑胶锤子 | | | 1 个 |
| 量具 | 1 | 带表游标卡尺 | 0～150mm | 0.01mm | 1 把 |
| | 2 | 半径样板 | $R5mm$、$R25mm$ | | 各 1 套 |
| | 3 | 百分表及表座 | 0～10mm | 0.01mm | 1 只 |
| | 4 | 表面粗糙度样板 | N0～N1 | 12 级 | 1 副 |
| 刃具 | 1 | 键槽铣刀 | $\phi6mm$ | | 1 把 |
| | 2 | 立铣刀 | $\phi6mm$ | | 1 把 |

### 2. 加工工艺方案

（1）加工工艺路线

1）粗加工四个斜槽。

2）粗加工三个圆弧槽。

3）精加工四个斜槽。

4）精加工三个圆弧槽。

　　四个直槽编写一个子程序，然后用镜像功能加工其余三个，粗、精加工分别由不同的子程序完成。加工中采用刀具半径补偿指令并从轮廓延长线进刀。

　　中间三个圆弧槽编写一个子程序（粗、精加工也各编写一子程序）。其余两个圆弧槽用坐标系偏转指令调用子程序加工，槽宽度尺寸较小，只能沿法向切入、切出进行加工。

　　（2）合理选择切削用量　　加工材料为硬铝，粗铣铣削深度除留精铣余量外，其余一刀切完。切削速度可较高，但铣刀直径较小，进给量选择较小，具体见表 5-18。

表 5-18　粗、精加工铣削用量

| 刀　具 | 工作内容 | $v_f/(mm/min)$ | $n/(r/min)$ |
|---|---|---|---|
| 高速钢键槽铣刀 粗铣（T1） | 垂直进给 深度方向留 0.3mm 的精加工余量 | 40 | 1000 |
| | 表面直线进给 轮廓留 0.3mm 的精加工余量 | 60 | 1000 |
| | 表面圆弧进给 轮廓留 0.3mm 的精加工余量 | 60 | 1000 |

（续）

| 刀　　具 | 工　作　内　容 | $v_f$/（mm/min） | $n$/（r/min） |
|---|---|---|---|
| 高速钢立铣刀<br>精铣（T2） | 垂直进给 | 40 | 1200 |
| | 表面直线进给 | 50 | 1200 |
| | 表面圆弧进给 | 50 | 1200 |

### 三、参考程序编制

（1）建立工件坐标系　工件坐标系建立在工件几何中心上与设计基准重合。斜槽、圆弧槽子程序坐标系仍然建立在工件坐标系上，即局部坐标系与工件坐标系一致，如图 5-13 所示。

（2）计算基点坐标　见表 5-19。

表 5-19　基点坐标　（单位：mm）

| 基　　点 | 坐标（x，y） |
|---|---|
| A | （15.193，40） |
| B | （40，2.79） |
| C | （40，17.212） |
| D | （24.807，40） |
| E | （18，0） |
| F | （-12，30） |
| G | （-12，20） |
| H | （8，0） |

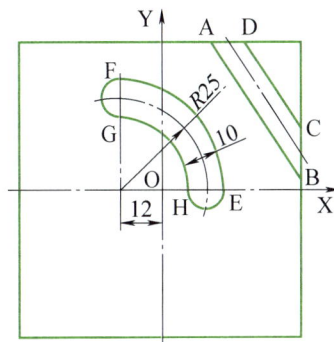

图 5-13　局部坐标系与工件坐标系一致

（3）参考程序

1）主程序（发那科系统程序名为"O0520"；西门子系统程序名为"XX0520.MPF"）见表 5-20。

表 5-20　主程序

| 程序段号 | 程序内容（发那科系统） | 程序内容（西门子 828D 系统） | 程序说明 |
|---|---|---|---|
| N5 | G40 G90 G69 G80 G49； | G40 G90 | 设置初始状态 |
| N10 | G54 M3 S1000 T01； | G54 M3 S1000 T01 D01 | 设置粗加工参数 |
| N20 | M98 P0010； | L10 | 调用斜槽粗加工子程序 |
| N30 | G51.1 X0； | MIRROR X0 | 沿 X 轴方向镜像 |
| N40 | M98 P0010； | L10 | 调用斜槽粗加工子程序 |
| N50 | G51.1 Y0； | MIRROR Y0 | 沿 Y 轴方向镜像 |
| N60 | M98 P0010； | L10 | 调用斜槽粗加工子程序 |
| N70 | G51.1 X0 Y0； | MIRROR X0 Y0 | 沿 X、Y 轴方向镜像 |
| N80 | M98 P0010； | L10 | 调用斜槽粗加工子程序 |

（续）

| 程序段号 | 程序内容（发那科系统） | 程序内容（西门子828D系统） | 程 序 说 明 |
|---|---|---|---|
| N90 | G50.1； | MIRROR | 取消镜像功能 |
| N100 | M98 P0020； | L20 | 调用圆弧槽粗加工子程序 |
| N110 | G68 X0 Y0 R120； | ROT RPL=120 | 坐标系偏转120° |
| N120 | M98 P0020； | L20 | 调用圆弧槽粗加工子程序 |
| N130 | G68 X0 Y0 R240； | ROT RPL=240 | 坐标系偏转240° |
| N140 | M98 P0020； | L20 | 调用圆弧槽粗加工子程序 |
| N150 | M5； | M5 | 主轴停止 |
| N160 | M0； | M0 | 程序停 |
| N170 | M3 S1200 T02； | M3 S1200 T02 D02 | 设置精加工参数 |
| N180 | M98 P0100； | L100 | 调用斜槽精加工子程序 |
| N190 | G51.1 X0； | MIRROR X0 | 沿X轴方向镜像 |
| N200 | M98 P0100； | L100 | 调用斜槽精加工子程序 |
| N210 | G51.1 Y0； | MIRROR Y0 | 沿Y轴方向镜像 |
| N220 | M98 P0100； | L100 | 调用斜槽精加工子程序 |
| N230 | G51.1 X0 Y0； | MIRROR X0 Y0 | 沿X、Y轴方向镜像 |
| N240 | M98 P0100； | L100 | 调用斜槽精加工子程序 |
| N250 | G50.1； | MIRROR | 取消镜像功能 |
| N260 | M98 P0200； | L200 | 调用圆弧槽精加工子程序 |
| N270 | G68 X0 Y0 R120； | ROT RPL=120 | 坐标系偏转120° |
| N280 | M98 P0200； | L200 | 调用圆弧槽精加工子程序 |
| N290 | G68 X0 Y0 R240； | ROT RPL=240 | 坐标系偏转240° |
| N300 | M98 P0200； | L200 | 调用圆弧槽精加工子程序 |
| N310 | G69； | ROT | 取消坐标系偏转 |
| N320 | G0 Z100； | G0 Z100 | 抬刀 |
| N330 | M30； | M30 | 程序结束 |

2）斜槽粗加工子程序（发那科系统"O0010"；西门子系统"L10.SPF"）见表5-21。

表5-21 斜槽粗加工子程序

| 程序段号 | 程序内容（发那科系统） | 程序内容（西门子828D系统） | 程 序 说 明 |
|---|---|---|---|
| N10 | G0 G43 X30 Y45 Z5 H01； | G0 X30 Y45 Z5 | 刀具移动到X30 Y45处 |
| N20 | G1 Z-1.7 F40； | G1 Z-1.7 F40 | 下刀 |
| N30 | G41 X15.193 Y40 D01 F60； | G41 X15.193 Y40 F60 | 建立刀具半径补偿到A点 |
| N40 | X40 Y2.79； | X40 Y2.79 | 加工直槽一侧到B点 |
| N50 | G40 X45 Y6.91； | G40 X45 Y6.91 | 取消刀具半径补偿 |
| N60 | G41 X40 Y17.212 D01； | G41 X40 Y17.212 | 建立刀具半径补偿到C点 |

| 程序段号 | 程序内容（发那科系统） | 程序内容（西门子828D系统） | 程序说明 |
|---|---|---|---|
| N70 | X24.807 Y40; | X24.807 Y40 | 加工直槽另一侧到 D 点 |
| N80 | G40 X30 Y45; | G40 X30 Y45 | 取消刀具半径补偿 |
| N90 | G0 Z5; | G0 Z5 | 抬刀 |
| N100 | M99; | M17 | 子程序结束 |

3）圆弧槽粗加工子程序（发那科系统"O0020"；西门子系统"L20.SPF"）见表5-22。

表 5-22 圆弧槽粗加工子程序

| 程序段号 | 程序内容（发那科系统） | 程序内容（西门子828D系统） | 程序说明 |
|---|---|---|---|
| N10 | G0 G43 X13 Y3 Z5 H01; | G0 X13 Y3 Z5 | 刀具移动到 X13 Y3 |
| N20 | G1 Z-1.7 F40; | G1 Z-1.7 F40 | 下刀 |
| N30 | G41 X8 Y0 D01 F60; | G41 X8 Y0 F60 | 建立刀具半径左补偿至 H 点 |
| N40 | G3 X18 Y0 R5; | G3 X18 Y0 CR=5 | 圆弧插补至 E 点 |
| N50 | G3 X-12 Y30 R30; | G3 X-12 Y30 CR=30 | 圆弧插补至 F 点 |
| N60 | G3 X-12 Y20 R5; | G3 X-12 Y20 CR=5 | 圆弧插补至 G 点 |
| N70 | G2 X8 Y0 R20; | G2 X8 Y0 CR=20 | 圆弧插补至 H 点 |
| N80 | G1 G40 X13 Y3; | G1 G40 X13 Y3 | 取消刀具半径补偿 |
| N90 | G0 Z5; | G0 Z5 | 抬刀 |
| N100 | M99; | M17 | 子程序结束 |

4）斜槽精加工子程序（发那科系统"O0100"；西门子系统"L100.SPF"）见表5-23。

表 5-23 斜槽精加工子程序

| 程序段号 | 程序内容（发那科系统） | 程序内容（西门子828D系统） | 程序说明 |
|---|---|---|---|
| N10 | G0 G43 X30 Y45 Z5 H02; | G0 X30 Y45 Z5 | 刀具移动到 X30 Y45 处 |
| N20 | G1 Z-2 F40; | G1 Z-2 F40 | 下刀 |
| N30 | G41 X15.193 Y40 D02 F50; | G41 X15.193 Y40 F50 | 建立刀具半径补偿到 A 点 |
| N40 | X40 Y2.79; | X40 Y2.79 | 加工直槽一侧到 B 点 |
| N50 | G40 X45 Y6.91; | G40 X45 Y6.91 | 取消刀具半径补偿 |
| N60 | G41 X40 Y17.212 D02; | G41 X40 Y17.212 | 建立刀具半径补偿到 C 点 |
| N70 | X24.807 Y40; | X24.807 Y40 | 加工直槽另一侧到 D 点 |
| N80 | G40 X30 Y45; | G40 X30 Y45 | 取消刀具半径补偿 |
| N90 | G0 Z5; | G0 Z5 | 抬刀 |
| N100 | M99; | M17 | 子程序结束 |

5）圆弧槽精加工子程序（发那科系统"O0200"；西门子系统"L200.SPF"）见表5-24。

用加工中心加工时，只需把手动换刀指令换成自动换刀指令即可，即主程序 N160 段改成自动换刀指令 M6 T2，由机械手自动换刀。

表 5-24　圆弧槽精加工子程序

| 程序段号 | 程序内容（发那科系统） | 程序内容（西门子 828D 系统） | 程 序 说 明 |
|---|---|---|---|
| N10 | G0 G43 X13 Y3 Z5 H02; | G0 X13 Y3 Z5 | 刀具移动到 X13 Y3 处 |
| N20 | G1 Z−2 F40; | G1 Z−2 F40 | 下刀 |
| N30 | G41 X8 Y0 D02 F50; | G41 X8 Y0 F50 | 建立刀具半径左补偿至 H 点 |
| N40 | G3 X18 Y0 R5; | G3 X18 Y0 CR = 5 | 圆弧插补至 E 点 |
| N50 | G3 X−12 Y30 R30; | G3 X−12 Y30 CR = 30 | 圆弧插补至 F 点 |
| N60 | G3 X−12 Y20 R5; | G3 X−12 Y20 CR = 5 | 圆弧插补至 G 点 |
| N70 | G2 X8 Y0 R20; | G2 X8 Y0 CR = 20 | 圆弧插补至 H 点 |
| N80 | G1 G40 X13 Y3; | G1 G40 X13 Y3 | 取消刀具半径补偿 |
| N90 | G0 Z5; | G0 Z5 | 抬刀 |
| N100 | M99; | M17 | 子程序结束 |

### 资料链接

当前坐标系：数控机床编程与加工中涉及多种坐标系，有机床坐标系、工件坐标系、局部坐标系等。每段程序中刀具工作在哪个坐标系，则该坐标系一般又称为当前坐标系。当不用任何坐标系偏移、偏转指令时，刀具将工作在机床坐标系中，机床坐标系为当前坐标系；当用 G54、G55 等可设定的零点偏置指令，把机床坐标系偏置到工件坐标系上时，刀具将工作在工件坐标系中，此时工件坐标系为当前坐标系；若用可编程的零点偏置（G52/TRANS）或偏转（G68/ROT）指令把工件坐标系零点偏置（或偏转）到局部坐标系上，则刀具将工作在局部坐标系中，此时局部坐标系成为当前坐标系。

### 任务实施

## 一、加工准备

1）检查毛坯尺寸。

2）开机、回参考点。

3）输入程序：将程序通过面板输入数控系统。

4）装夹工件：将机用平口钳装夹在铣床工作台上，用百分表校正；将工件装夹在机用平口钳上，底部用垫块垫起，使工件伸出钳口 5~10mm，用百分表校平工件上表面并夹紧。

5）装夹刀具：共采用两把铣刀，一把为直径 6mm 的粗加工键槽铣刀，一把为直径 6mm 的精加工立铣刀（可垂直下刀）或精加工键槽铣刀，通过弹簧夹头把铣刀装夹在铣刀刀柄中。根据加工情况分别把粗、精加工铣刀柄装入铣床主轴（加工中心则把粗、精加工铣刀全部装入刀库）中。

## 二、对刀操作

（1）X、Y方向对刀 X、Y方向采用试切法对刀，将机床坐标系原点偏置到工件坐标系原点上，通过对刀操作得到X、Y偏置值并输入到G54中，G54中Z坐标输入0。

（2）Z方向对刀 依次安装粗、精加工铣刀，测量每把刀的刀位点，将从参考点到工件上表面的Z值输入到相应的刀具长度补偿号中，加工时调用。

## 三、空运行及仿真

1）发那科系统：设置机床中的刀具半径补偿值，把基础坐标系中的Z方向值变为+50，打开程序，选择MEM工作模式，按空运行按钮，按循环启动键，观察加工轨迹，空运行结束后使空运行按钮复位。

2）西门子系统：调整机床中的刀具半径补偿值，设置空运行和程序有效，打开程序，选择自动模式，按下数控启动键。

在数控机床上进行模拟或用仿真软件在计算机上进行仿真练习，测试程序及加工情况。

## 四、零件自动加工及精度控制

加工时先安装粗加工键槽铣刀进行粗加工，然后换精加工刀具进行精加工。粗加工时，精加工余量由设置的刀具半径补偿值控制。用$\phi$6mm键槽铣刀粗铣时，机床中的刀具半径补偿值T01D01输入3.3mm，轮廓留0.3mm的精加工余量，深度方向通过设定Z坐标值为-1.7mm，深度方向留0.3mm的精加工余量。精加工时根据加工测量结果修调刀具半径补偿值来控制轮廓尺寸。例如，把精铣刀半径补偿值T02D02设置为3.1mm，运行精加工程序，若测得直槽宽度（8±0.05）mm实际尺寸为7.74mm，比图样尺寸小0.31~0.21mm，取中间值0.26mm，单边小0.13mm，则把半径补偿值T02D02修改为3.1mm-0.13mm = 2.97mm，重新运行精加工程序即可。同样，深度尺寸也根据加工测量结果通过逐步修调长度磨损来达到尺寸要求。

## 五、任务检测与评分标准（见表5-25）

表5-25 直沟槽、圆弧槽加工检测评价表

| 序号 | 检测项目 | 检测内容及要求 | 配分 | 学生自检 | 学生互检 | 教师检测 | 得分 |
|------|----------|----------------|------|----------|----------|----------|------|
| 1 | 职业素养 | 文明、礼仪 | 5 | | | | |
| 2 | | 安全、纪律 | 10 | | | | |
| 3 | | 行为习惯 | 5 | | | | |
| 4 | | 工作态度 | 5 | | | | |
| 5 | | 团队合作 | 5 | | | | |

（续）

| 序号 | 检测项目 | 检测内容及要求 | 配分 | 学生自检 | 学生互检 | 教师检测 | 得分 |
|---|---|---|---|---|---|---|---|
| 6 | 制订工艺 | 1）选择装夹与定位方式<br>2）选择刀具<br>3）选择加工路径<br>4）选择合理的切削用量 | 5 | | | | |
| 7 | 程序编制 | 1）编程坐标系选择正确<br>2）指令使用与程序格式正确<br>3）基点坐标计算正确 | 10 | | | | |
| 8 | 机床操作 | 1）开机前检查、开机、回参考点<br>2）工件、刀具的装夹与对刀<br>3）程序输入与校验 | 5 | | | | |
| 9 | 零件加工 | $(10\pm0.05)$ mm（3处） | 9 | | | | |
| 10 | | $(8\pm0.05)$ mm（4处） | 12 | | | | |
| 11 | | $2^{+0.05}_{0}$ mm | 6 | | | | |
| 12 | | 12mm（3处） | 3 | | | | |
| 13 | | 20mm（2处） | 4 | | | | |
| 14 | | 40mm（2处） | 4 | | | | |
| 15 | | $20^{0}_{-0.1}$ mm | 2 | | | | |
| 16 | | $R25$mm（3处） | 6 | | | | |
| 17 | | 表面粗糙度值 $Ra3.2\mu m$ | 4 | | | | |
| 综合评价 | | | | | | | |

## 六、加工结束，拆下工件与刀具，清理机床

### 操作注意事项

1）加工前应注意刀具半径、长度补偿等参数的设定。

2）精加工斜槽从侧边下刀时，可选用不能垂直下刀的立铣刀进行加工。精加工中间圆弧形槽时，应选用能垂直进刀的立铣刀或键槽铣刀。

3）测量圆弧槽宽度应注意测量尺寸是指内、外圆弧径向值。

4）西门子802S/C系统无镜像功能指令，802D、810D、828D、840D系统才有镜像功能。

### 思考与练习

1. 发那科系统、西门子系统坐标系偏转指令有何异同？

2. 使用镜像功能指令后，刀具半径补偿功能与原工件加工时有何不同？圆弧插补功能与原工件有何不同？

3. 西门子系统坐标系偏转原点不在工件坐标系原点上，如何才能实现正确的偏转？

4. 做一做：编制图 5-14 所示零件的加工程序并进行加工。

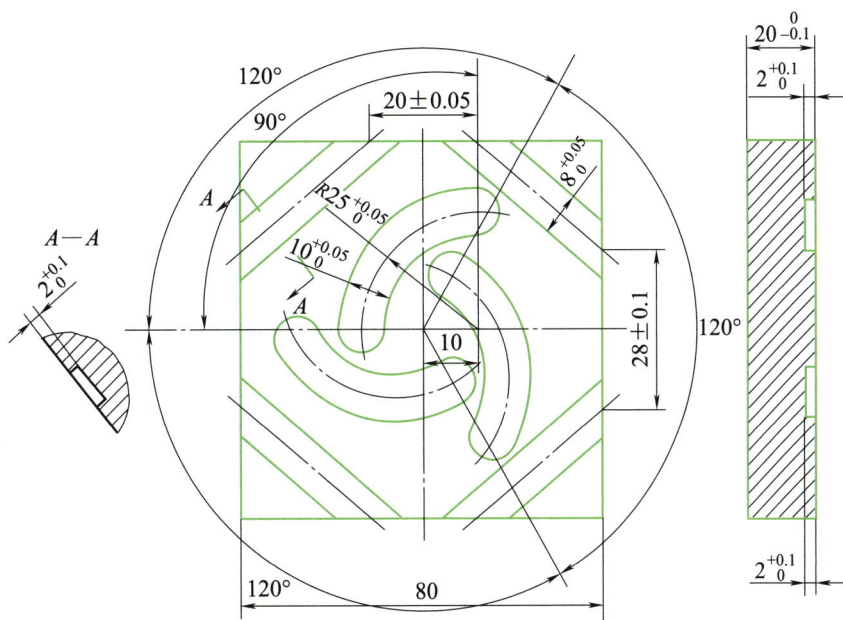

图 5-14  4 题图

## 任务三  腔槽综合加工

 **学习目标**

### 1. 知识目标

1）掌握腔槽类零件编程方法及工艺路线的制订方法。

2）了解计算参数（宏指令）含义。

3）了解西门子凹槽加工循环参数及赋值方法。

### 2. 技能目标

1）会利用行切法切削内腔多余材料。

2）会进行腔槽尺寸的控制。

3）会用西门子凹槽循环指令加工不同类型凹槽并控制凹槽尺寸。

4）完成图 5-15 所示零件的加工，其三维效果图如图 5-16 所示，材料为硬铝。

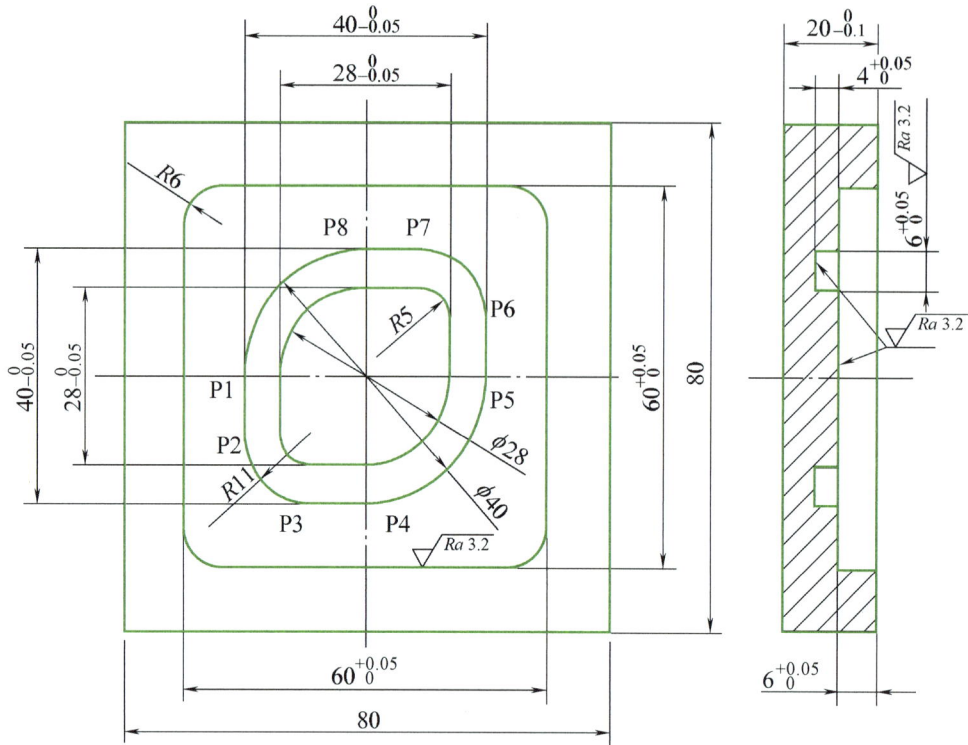

图 5-15　零件图

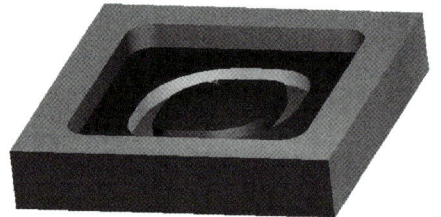

**知识学习**

## 一、编程指令

### 1. 发那科系统宏程序

图 5-16　三维效果图

发那科系统中一组以子程序的形式存储并带有变量的程序，称为用户宏程序，简称宏程序。调用宏程序的指令称为用户宏程序命令或宏程序调用指令。虽然子程序对编制相同的加工程序非常有用，但用户宏程序由于允许使用变量、算术和逻辑运算及条件转移，使得编制同样的加工程序更简便。此外，用户还可以利用宏程序自己开发固定循环来加工同一类型（尺寸不同）的零件，如图 5-17 所示。西门子系统则有许多用计算参数编写的固定循环供用户使用。

### 2. 西门子铣削循环

西门子 828D（840D sl）系统不仅提供了多种孔加工循环，还提供了多种铣削加工循环，有端面铣削循环（CYCLE71）、轮廓铣削循环（CYCLE72）、标准型腔铣削循环、槽铣削循环及螺纹铣削循环等。其中，标准型腔铣削循环又有矩形型腔（POCKET3）和圆形型腔（POCKET4）；槽铣削循环又有铣削模式长孔（LONGHOLE）、铣削模式圆弧槽（SLOT1）和铣削模式圆周槽（SLOT2）。此处仅以矩形型腔和圆形型腔为例介绍西门子铣削循环。

加工程序(主程序)
```
O0001;
  ⋮
G65 P9010 R50 L2;
  ⋮
M30;
```

用户宏程序
```
O9010;
#1=#18/2;
G01 G42 X#1 Y#1 F80;
G02 X#1 Y-#1 R80;
  ⋮
M99;
```

图 5-17　发那科系统用户宏程序

（1）矩形型腔铣削循环 POCKET3　使用矩形型腔铣削循环可以铣削任意形状的矩形型腔，其指令格式、加工图例及参数含义见表 5-26。

表 5-26　西门子系统矩形型腔铣削循环指令格式、加工图例及参数含义

| 指令格式 | POCKET3（RP，Z0，SC，Z1，L，W，R，X0，Y0，a0，DZ，UXY，UZ，F，FZ，，，DXY，L1，W1，AZ，ER，EP，EW，FS，ZFS） |
|---|---|
| 步　骤 | 输入程序时，按屏幕下方的 ▣铣削 软键，再按屏幕右侧的 型腔▶ 软键，按 矩形腔 软键，出现矩形型腔窗口，移动光标，按提示输入参数值，最后按 接收 软键，完成参数输入，调用循环 |
| 加工图例<br>（矩形型腔窗口） | 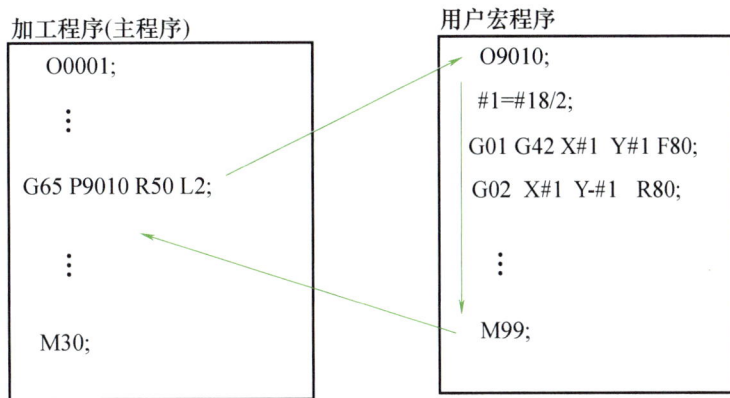 |
| 参数含义 | PL：加工平面，通过选择/转换键 ⟳SELECT 切换<br>RP：返回平面，单位为 mm<br>Z0：参考点 Z 坐标，单位为 mm<br>SC：安全距离（相对于参考点的高度，输入时不带正负号），单位为 mm<br>Z1：腔的深度（绝对值或相对于 Z0 的深度），单位为 mm<br>L：腔的长度，单位为 mm<br>W：腔的宽度，单位为 mm<br>R：拐角半径，单位为 mm<br>X0：参考点的 X 坐标（仅限于单独位置时提供），单位为 mm<br>Y0：参考点的 Y 坐标（仅限于单独位置时提供），单位为 mm<br>a0：腔的旋转角度，单位为（°） |

（续）

| 参 数 含 义 | DZ：最大进刀深度，单位为 mm<br>UXY：边缘精加工余量，单位为 mm<br>UZ：底部精加工余量，单位为 mm<br>F：进给速度<br>FZ：垂直下刀进给速度（仅限选择了垂直下刀时提供）<br>DXY：最大切削宽度（或相对于铣刀直径的百分比值），单位为 mm 或%<br>L1：预加工长度（仅限选择了二次加工时提供）<br>W1：预加工宽度（仅限选择了二次加工时提供）<br>AZ：预加工深度（仅限选择了二次加工时提供）<br>ER：螺旋线下刀时的螺旋半径（仅限选择了螺旋下刀时提供）<br>EP：螺旋线下刀时的最大螺距（仅限选择了螺旋下刀时提供）<br>EW：往复下刀时的最大角度（仅限选择了往复下刀时提供）<br>FS：倒角的斜边宽度（仅选择倒角时提供）<br>ZFS：刀尖下刀深度（仅选择倒角时提供） |
|---|---|
| 使 用 说 明 | （1）调用循环前，刀具可处于任意位置，但需保证刀具从该位置到循环起点不发生碰撞<br>（2）调用矩形型腔铣削循环前应设置刀具半径值，否则循环终止并发生报警<br>（3）铣刀半径应小于矩形型腔拐角半径，否则会发生报警<br>（4）参考点可选择中心、左下、右下、左上、右上五个不同位置<br>（5）加工工艺有▽（粗加工）、▽▽▽（精加工）、边沿▽▽▽（边沿精加工）、倒角四种<br>（6）加工位置有单独位置（在 X0、Y0、Z0 编程位置铣削）和 MCALL 两种<br>（7）下刀方式有预钻孔、垂直下刀、沿螺旋线下刀和往复下刀四种<br>（8）选择粗加工时有完整加工（由整块材料铣削型腔）和二次加工（已有一个较小的矩形腔或者一个钻孔）两种<br>（9）如果输入参数得出一个纵向槽或长孔，循环内部会自动从 POCKET3 中调用对应的槽加工循环 |

（2）圆形型腔铣削循环 POCKET4　使用圆形型腔铣削循环可以铣削任意的圆形型腔，其指令格式、加工图例及参数含义见表 5-27。

表 5-27　西门子系统圆形型腔铣削循环指令格式、加工图例及参数含义

| 指令格式 | POCKET4（RP，Z0，SC，Z1，φ，X0，Y0，DZ，UXY，UZ，F，FZ,,,DXY，φ1，AZ，ER，EP,,FS，ZFS） |
|---|---|
| 步　骤 | 输入程序时，按屏幕下方的铣削软键，再按屏幕右侧的型腔软键，按圆形腔软键，出现圆形型腔窗口，移动光标，按提示输入参数值，最后按接收软键，完成参数输入，调用循环 |
| 加 工 图 例<br>（圆形型腔窗口） | |

（续）

| 参数含义 | PL：加工平面，通过选择/转换键 [SELECT] 切换<br>RP：返回平面，单位为 mm<br>Z0：参考点 Z 坐标，单位为 mm<br>SC：安全距离（相对于参考点的高度，输入时不带正负号），单位为 mm<br>Z1：腔的深度（绝对值或相对于 Z0 的深度），单位为 mm<br>φ：腔的直径，单位为 mm<br>X0：参考点的 X 坐标（仅限于单独位置时提供），单位为 mm<br>Y0：参考点的 Y 坐标（仅限于单独位置时提供），单位为 mm<br>DZ：最大进刀深度，单位为 mm<br>UXY：边缘精加工余量，单位为 mm<br>UZ：底部精加工余量，单位为 mm<br>F：进给速度<br>FZ：垂直下刀进给速度（仅限选择了垂直下刀时提供）<br>DXY：最大切削宽度（或铣刀直径的百分比值），单位为 mm 或%<br>φ1：预加工直径（仅限选择了二次加工时提供）<br>AZ：预加工深度（仅限选择了二次加工时提供）<br>ER：螺旋线下刀时的螺旋半径（仅限选择了螺旋下刀时提供）<br>EP：螺旋线下刀时的最大螺距（仅限选择了螺旋下刀时提供）<br>FS：倒角的斜边宽度（仅选择倒角时提供）<br>ZFS：刀尖下刀深度（仅选择倒角时提供） |
|---|---|
| 使用说明 | （1）调用循环前，刀具可处于任意位置，但需保证刀具从该位置到循环起点不发生碰撞<br>（2）调用圆形型腔铣削循环前应设置刀具半径值，否则循环终止并发生报警<br>（3）铣刀半径应小于圆形型腔半径，否则会发生报警<br>（4）铣削方式有顺铣（0）和逆铣（1）两种<br>（5）加工工艺有：▽（粗加工）、▽▽▽（精加工）、边沿▽▽▽（边沿精加工）、倒角四种<br>（6）加工方式有平面加工圆形型腔和螺旋线加工圆形型腔两种<br>（7）加工位置有单独位置（在 X0、Y0、Z0 编程位置铣削）和 MCALL 两种<br>（8）下刀方式有预钻孔、垂直下刀、沿螺旋线下刀三种<br>（9）选择粗加工时有完整加工（由整块材料铣削型腔）和二次加工（已有一个较小的圆形型腔或者一个钻孔，必须编程 AZ 和 φ1）两种 |

例　如图 5-18 所示，用循环加工矩形凹槽和圆形凹槽，工件坐标系建立在工件上表面中心位置，先粗加工，后精加工（精加工余量：表面 0.5mm、深度 0.5mm），铣刀半径为 R6mm。加工程序及说明见表 5-28。

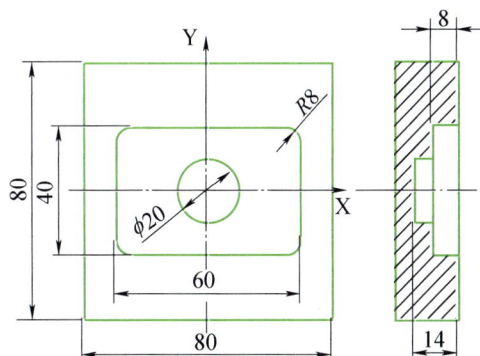

图 5-18　加工凹槽

表 5-28 加工凹槽参考程序

| 程 序 段 号 | 程 序 内 容 | 程 序 说 明 |
|---|---|---|
| N10 | G90 G54 M3 S1000 T1 D1 | 规定工艺参数 |
| N20 | G00 X0 Y0 Z50 | 回到起点 |
| N30 | POCKET3（10，0，3，-8，60，40，8，0，0，0，5，0.5，0.5，100，50，3，11，6，,,,,） | 调用矩形凹槽循环，设置粗加工循环参数 |
| N40 | POCKET4（10，0，3，-14，20，0，0，5，0.5，0.5，100，0.1，0，11，80，0.5，0.5，0，,，20100，111，110，） | 调用圆形凹槽循环，设置粗加工循环参数 |
| N50 | G00 Z100 | 刀具 Z 向退回 |
| N60 | M5 | 主轴停 |
| N70 | N50 M0 | 程序停，手动换精加工刀具 |
| N80 | M3 S1200 | 设置精加工转速 |
| N90 | POCKET3（10，0，3，-8，60，40，8，0，0，0，5，0，0，80，50，3，12，6，,,,,） | 调用矩形凹槽循环，设置精加工循环参数 |
| N100 | POCKET4（10，0，3，-14，20，0，0，5，0，0，80，0.1，0，12，80，……） | 调用圆形凹槽循环，设置精加工循环参数 |
| N110 | G00 Z100 | 刀具 Z 向退回 |
| N120 | M02 | 程序结束 |

## 二、加工工艺分析

### 1. 工、量、刃具选择

（1）工具选择　工件采用机用平口钳装夹，试切法对刀。其他工具见表 5-29。

（2）量具选择　槽深用深度千分尺测量，槽宽等轮廓尺寸用带表游标卡尺测量，圆弧用半径样板检测，表面粗糙度用粗糙度样板检测，另选用百分表校正机用平口钳及工件上表面，量具具体规格见表 5-29。

（3）刃具选择　矩形凹槽拐角半径为 $R6mm$，所选铣刀直径必须小于 $\phi12mm$，故选择 $\phi10mm$，且粗、精加工分开。粗加工铣刀用键槽铣刀，精加工铣刀选择能垂直下刀的立铣刀或键槽铣刀。

环形槽最小拐角半径为 $R11mm$，所选刀具直径最小为 $\phi22mm$，但环形槽槽宽为 6mm，故所选铣刀直径不能大于 $\phi6mm$，故选择 $\phi5mm$ 铣刀，粗、精加工同上，具体规格见表 5-29。

表 5-29 工、量、刃具清单

| 种　类 | 序　号 | 名　称 | 规　格 | 精度（分度值） | 数　量 |
|---|---|---|---|---|---|
| 工具 | 1 | 机用平口钳 | QH135 | | 1个 |
| | 2 | 扳手 | | | 1把 |
| | 3 | 平行垫铁 | | | 1副 |
| | 4 | 塑胶锤子 | | | 1个 |

（续）

| 种 类 | 序 号 | 名 称 | 规 格 | 精度（分度值） | 数 量 |
|---|---|---|---|---|---|
| 量具 | 1 | 带表游标卡尺 | 0~150mm | 0.01mm | 1把 |
|  | 2 | 深度千分尺 | 0~25mm | 0.01mm | 1把 |
|  | 3 | 百分表及表座 | 0~10mm | 0.01mm | 1只 |
|  | 4 | 半径样板 | R7~R14.5mm<br>R15~R25mm |  | 各1套 |
|  | 5 | 表面粗糙度样板 | N0~N1 | 12级 | 1副 |
| 刃具 | 1 | 键槽铣刀 | $\phi$5mm、$\phi$10mm |  | 各1把 |
|  | 2 | 立铣刀 | $\phi$5mm、$\phi$10mm |  | 各1把 |

### 2. 加工工艺方案

（1）加工工艺路线　此任务应先加工矩形方槽再加工中间环形槽。若先加工中间环形槽，一方面槽较深，刀具易断；另一方面加工矩形方槽时会在环形槽中产生飞边，影响环形槽宽度尺寸。

1）加工方案一：矩形槽深度6mm不能一次加工至尺寸，粗加工需分层铣削。在每一层表面加工中因铣刀直径为10mm，还需采用环切法或行切法切除多余部分材料，如图5-19所示（其中A、B、C、D…点坐标需要求解）。精加工采用圆弧切入和切出方法，以避免轮廓表面产生刀痕，如图5-20所示。环形槽深度为4mm，粗加工也应分两次进刀，槽两边曲线形状不同，应分别进行粗、精加工。粗、精加工程序可用同一程序，只需在加工过程中设置不同的刀具半径补偿值即可。

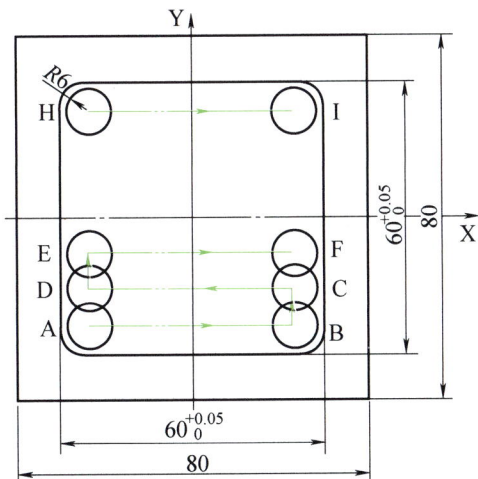

图5-19　矩形槽粗加工行切路线

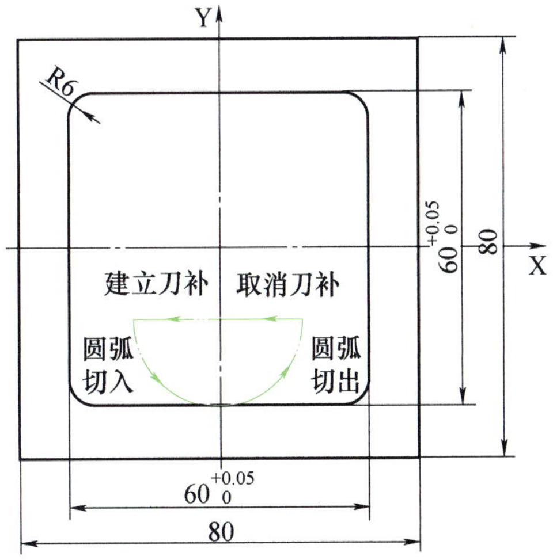

图5-20　矩形槽精加工路线

2）加工方案二：西门子系统矩形槽选用西门子凹槽循环粗、精加工；环形槽用键槽铣刀粗、精铣。

（2）合理选择切削用量　加工材料为硬铝，硬度较低，切削力较小，切削速度可较高，但由于铣刀直径小，下刀深度和进给速度应较小，本任务下刀深度为每层 2mm，除最后一刀外，粗加工留精加工余量 0.2mm，具体见表 5-30。

表 5-30 粗、精加工铣削用量

| 刀 具 | 直径/mm | 工 作 内 容 | $v_f$/（mm/min） | $n$/（r/min） | 下刀深度/mm |
|---|---|---|---|---|---|
| 高速钢键槽粗铣刀（T1） | $\phi$10 | 垂直进给 | 50 | 1000 | 2 |
| | | 表面直线进给 | 70 | 1000 | 2 |
| | | 表面圆弧进给 | 70 | 1000 | 2 |
| 高速钢键槽粗铣刀（T2） | $\phi$5 | 垂直进给 | 50 | 1200 | 2 |
| | | 表面直线进给 | 70 | 1200 | 2 |
| | | 表面圆弧进给 | 70 | 1200 | 2 |
| 高速钢立铣刀、精铣（T3） | $\phi$10 | 垂直进给 | 50 | 1200 | 0.2 |
| | | 表面直线进给 | 70 | 1200 | 0.2 |
| | | 表面圆弧进给 | 70 | 1200 | 0.2 |
| 高速钢立铣刀、精铣（T4） | $\phi$5 | 垂直进给 | 50 | 1500 | 0.2 |
| | | 表面直线进给 | 70 | 1500 | 0.2 |
| | | 表面圆弧进给 | 70 | 1500 | 0.2 |

## 三、参考程序编制（加工方案一）

（1）建立工件坐标系　工件坐标系 X、Y 零点建立在工件几何中心上，Z 零点建立在工件上表面。

（2）计算基点坐标

1）粗加工行切时各基点坐标的计算。轮廓留加工余量 1mm，行距为 9mm，A、D、E、…、H 各点 X 坐标一样，Y 坐标依次大一个行距。B、C、F、…、I 等各点也是 X 坐标相同，Y 坐标依次大一个行距 9mm。各基点坐标见表 5-31。

表 5-31 粗加工行切时各基点坐标　　　　　　（单位：mm）

| 基 点 | 坐 标 | 基 点 | 坐 标 |
|---|---|---|---|
| A | （-24，-24） | | （24，3） |
| B | （24，-24） | | （-24，12） |
| C | （24，-15） | | （24，12） |
| D | （-24，-15） | | （-24，21） |
| E | （-24，-6） | | （24，21） |
| F | （24，-6） | H | （-24，24） |
| | （-24，3） | I | （24，24） |

2）环形槽外侧、内侧基点坐标见表 5-32。

3）方形槽基点坐标（略）。

表 5-32 环形槽外侧、内侧基点坐标 （单位：mm）

| 基 点 | 槽外侧（X，Y） | 槽内侧（X，Y） | 基 点 | 槽外侧（X，Y） | 槽内侧（X，Y） |
|---|---|---|---|---|---|
| P1 | （-20，0） | （-14，0） | P5 | （20，0） | （14，0） |
| P2 | （-20，-9） | （-14，-9） | P6 | （20，9） | （14，9） |
| P3 | （-9，-20） | （-9，-14） | P7 | （9，20） | （9，14） |
| P4 | （0，-20） | （0，-14） | P8 | （0，20） | （0，14） |

（3）参考程序

1）主程序（发那科系统"O0530"，西门子系统"XX530.MPF"）见表5-33。

表 5-33 主程序

| 程序段号 | 程序内容（发那科系统） | 程序内容（西门子系统） | 程序说明 |
|---|---|---|---|
| N5 | G40 G90 G80 G49 G69； | G40 G90 | 设置初始状态 |
| N10 | G54 M3 S1000 T1； | G54 M3 S1000 T1 D1 | 设置加工参数 |
| N20 | G0 G43 X-24 Y-24 Z5 H01； | G0 X-24 Y-24 Z5 | 空间移动至 X-24 Y-24 Z5 点 |
| N30 | G1 Z-2 F50； | G1 Z-2 F50 | 下刀 |
| N40 | M98 P0100； | L100 | 粗加工矩形槽第一层 |
| N50 | G1 Z-4 F50； | G1 Z-4 F50 | 下刀 |
| N60 | M98 P0100； | L100 | 粗加工矩形槽第二层 |
| N70 | G1 Z-5.8 F50； | G1 Z-5.8 F50 | 下刀 |
| N80 | M98 P0100； | L100 | 粗加工矩形槽第三层 |
| N90 | G0 Z100； | G0 Z100 | 抬刀 |
| N100 | M5； | M5 | 主轴停止 |
| N110 | M0； | M0 | 程序停，手动换 $\phi$5mm 铣刀 |
| N120 | M3 S1200 T2； | M3 S1200 T2 D2 | 设置粗加工参数 |
| N130 | G41 X-20 Y0 D2； | G41 X-20 Y0 | 建立刀具半径补偿 |
| N140 | G1 G43 Z-8 H02 F50； | G1 Z-8 F50 | 下刀 |
| N150 | M98 P0300； | L300 | 粗加工环形槽外侧面 |
| N160 | G1 Z-9.8 F50； | G1 Z-9.8 F50 | 下刀 |
| N170 | M98 P0300； | L300 | 粗加工环形槽外侧面 |
| N180 | G0 Z5； | G0 Z5 | 抬刀 |
| N190 | G40 X-10 Y-10； | G40 X-10 Y-10 | 取消刀具半径补偿 |
| N200 | G41 X-14 Y0 D2； | G41 X-14 Y0 | 建立刀具半径补偿 |
| N210 | G1 Z-8 F50； | G1 Z-8 F50 | 下刀 |
| N220 | M98 P0400； | L400 | 粗加工环形槽内侧面 |
| N230 | G1 Z-9.8 F50； | G1 Z-9.8 F50 | 下刀 |
| N240 | M98 P0400； | L400 | 粗加工环形槽内侧面 |
| N250 | G0 Z100； | G0 Z100 | 抬刀 |

（续）

| 程序段号 | 程序内容（发那科系统） | 程序内容（西门子系统） | 程序说明 |
|---|---|---|---|
| N260 | G40 X0 Y0; | G40 X0 Y0 | 取消刀具半径补偿 |
| N270 | M5; | M5 | 程序停 |
| N280 | M0; | M0 | 主轴停止，手动换精加工刀具 |
| N290 | M3 S1200 T3; | M3 S1200 T3 D3 | 设置精加工参数 |
| N300 | G0 G43 X-24 Y-24 Z5 H03; | G0 X-24 Y-24 Z5 | |
| N310 | G1 Z-6 F50; | G1 Z-6 F50 | 下刀 |
| N320 | M98 P0100; | L100 | 精加工矩形槽底面 |
| N330 | G0 Z5; | G0 Z5 | 抬刀 |
| N340 | X0 Y0; | X0 Y0 | 空间移动 |
| N350 | G1 Z-6 F50; | G1 Z-6 F50 | 下刀 |
| N360 | M98 P0200; | L200 | 半精、精加工矩形槽侧面 |
| N370 | G0 Z100; | G0 Z100 | 抬刀 |
| N380 | M5; | M5 | 主轴停止 |
| N390 | M0; | M0 | 程序停，手动换 $\phi$5mm 精铣刀 |
| N400 | M3 S1500 T4; | M3 S1500 T4 D4 | 设置精加工参数 |
| N410 | G0 G41 X-20 Y0 D4; | G0 G41 X-20 Y0 | 建立刀具半径补偿至 P1 点 |
| N420 | G1 G43 Z-10 H04 F50; | G1 Z-10 F50 | 下刀 |
| N430 | M98 P0300; | L300 | 精加工环形槽外侧面 |
| N440 | G0 Z5; | G0 Z5 | 抬刀 |
| N450 | G40 X-10 Y10; | G40 X-10 Y10 | 取消刀具半径补偿 |
| N460 | G41 X-14 Y0 D4; | G41 X-14 Y0 | 建立刀具半径补偿至 P1 点 |
| N470 | G1 Z-10 F50; | G1 Z-10 F50 | 下刀 |
| N480 | M98 P0400; | L400 | 精加工环形槽内侧面 |
| N490 | G0 Z10; | G0 Z10 | 抬刀 |
| N500 | G40 X0 Y0 G49; | G40 X0 Y0 | 取消刀具半径补偿 |
| N510 | M2; | M2 | 程序结束 |

2）矩形槽粗加工子程序（发那科系统"O0100"，西门子系统"L100.SPF"）见表 5-34。

表 5-34　矩形槽粗加工子程序

| 程序段号 | 程序内容（发那科系统） | 程序内容（西门子系统） | 程序说明 |
|---|---|---|---|
| N10 | G1 X24 Y-24 F70; | G1 X24 Y-24 F70 | |
| N20 | Y-15; | Y-15 | |
| N30 | X-24; | X-24 | |
| N40 | Y-6; | Y-6 | 加工矩形槽，从 A 点行切至 I 点 |
| N50 | X24; | X24 | |
| N60 | Y3; | Y3 | |

（续）

| 程序段号 | 程序内容（发那科系统） | 程序内容（西门子系统） | 程序说明 |
|---|---|---|---|
| N70 | X-24; | X-24 | |
| N80 | Y12; | Y12 | |
| N90 | X24; | X24 | |
| N100 | Y21; | Y21 | 加工矩形槽，从 A 点行切至 I 点 |
| N110 | X-24; | X-24 | |
| N120 | Y24; | Y24 | |
| N130 | X24; | X24 | |
| N140 | G0 Z5; | G0 Z5 | 抬刀 |
| N150 | X-24 Y-24; | X-24 Y-24 | 刀具回到 X-24Y-24 起始点 |
| N160 | M99; | M17 | 子程序结束 |

3）矩形槽精加工子程序（发那科系统"O0200"，西门子系统"L200"）见表 5-35。

表 5-35 矩形槽精加工子程序

| 程序段号 | 程序内容（发那科系统） | 程序内容（西门子系统） | 程序说明 |
|---|---|---|---|
| N10 | G1 G41 X-5 Y-25 D3 F70; | G1 G41 X-5 Y-25 F70 | 建立刀具半径补偿 |
| N20 | G3 X0 Y-30 R5; | G3 X0 Y-30 CR=5 | 圆弧切入 |
| N30 | G1 X24; | G1 X24 | |
| N40 | G3 X30 Y-24 R6; | G3 X30Y-24 CR=6 | |
| N50 | G1 Y24; | G1 Y24 | |
| N60 | G3 X24 Y30 R6; | G3 X24 Y30 CR=6 | |
| N70 | G1 X-24; | G1 X-24 | 沿矩形槽轮廓加工 |
| N80 | G3 X-30 Y24 R6; | G3 X-30 Y24 CR=6 | |
| N90 | G1 Y-24; | G1 Y-24 | |
| N100 | G3 X-24 Y-30 R6; | G3 X-24Y-30 CR=6 | |
| N110 | G1 X0; | G1 X0 | |
| N120 | G3 X5 Y-2.5 R5; | G3 X5 Y-2.5 CR=5 | 圆弧切出 |
| N130 | G1 G40 X0 Y0; | G1 G40 X0 Y0 | 取消刀具半径补偿 |
| N140 | M99; | M17 | 子程序结束 |

4）环形槽外侧面加工子程序（发那科系统"O0300"，西门子系统"L300.SPF"）见表 5-36。

表 5-36 环形槽外侧面加工子程序

| 程序段号 | 程序内容（发那科系统） | 程序内容（西门子系统） | 程序说明 |
|---|---|---|---|
| N10 | G1 X-20 Y-9 F70; | G1 X-20 Y-9 F70 | 直线加工至 P2 点 |
| N20 | G3 X-9 Y-20 R11; | G3 X-9 Y-20 CR=11 | 圆弧加工至 P3 点 |
| N30 | G1 X0; | G1 X0 | 直线加工至 P4 点 |
| N40 | G3 X20 Y0 R20; | G3 X20 Y0 CR=20 | 圆弧加工至 P5 点 |
| N50 | G1 Y9; | G1 Y9 | 直线加工至 P6 点 |

（续）

| 程序段号 | 程序内容（发那科系统） | 程序内容（西门子系统） | 程 序 说 明 |
|---|---|---|---|
| N60 | G3 X9 Y20 R11; | G3 X9 Y20 CR＝11 | 圆弧加工至P7点 |
| N70 | G1 X0; | G1 X0 | 直线加工至P8点 |
| N80 | G3 X－20 Y0 R20; | G3 X－20 Y0 CR＝20 | 圆弧加工至P1点 |
| N90 | M99; | M17 | 子程序结束 |

5）环形槽内侧面加工子程序（发那科系统"O0400"，西门子系统"L400.SPF"）见表5-37。

表5-37　环形槽内侧面加工子程序

| 程序段号 | 程序内容（发那科系统） | 程序内容（西门子系统） | 程 序 说 明 |
|---|---|---|---|
| N10 | G2 X0 Y14 R14 F70; | G2 X0 Y14 CR＝14 F70 | 圆弧加工至P8点 |
| N20 | G1 X9; | G1 X9 | 直线加工至P7点 |
| N30 | G2 X14 Y9 R5; | G2 X14 Y9 CR＝5 | 圆弧加工至P6点 |
| N40 | G1 Y0; | G1 Y0 | 直线加工至P5点 |
| N50 | G2 X0 Y－14 R14; | G2 X0 Y－14 CR＝14 | 圆弧加工至P4点 |
| N60 | G1 X－9; | G1 X－9 | 直线加工至P3点 |
| N70 | G2 X－14 Y－9 R5; | G2 X－14 Y－9 CR＝5 | 圆弧加工至P2点 |
| N80 | G1 Y0; | G1 Y0 | 直线加工至P1点 |
| N90 | M99; | M17 | 子程序结束 |

用加工中心加工时，只需把手动换刀指令换成自动换刀指令即可，即主程序中M0指令改成自动换刀指令M6 T2（T3、T4），由机械手自动换刀。

### 任务实施

### 一、加工准备

1）检查毛坯尺寸。

2）开机、回参考点。

3）输入程序：通过面板将程序输入数控系统。

4）装夹工件：将机用平口钳装夹在铣床工作台上，用百分表校正；将工件装夹在机用平口钳上，底部用垫块垫起，使工件伸出钳口一定高度（5～10mm），校平并夹紧。

5）装夹刀具：共采用四把铣刀，一把直径为5mm的粗加工键槽铣刀；一把直径为5mm的精加工立铣刀（可垂直下刀）或精加工键槽铣刀；一把直径为10mm的粗加工键槽铣刀；一把直径为10mm的精加工立铣刀（可垂直下刀）或精加工键槽铣刀。通过弹簧夹头把铣刀装夹在铣刀刀柄中。根据加工情况分别把各把铣刀柄装入铣床主轴（加工中心则把四把刀具全部装入刀库）中。

## 二、对刀

（1）X、Y方向对刀　X、Y方向采用试切法对刀，将机床坐标系原点偏置到工件坐标系原点上。通过对刀操作得到X、Y偏置值并输入到G54中，G54中Z坐标输入0。

（2）Z方向对刀　依次安装粗、精加工铣刀，测量每把刀的刀位点，将从参考点到工件上表面的Z值，输入到相应的刀具长度补偿号中，加工时调用。

## 三、空运行及仿真

发那科系统：设置各把刀具的半径补偿值，把基础坐标系中的Z方向值变为"+50"，打开程序，在自动模式下按下空运行按钮，按循环启动键，观察加工轨迹，空运行结束后，把空运行按钮复位。

西门子系统：设置各把刀具的半径补偿值，设置空运行和程序测试有效，打开程序，在自动模式下按下数控启动键。

在数控机床上进行模拟或将程序输入仿真软件中进行数控仿真，观察加工轨迹及程序运行情况。

## 四、零件自动加工与尺寸控制

加工时先安装粗加工键槽铣刀进行粗加工，然后换成精加工立铣刀进行精加工，精加工轮廓、深度尺寸均采用试切、试测法进行控制。如轮廓尺寸控制方法为：先设置精铣刀T3、T4的半径补偿值（此处可分别设置为5.1mm、2.6mm），运行完精加工程序后，通过测量实际轮廓尺寸再修调T3、T4半径补偿值，再运行一次精加工程序即可。

深度尺寸控制也是通过设置刀具长度补偿值（或长度磨损量）来实现的，具体做法是：用T3、T4精铣刀铣削时，通过设置一定的刀具长度补偿值保证深度方向留有一定的精加工余量。运行完精加工程序后，通过测量实际深度尺寸，修调刀具长度补偿值（或长度磨损值）后再次运行精加工程序，以保证深度尺寸。

## 五、任务检测与评分标准（见表5-38）

表5-38　腔槽综合加工检测评价表

| 序号 | 检测项目 | 检测内容及要求 | 配分 | 学生自检 | 学生互检 | 教师检测 | 得分 |
|---|---|---|---|---|---|---|---|
| 1 | | 文明、礼仪 | 5 | | | | |
| 2 | | 安全、纪律 | 10 | | | | |
| 3 | 职业素养 | 行为习惯 | 5 | | | | |
| 4 | | 工作态度 | 5 | | | | |
| 5 | | 团队合作 | 5 | | | | |

（续）

| 序号 | 检测项目 | 检测内容及要求 | 配分 | 学生自检 | 学生互检 | 教师检测 | 得分 |
|---|---|---|---|---|---|---|---|
| 6 | 制订工艺 | 1）选择装夹与定位方式<br>2）选择刀具<br>3）选择加工路径<br>4）选择合理的切削用量 | 5 | | | | |
| 7 | 程序编制 | 1）编程坐标系选择正确<br>2）指令使用与程序格式正确<br>3）基点坐标计算正确 | 10 | | | | |
| 8 | 机床操作 | 1）开机前检查、开机、回参考点<br>2）工件、刀具的装夹与对刀<br>3）程序输入与校验 | 5 | | | | |
| 9 | 零件加工 | $60^{+0.05}_{0}$mm（2处） | 8 | | | | |
| 10 | | $28^{0}_{-0.05}$mm（2处） | 8 | | | | |
| 11 | | $40^{0}_{-0.05}$mm（2处） | 8 | | | | |
| 12 | | $4^{+0.05}_{0}$mm | 5 | | | | |
| 13 | | $6^{+0.05}_{0}$mm | 3 | | | | |
| 14 | | $R5$mm（2处） | 2 | | | | |
| 15 | | $R6$mm（4处） | 4 | | | | |
| 16 | | $R11$mm（2处） | 2 | | | | |
| 17 | | $\phi28$mm（2处） | 2 | | | | |
| 18 | | $\phi40$mm（2处） | 2 | | | | |
| 19 | | $20^{0}_{-0.1}$mm | 2 | | | | |
| 20 | | 表面粗糙度值 $Ra3.2\mu m$、$Ra6.3\mu m$ | 4 | | | | |
| | 综合评价 | | | | | | |

## 六、加工结束，拆下工件与刀具，清理机床

### 操作注意事项

1）矩形槽、环形槽粗加工用键槽铣刀，精加工时则应选择能垂直下刀的立铣刀或键槽铣刀。

2）加工矩形槽、环形槽时，通过设置刀具半径补偿值来控制轮廓粗加工、半精加工、精加工余量。加工前应设置好刀具 T1D1、T2D2、T3D3、T4D4 的半径补偿值；用精铣刀半精加工结束后应注意及时测量尺寸，修调半径补偿值。

3）发那科系统 T1、T2、T3、T4 四把刀的长度补偿分别放入 H01、H02、H03、H04 长度补偿号中；西门子系统则将长度补偿值分别放入四把铣刀 T1（D1）、T2（D2）、T3（D3）、T4（D4）的刀沿中，加工时直接调用即可。

4）粗加工中间多余部分材料可选直径较大的铣刀，用行切法铣削，以提高效率。

5）精加工时，进给速度主要是通过调节进给倍率实现，以提高表面加工质量。

**思考与练习**

1. 宏指令或计算参数有何作用？

2. 腔槽中多余材料如何处理？

3. 西门子凹槽循环在什么情况下能加工出圆形槽、键槽？

4. 试用西门子凹槽循环编写图 5-15 所示零件的数控加工程序。

5. 做一做：针对图 5-21 所示零件，试编写加工程序并进行加工。

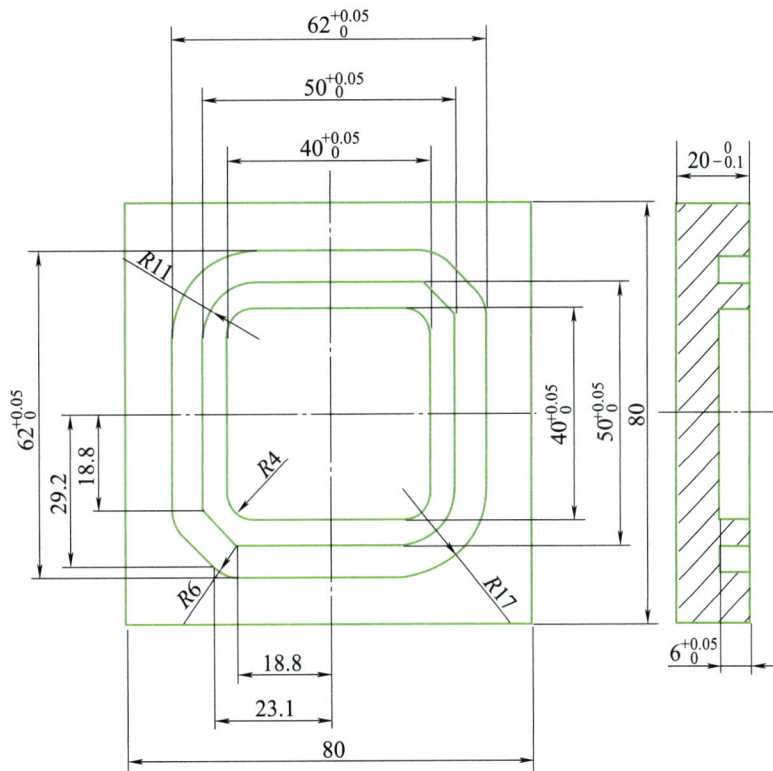

图 5-21  5 题图

# 任务四　环形槽及环形凸台加工

## 学习目标

### 1. 知识目标

1）掌握极坐标指令及其指令格式。

2）会用极坐标指令编写零件数控加工程序。

3）了解西门子系统轮廓加工循环指令及应用。

### 2. 技能目标

1）会进行环形槽的加工。

2）会进行环形槽的尺寸测量及精度控制。

3）会进行一般凸台的加工及精度控制。

4）完成图 5-22 所示零件的加工，其三维效果图如图 5-23 所示，材料为硬铝。

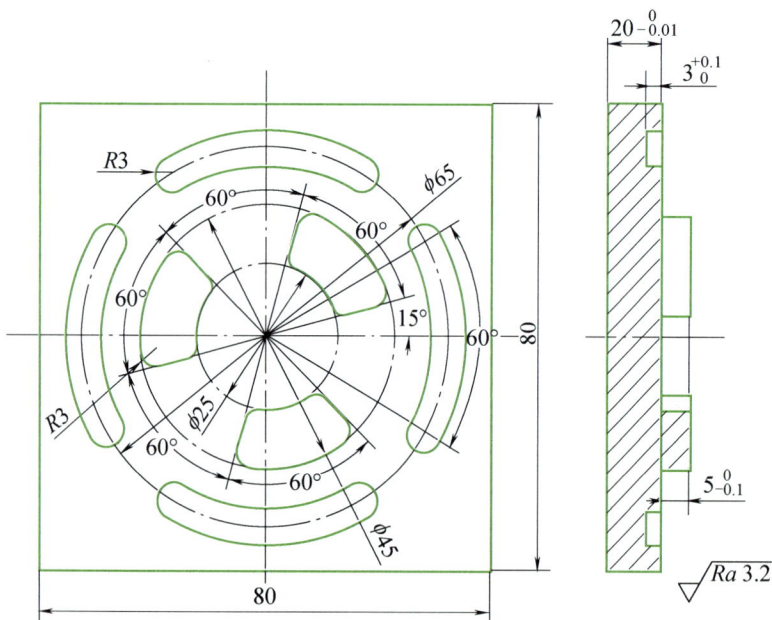

图 5-22　零件图

图 5-23　三维效果图

## 知识学习

## 一、编程指令

### 1. 极坐标指令

（1）指令功能　工件上的尺寸以到一个固定点（极点）的距离和角度设定时，在直角坐标系中计算基点坐标困难且不精确，而采用极坐标系，计算基点坐标容易、编程方便。

（2）指令格式　极坐标指令格式见表 5-39。

表 5-39　发那科系统与西门子系统极坐标指令格式

| 数控系统 | 指令格式 | 指令含义 |
|---|---|---|
| 发那科系统 | G16;<br>G00/G01 IP_; | 极坐标开始指令，以工件坐标系原点作为极坐标极点，若程序中采用坐标系偏移（偏转）指令后，则以偏移（偏转）后的坐标系原点作为极坐标极点<br>IP 构成极坐标指令的轴地址和指令值<br>平面的第一轴（如 G17 平面中的 X 轴）：指定极坐标的半径<br>平面的第二轴（如 G17 平面中的 Y 轴）：指定极坐标的极角 |
| | G15; | 极坐标取消指令 |
| 西门子系统 | RP = | 极坐标半径，某点到极点的距离 |
| | AP = | 极角，某点和极点连线与横坐标轴的夹角 |
| | G110 X_ Y_<br>G110 RP = AP = | 极点定义，以刀具当前位置为基准设置极点，可用直角坐标或极坐标定义极点位置 |
| | G111 X_ Y_<br>G111 RP = AP = | 极点定义，以当前工件坐标系的原点为基准设置极点，可用直角坐标或极坐标定义极点位置 |
| | G112 X_ Y_<br>G112 RP = AP = | 极点定义，以最后有效的极点为基准设置极点，可用直角坐标或极坐标定义极点位置 |

（3）指令使用说明

1）使用极坐标系时需用 G17、G18、G19 指令选择所在平面，立式铣床是指 G17 平面。

2）极坐标系中，同样可以运行 G00、G01、G02、G03 等坐标轴移动指令，不同的是西门子系统只能插补圆心与极点重合的圆弧，指令格式为：G02/G03 RP = AP = ；发那科系统可以插补圆心不在极点的圆弧，指令格式为：G02/G03 X_ Y_ R_；（其中，X 为圆弧终点极坐标半径，Y 为圆弧终点极角，R 为圆弧半径）。

3）在绝对坐标指令/增量坐标指令（G90/G91）下都可以指定极坐标半径和极角。

4）极角是指该点和极点的连线与所在平面中的横坐标轴（第一轴）（如 G17 平面中的 X 轴，G18 平面中的 Z 轴，G19 平面中的 Y 轴）之间的夹角，且逆时针方向为正，顺时针方向为负。

G15、G16 极坐标指令

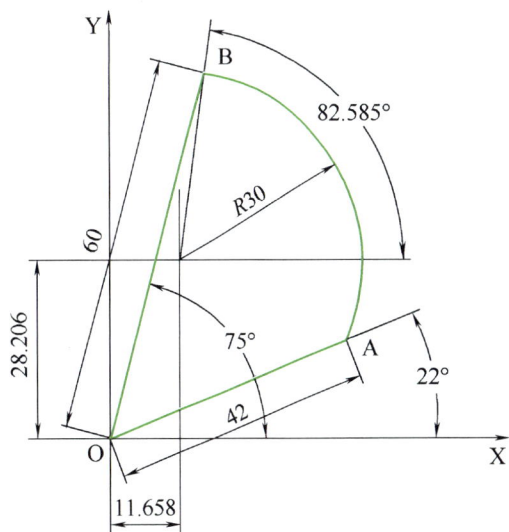

图 5-24　极坐标编程示例

5）西门子系统如果不定义极点，则以当前工件坐标系原点为极点。

**例** 加工如图 5-24 所示的 OAB 图形，在工件坐标系 XOY 中，A、B 等基点坐标计算困难且不精确，而采用极坐标编程，基点坐标便很容易求出，编程也方便，其程序见表 5-40。

表 5-40 发那科系统与西门子系统示例程序

| 程序段号 | 程序内容（发那科系统） | 程序内容（西门子系统） | 程 序 说 明 |
|---|---|---|---|
| N10 | G54 G90 M3 S1000； | G54 G90 M3 S1000 | 设置坐标系和主轴转速 |
| N20 | G01 X0 Y0 F100； | G01 X0 Y0 F100 | 刀具加工至工件坐标系中的原点位置 |
| N30 | G17 G16； | G17 | 选择 XOY 平面，发那科系统建立极坐标系 |
| N40 | G01 X42 Y22； | G01 RP = 42 AP = 22 | 极坐标系中，直线加工到 A 点 |
| N45 | | G111 X11.658 Y28.206 | 西门子系统将圆弧圆心位置设置为极点 |
| N50 | G03 X60 Y75 R30； | G03 RP = 30 AP = 82.585 | 极坐标系中，圆弧加工到 B 点 |
| N55 | G15； | | 发那科系统取消极坐标系 |
| N60 | G01 X0 Y0； | G01 X0 Y0 | 直角坐标系中，直线加工到 O 点 |
| N70 | …… | …… | |

### 2. 西门子系统轨迹铣削循环 CYCLE72

西门子系统轨迹铣削循环 CYCLE72 可以铣削任意编程的轮廓，加工方向任意，且不强制轮廓是闭合的。轨迹铣削循环 CYCLE72 指令格式、加工图例及参数含义见表 5-41。

表 5-41 西门子系统轨迹铣削循环指令格式、加工图例及参数含义

| 指令格式 | CYCLE72（"CON", RP, Z0, SC, Z1, DZ, UXY, UZ, F, FZ,,,, R1, L1, R2, L2, FS, ZFS） |
|---|---|
| 步 骤 | 输入程序时，按屏幕下方的 ![铣削] 软键，再按屏幕右侧的 ![路径铣削] 软键，出现轨迹铣削窗口，移动光标，按提示输入参数值，最后按 ![接收] 软键，完成参数输入，调用循环 |
| 加工图例（轨迹铣削窗口） | 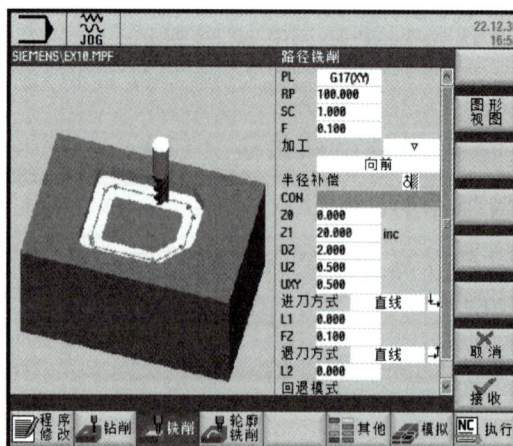 |

| 参 数 含 义 | CON：轮廓子程序名<br>PL：加工平面（G17 平面）<br>RP：返回平面，单位为 mm<br>Z0：参考点 Z 坐标，单位为 mm<br>SC：安全距离（相对于参考点的高度，输入时不带正负号），单位为 mm<br>Z1：腔的深度（绝对值或相对于 Z0 的深度），单位为 mm<br>DZ：最大进刀深度，单位为 mm<br>UXY：边缘精加工余量，单位为 mm<br>UZ：底部精加工余量，单位为 mm<br>F：进给速度<br>FZ：垂直下刀进给速度（仅限选择了轴向方式逼近时提供）<br>R1：逼近半径（仅适用于四分之一圆、半圆或直线逼近模式）<br>L1：逼近长度（仅适用于直线逼近模式）<br>R2：回退半径（仅适用于四分之一圆或半圆回退模式）<br>L2：回退长度（仅适用于直线回退模式）<br>FS：倒角的斜边宽度（仅选择倒角时提供）<br>ZFS：刀尖下刀深度（仅选择倒角时提供） |
|---|---|
| 使 用 说 明 | （1）调用循环前，刀具可处于任意位置，但需保证刀具从该位置到循环起点不发生碰撞<br>（2）调用循环前应设置刀具半径值，加工内轮廓时应小于内轮廓拐角半径<br>（3）加工性质有▽（粗加工 1）、▽▽▽（精加工 2）和 chamfer（倒角 5）三种<br>（4）加工方向有向前和回退两种<br>（5）刀具半径补偿有左补偿（G41）、右补偿（G42）和无补偿（G40）三种<br>（6）进刀方式（平面逼近模式）有直线、四分之一圆、半圆和垂直四种<br>（7）逼近方案有轴方式和三维（仅适用于四分之一圆、半圆和直线逼近模式）两种<br>（8）退刀方式（平面回退模式）有直线、四分之一圆和半圆三种<br>（9）回退方案有轴方式和三维（仅适用于四分之一圆、半圆和直线逼近模式）两种 |

**例** 试用西门子系统轨迹铣削循环（CYCLE72）指令加工如图 5-22 所示第一象限凸台轮廓，参考程序见表 5-42。

表 5-42 西门子（828D、840D sl）系统轨迹铣削循环加工示例程序

| 段 号 | 西门子（828D、840D sl）系统 | 程 序 说 明 |
|---|---|---|
| N10 | G17 G90 M03 S1000 T01 | 初始化 |
| N20 | G00 X0 Y0 Z50 | 刀具运行至起始点位置 |
| N30 | CYCLE72（"L40"，10，0，3，-5，3，0.3，0.3，100，50，211，42，12，4，100，12，4……） | 调用轮廓加工循环，设置循环参数 |
| N40 | G00 X0 Y0 Z200 | 刀具退回 |
| N50 | M30 | 程序结束 |

轮廓加工子程序名为 L40.SPF，程序内容见表 5-43。

表 5-43 西门子轮廓加工子程序

| 段 号 | 西门子（828D、840D sl）系统 | 程 序 说 明 |
|---|---|---|
| N10 | G01 RP = 17.5 AP = 15 | 直线加工至极坐标半径为 17.5mm、极角为 15°位置 |
| N20 | G01 RP = 22.5 AP = 15 RND = 3 | 直线加工至极坐标半径为 22.5mm、极角为 15°位置且倒圆角 |

（续）

| 段　号 | 西门子（828D、840D sl）系统 | 程序说明 |
|---|---|---|
| N30 | G03 RP = 22.5 AP = 75 RND = 3 | 圆弧加工至极坐标半径为22.5mm、极角为75°位置且倒圆角 |
| N40 | G01 RP = 12.5 AP = 75 RND = 3 | 直线加工至极坐标半径为12.5mm、极角为75°位置且倒圆角 |
| N50 | G02 RP = 12.5 AP = 15 RND = 3 | 圆弧加工至极坐标半径为12.5mm、极角为15°位置且倒圆角 |
| N60 | G01 RP = 17.5 AP = 15 | 直线加工至极坐标半径为17.5mm、极角为15°位置 |
| N70 | RET | 子程序结束 |

## 二、加工工艺分析

### 1. 工、量、刃具选择

（1）工具选择　工件采用机用平口钳装夹，试切法对刀，其他工具见表5-44。

（2）量具选择　槽宽尺寸用游标卡尺测量，槽深尺寸用游标深度卡尺测量，圆角用半径样板检测，角度用游标万能角度尺测量，三个凸台内沿所在圆弧直径$\phi$25mm用检验棒测量，外沿所在圆弧直径$\phi$45mm也可通过$\phi$25mm检验棒间接测量，表面粗糙度用表面粗糙度样板检测，另用百分表校正机用平口钳及工件上表面。量具具体规格见表5-44。

（3）刃具选择　刀具类型根据加工表面来选，加工三个凸台选用直径为$\phi$10mm的键槽铣刀和立铣刀；加工环形槽，刀具直径选择主要应考虑槽拐角圆弧半径、槽宽等因素，本任务最小圆弧半径为R3mm，最小槽宽为6mm，所选铣刀直径应小于等于$\phi$6mm，此处选择$\phi$5mm；粗加工用键槽铣刀铣削，精加工用能垂直下刀的立铣刀或键槽铣刀。加工材料为硬铝，铣刀选用普通高速钢铣刀即可，具体规格见表5-44。

### 2. 加工工艺方案

（1）加工工艺路线

1）粗加工三个凸台（外轮廓）表面。

2）粗加工四个环形槽。

3）精加工三个凸台（外轮廓）表面。

4）精加工四个环形槽。

表5-44　工、量、刃具清单

| 种　类 | 序　号 | 名　称 | 规　格 | 分度值 | 数　量 |
|---|---|---|---|---|---|
| 工具 | 1 | 机用平口钳 | QH135 | | 1个 |
| | 2 | 扳手 | | | 1把 |
| | 3 | 平行垫铁 | | | 1副 |
| | 4 | 塑胶锤子 | | | 1个 |
| 量具 | 1 | 游标卡尺 | 0~150mm | 0.02mm | 1把 |
| | 2 | 游标深度卡尺 | 0~200mm | 0.02mm | 1把 |
| | 3 | 百分表及表座 | 0~10mm | 0.01mm | 1只 |

（续）

| 种 类 | 序 号 | 名 称 | 规 格 | 分 度 值 | 数 量 |
|---|---|---|---|---|---|
| 量具 | 4 | 半径样板 | $R3mm$ | | 1 副 |
| | 5 | 游标万能角度尺 | 0°~320° | 2′ | 1 把 |
| | 6 | 检验棒 | $\phi25mm$ | H8 | 1 只 |
| | 7 | 表面粗糙度样板 | N0~N1 | 12 级 | 1 副 |
| 刃具 | 1 | 键槽铣刀 | $\phi10mm$ | | 1 把 |
| | 2 | 键槽铣刀 | $\phi5mm$ | | 1 把 |
| | 3 | 立铣刀 | $\phi10mm$ | | 1 把 |
| | 4 | 立铣刀 | $\phi5mm$ | | 1 把 |

中间三个凸台编写一个子程序（粗、精加工各编写一个子程序进行加工），结合坐标系偏转指令调用三次子程序。加工凸台从工件外垂直下刀。

四个环形槽编写一个子程序，然后用镜像功能或坐标系偏转指令加工其余三个，粗、精加工分别由不同的子程序完成零件加工。

（2）合理选择切削用量　加工材料为硬铝，粗铣铣削深度除留精铣余量外，其余一刀切完，切削速度可较高。铣刀直径小，进给量选择较小，具体见表5-45。

表 5-45　粗、精加工铣削用量

| 刀 具 | 工 作 内 容 | $v_{\text{f}}/(\text{mm/min})$ | $n/(\text{r/min})$ |
|---|---|---|---|
| $\phi10mm$ 键槽铣刀（T1） | 粗铣凸台轮廓 | 80 | 1000 |
| $\phi5mm$ 键槽铣刀（T2） | 粗铣环形槽，垂直进给，深度方向留 0.3mm 的精加工余量 | 40 | 1200 |
| | 粗铣环形槽，表面进给，轮廓留 0.3mm 的精加工余量 | 60 | 1200 |
| $\phi10mm$ 立铣刀（T3） | 精铣凸台轮廓 | 50 | 1200 |
| $\phi5mm$ 立铣刀（T4） | 精铣环形槽，垂直进给 | 40 | 1500 |
| | 精铣环形槽，表面进给 | 50 | 1500 |

### 三、参考程序编制

（1）建立工件坐标系　工件坐标系建立在工件几何中心上，与设计基准重合。三个凸台及环形槽都是以角度和到工件几何中心的距离（半径）标注尺寸，故采用极坐标编程比较方便；将凸台与环形槽加工各编写一个子程序，其余凸台与环形槽采用坐标系偏转指令或镜像指令调用子程序进行加工。

（2）参考程序

1）主程序（发那科系统程序名为"O0540"，西门子系统程序名为"XX0540.MPF"）见表5-46。

表 5-46 主程序

| 程序段号 | 程序内容（发那科系统） | 程序内容（西门子 828D、840D sl 系统） | 程 序 说 明 |
|---|---|---|---|
| N5 | G40 G90 G69 G17 G49; | G40 G90 G17 | 设置初始状态 |
| N10 | G54 M3 S1000 T01; | G54 M3 S1000 T01 D1 | 设置粗加工参数 |
| N20 | M98 P0010; | L10 | 调用凸台粗加工子程序 |
| N30 | G68 X0 Y0 R120; | ROT RPL=120 | 坐标轴偏转 120° |
| N40 | M98 P0010; | L10 | 调用凸台粗加工子程序 |
| N50 | G68 X0 Y0 R240; | ROT RPL=240 | 坐标系偏转 240° |
| N60 | M98 P0010; | L10 | 调用凸台粗加工子程序 |
| N70 | G00 X0 Y0 Z200; | G00 X0 Y0 Z200 | 刀具 Z 方向退回 |
| N80 | M05; | ROT | 主轴停，西门子系统取消偏转 |
| N90 | M00; | M00 M05 | 程序停 |
| N100 | M3 S1200 T02; | M3 S1200 T02 D1 | 换 2 号刀具，主轴转速为 1200r/min |
| N110 | M98 P0020; | L20 | 调用环形槽粗加工子程序 |
| N120 | G68 X0 Y0 R90; | AROT RPL=90 | 坐标系偏转 90°，西门子系统此处不能用 ROT RPL=90 |
| N130 | M98 P0020; | L20 | 调用圆周槽粗加工子程序 |
| N140 | G68 X0 Y0 R180; | AROT RPL=90 | 坐标系偏转 180°，西门子系统此处不能用 ROT RPL=180 |
| N150 | M98 P0020; | L20 | 调用环形槽粗加工子程序 |
| N160 | G68 X0 Y0 R270; | AROT RPL=90 | 坐标系再偏转 90°，西门子系统不能用 ROT RPL=270 |
| N170 | M98 P0020; | L20 | 调用环形槽粗加工子程序 |
| N180 | G00 X0 Y0 Z200; | G00 X0 Y0 Z200 | 刀具 Z 方向退回 |
| N190 | M5; | ROT | 主轴停，西门子系统取消偏转 |
| N200 | M0; | M0 M5 | 程序停 |
| N210 | M3 S1200 T03; | M3 S1200 T03 D1 | 设置精加工参数，选 3 号刀具 |
| N220 | M98 P0100; | L100 | 调用凸台精加工子程序 |
| N230 | G68 X0 Y0 R120; | ROT RPL=120 | 坐标系偏转 120° |
| N240 | M98 P0100; | L100 | 调用凸台精加工子程序 |
| N250 | G68 X0 Y0 R240; | ROT RPL=240 | 坐标系偏转 240° |
| N260 | M98 P0100; | L100 | 调用凸台精加工子程序 |
| N270 | G00 X0 Y0 Z200; | G00 X0 Y0 Z200 | 刀具 Z 方向退回 |
| N280 | M05; | ROT | 主轴停，西门子系统取消偏转 |
| N290 | M00; | M00 M05 | 程序停 |
| N300 | M3 S1500 T04; | M3 S1500 T04 D1 | 设置精加工参数，选 4 号刀具 |
| N310 | M98 P0200; | L200 | 调用环形槽精加工子程序 |
| N320 | G68 X0 Y0 R90; | AROT RPL=90 | 坐标系偏转 90°，西门子系统此处不能用 ROT |

（续）

| 程序段号 | 程序内容（发那科系统） | 程序内容（西门子828D、840D sl 系统） | 程序说明 |
|---|---|---|---|
| N330 | M98 P0200； | L200 | 调用环形槽精加工子程序 |
| N340 | G68 X0 Y0 R180； | AROT RPL＝90 | 坐标系偏转180°，西门子系统此处不能用 ROT |
| N350 | M98 P0200； | L200 | 调用环形槽精加工子程序 |
| N360 | G68 X0 Y0 R270； | AROT RPL＝90 | 坐标系偏转270°，西门子系统此处不能用 ROT |
| N370 | M98 P0200； | L200 | 调用环形槽精加工子程序 |
| N380 | G00 X0 Y0 Z200； | G00 X0 Y0 Z200 | 刀具 Z 方向退回 |
| N390 | M30； | M30 | 程序结束 |

2）凸台粗加工子程序（发那科系统程序名为"O0010"，西门子系统程序名为"L10.SPF"）见表 5-47。

表 5-47　凸台粗加工子程序

| 程序段号 | 程序内容（发那科系统） | 程序内容（西门子828D、840D sl 系统） | 程序说明 |
|---|---|---|---|
| N10 | G00 G43 X50 Y0 Z5 H01； | G00 X50 Y0 Z5 | 刀具移动到 X50 Y0 Z5 处 |
| N20 | G00 Z－4.7 F80； | G00 Z－4.7 F80 | 下刀 |
| N25 | G16； | | 发那科系统极坐标开始 |
| N30 | G01 G41 X17.5 Y15 D01 F80； | G01 G41 RP＝17.5 AP＝15　F80 | 建立刀具半径补偿（极坐标） |
| N40 | G01 X12.5 Y15，R3； | G01 RP＝12.5 AP＝15 RND＝3 | 轮廓加工（极坐标） |
| N50 | G03 X12.5 Y75 R12.5，R3； | G03 RP＝12.5 AP＝75 RND＝3 | 轮廓加工（极坐标） |
| N60 | G01 X22.5 Y75，R3； | G01 RP＝22.5 AP＝75 RND＝3 | 轮廓加工（极坐标） |
| N70 | G02 X22.5 Y15 R22.5，R3； | G02 RP＝22.5 AP＝15 RND＝3 | 轮廓加工（极坐标） |
| N80 | G01 X17.5 Y15； | G01 RP＝17.5 AP＝15 | 轮廓加工（极坐标） |
| N90 | G40 X45 Y0； | G01 G40 RP＝45 AP＝0 | 取消刀具半径补偿（极坐标） |
| N95 | G15； | | 发那科系统取消极坐标 |
| N100 | G00 Z5； | G00 Z5 | 抬刀 |
| N110 | M99； | RET | 子程序结束 |

3）环形槽粗加工子程序（发那科系统程序名为"O0020"，西门子系统程序名为"L20.SPF"）见表 5-48。

表 5-48　环形槽粗加工子程序

| 程序段号 | 程序内容（发那科系统） | 程序内容（西门子828D、840D sl 系统） | 程序说明 |
|---|---|---|---|
| N10 | G00 G43 X20 Y0 Z5 H02； | G00 X20 Y0 Z5 | 刀具移动到 X20 Y0 Z5 位置 |
| N15 | G16； | | 发那科系统极坐标开始 |

（续）

| 程序段号 | 程序内容（发那科系统） | 程序内容（西门子 828D、840D sl 系统） | 程序说明 |
|---|---|---|---|
| N20 | G41 X35.5 Y−30 D02; | G41 RP=35.5 AP=−30 | 建立刀具半径左补偿（极坐标） |
| N30 | G01 Z−7.7 F40; | G01 Z−7.7 F40 | 下刀 |
| N40 | G03 X35.5 Y30 R35.5 F60; | G03 RP=35.5 AP=30 F60 | 圆弧加工（极坐标，极点在工件坐标系原点） |
| N45 | | G112 RP=32.5 AP=30 | 西门子系统将 $R$3mm 圆弧圆心定义为极点 |
| N50 | G03 X29.5 Y30 R3; | G03 RP=3 AP=−150 | 圆弧加工（极坐标） |
| N55 | | G112 RP=32.5 AP=−150 | 西门子系统将 $R$29.5mm 圆弧圆心定义为极点 |
| N60 | G02 X29.5 Y−30 R29.5; | G02 RP=29.5 AP=−30 | 圆弧加工（极坐标） |
| N65 | | G112 RP=32.5 AP=−30 | 西门子系统将 $R$3mm 圆弧圆心定义为极点 |
| N70 | G03 X35.5 Y−30 R3; | G03 RP=3 AP=−30 | 圆弧加工（极坐标） |
| N75 | G15; | G112 RP=32.5 AP=150 | 发那科系统极坐标结束，西门子系统将极点定义回工件坐标系原点 |
| N80 | G00 Z5; | G00 Z5 | 抬刀 |
| N90 | G40 X20 Y0; | G40 X20 Y0 | 取消刀具半径补偿 |
| N100 | M99; | RET | 子程序结束 |

4）凸台精加工子程序（发那科系统程序名为"O0100"，西门子系统程序名为"L100.SPF"）见表 5-49。

表 5-49　凸台精加工子程序

| 程序段号 | 程序内容（发那科系统） | 程序内容（西门子 828D、840D sl 系统） | 程序说明 |
|---|---|---|---|
| N10 | G00 G43 X50 Y0 Z5 H03; | G00 X50 Y0 Z5 | 刀具移动到 X50 Y0 Z5 处 |
| N20 | G00 Z−5; | G00 Z−5 | 下刀 |
| N25 | G16; | | 发那科系统极坐标开始 |
| N30 | G01 G41 X17.5 Y15 D03 F50; | G01 G41 RP=17.5 AP=15 F50 | 建立刀具半径补偿（极坐标） |
| N40 | G01 X12.5 Y15, R3; | G01 RP=12.5 AP=15 RND=3 | 轮廓加工（极坐标） |
| N50 | G03 X12.5 Y75 R12.5, R3; | G03 RP=12.5 AP=75 RND=3 | 轮廓加工（极坐标） |
| N60 | G01 X22.5 Y75, R3; | G01 RP=22.5 AP=75 RND=3 | 轮廓加工（极坐标） |
| N70 | G02 X22.5 Y15 R22.5, R3; | G02 RP=22.5 AP=15 RND=3 | 轮廓加工（极坐标） |
| N80 | G01 X17.5 Y15; | G01 RP=17.5 AP=15 | 轮廓加工（极坐标） |
| N90 | G40 X45 Y0; | G01 G40 RP=45 AP=0 | 取消刀具半径补偿（极坐标） |
| N95 | G15; | | 发那科系统取消极坐标 |
| N100 | G00 Z5; | G00 Z5 | 抬刀 |
| N110 | M99; | RET | 子程序结束 |

5）环形槽精加工子程序（发那科系统程序名为"O0200"，西门子系统程序名为"L200.SPF"）见表5-50。

表5-50 环形槽精加工子程序

| 程序段号 | 程序内容（发那科系统） | 程序内容（西门子828D、840D sl系统） | 程序说明 |
|---|---|---|---|
| N10 | G00 G43 X20 Y0 Z5 H04; | G00 X20 Y0 Z5 | 刀具移动到X20 Y0 Z5位置 |
| N15 | G16; | | 发那科系统极坐标开始 |
| N20 | G41 X35.5 Y-30 D04; | G41 RP=35.5 AP=-30 | 建立刀具半径左补偿（极坐标） |
| N30 | G01 Z-8 F40; | G01 Z-8 F40 | 下刀 |
| N40 | G03 X35.5 Y30 R35.5 F50; | G03 RP=35.5 AP=30 F50 | 圆弧加工（极坐标，极点在工件坐标系原点） |
| N45 | | G112 RP=32.5 AP=30 | 西门子系统将R3mm圆弧圆心定义为极点 |
| N50 | G03 X29.5 Y30 R3; | G03 RP=3 AP=-150 | 圆弧加工（极坐标） |
| N55 | | G112 RP=32.5 AP=-150 | 西门子系统将R29.5mm圆弧圆心定义为极点 |
| N60 | G02 X29.5 Y-30 R29.5; | G02 RP=29.5 AP=-30 | 圆弧加工（极坐标） |
| N65 | | G112 RP=32.5 AP=-30 | 西门子系统将R3mm圆弧圆心定义为极点 |
| N70 | G03 X35.5 Y-30 R3; | G03 RP=3 AP=-30 | 圆弧加工（极坐标） |
| N75 | G15; | G112 RP=32.5 AP=150 | 发那科系统极坐标结束，西门子系统将极点定义回工件坐标系原点 |
| N80 | G00 Z5; | G00 Z5 | 抬刀 |
| N90 | G40 X20 Y0; | G40 X20 Y0 | 取消刀具半径补偿 |
| N100 | M99; | RET | 子程序结束 |

用加工中心加工时，只需把手动换刀指令换成自动换刀指令即可，即主程序相应程序段改成自动换刀指令，由机械手自动换刀。西门子系统也可以通过调用环形槽循环和轮廓加工循环指令编程。

**任务实施**

## 一、加工准备

1）检查毛坯尺寸。

2）开机、回参考点。

3）输入程序：将程序通过面板输入数控系统。

4）装夹工件：将机用平口钳装夹在铣床工作台上，用百分表校正；将工件装夹在机用平口钳上，底部用垫块垫起，使工件伸出钳口10mm，用百分表校平工件上表面并夹紧。

5）装夹刀具：共采用四把铣刀，分别为直径为 10mm、5mm 的粗加工键槽铣刀和直径为 10mm、5mm 的精加工立铣刀（可垂直下刀）或精加工键槽铣刀。通过弹簧夹头把铣刀装夹在铣刀刀柄中，刀号分别为 T01、T02、T03、T04。根据加工情况分别把粗、精加工铣刀柄装入铣床主轴（加工中心则把粗、精加工铣刀全部装入刀库）中。

## 二、对刀操作

（1）X、Y 方向对刀　X、Y 方向采用试切法对刀，将机床坐标系原点偏置到工件坐标系原点上，通过对刀操作得到 X、Y 偏置值并输入到 G54 中，G54 中 Z 坐标输入 0。

（2）Z 方向对刀　依次安装四把铣刀，测量每把刀的刀位点，将从参考点到工件上表面的 Z 值输入到相应的刀具长度补偿号中，加工时调用。

## 三、空运行及仿真

空运行：设置机床中的刀具半径补偿值，把基础坐标系中的 Z 方向值变为"+50"，打开程序，选择 MEM 工作模式，按空运行按钮，按循环启动键，观察加工轨迹，空运行结束后使空运行按钮复位。

仿真：在数控机床中调整机床刀具半径补偿值，打开仿真功能进行轨迹仿真，也可以用仿真软件在计算机上进行仿真练习，测试程序及加工情况。

## 四、零件自动加工及精度控制

加工时，先安装粗加工铣刀进行粗加工，然后换精加工刀具进行精加工。粗加工时，精加工余量由设置的刀具半径补偿值控制。如用 $\phi$10mm 键槽铣刀粗铣时，机床中的刀具半径补偿值"T01 D01"输入 5.3mm，轮廓留 0.3mm 的精加工余量；用 $\phi$5mm 键槽铣刀粗铣时，机床中的刀具半径补偿值"T02 D01"输入 2.8mm，轮廓留 0.3mm 的精加工余量。精加工时，根据加工测量结果修调刀具半径补偿值来控制轮廓尺寸。同样，深度尺寸也根据加工测量结果逐步修调长度磨损，以达到尺寸要求。

## 五、任务检测与评分标准（见表 5-51）

表 5-51　环形槽及环形凸台加工检测评价表

| 序号 | 检测项目 | 检测内容及要求 | 配分 | 学生自检 | 学生互检 | 教师检测 | 得分 |
|---|---|---|---|---|---|---|---|
| 1 | 职业素养 | 文明、礼仪 | 5 | | | | |
| 2 | | 安全、纪律 | 10 | | | | |
| 3 | | 行为习惯 | 5 | | | | |
| 4 | | 工作态度 | 5 | | | | |
| 5 | | 团队合作 | 5 | | | | |

（续）

| 序号 | 检测项目 | 检测内容及要求 | 配分 | 学生自检 | 学生互检 | 教师检测 | 得分 |
|---|---|---|---|---|---|---|---|
| 6 | 制订工艺 | 1）选择装夹与定位方式<br>2）选择刀具<br>3）选择加工路径<br>4）选择合理的切削用量 | 5 | | | | |
| 7 | 程序编制 | 1）编程坐标系选择正确<br>2）指令使用与程序格式正确<br>3）基点坐标计算正确 | 10 | | | | |
| 8 | 机床操作 | 1）开机前检查、开机、回参考点<br>2）工件、刀具的装夹与对刀<br>3）程序输入与校验 | 5 | | | | |
| 9 | 零件加工 | $3^{+0.1}_{0}$ mm | 4 | | | | |
| 10 | | $5^{0}_{-0.1}$ mm | 4 | | | | |
| 11 | | $R3$ mm（20处） | 20 | | | | |
| 12 | | $\phi65$ mm | 2 | | | | |
| 13 | | $\phi25$ mm | 2 | | | | |
| 14 | | $\phi45$ mm | 2 | | | | |
| 15 | | $20^{0}_{-0.1}$ mm | 2 | | | | |
| 16 | | 15° | 2 | | | | |
| 17 | | 60°（8处） | 8 | | | | |
| 18 | | 表面粗糙度值 $Ra3.2\mu m$ | 4 | | | | |
| | 综合评价 | | | | | | |

## 六、加工结束，拆下工件与刀具，清理机床

### 操作注意事项

1）加工前应注意每把刀具的半径和长度补偿等参数的设定。

2）加工凸台轮廓选择从工件侧边下刀时，可选用不能垂直下刀的立铣刀进行加工。加工环形槽时，应选能垂直进刀的立铣刀或键槽铣刀。

3）环形槽宽度的测量，应注意测量尺寸是指内、外圆弧径向值。

4）铣凸台轮廓后，剩余岛屿余量可另外编程进行加工，也可以通过手动加工方式去除。

### 拓展学习

中国空间站又称天宫号空间站，包括"天和号"核心舱、"梦天号"实验舱、"问天

中国空间站

号"实验舱、"神舟号"载人飞船和"天舟号"货运飞船五个模块。建设和运营空间站是衡量一个国家经济、科技和综合国力的重要标志。中国空间站的建造运营将为人类开展深空探索储备技术、积累经验，是中国为人类探索宇宙奥秘、和平利用外太空、推动构建人类命运共同体做出的积极贡献。

## 思考与练习

1. 发那科系统与西门子系统极坐标指令有何异同？

2. 什么样的零件宜采用极坐标编程加工？

3. 简述西门子系统轨迹铣削循环各参数含义。

4. 做一做：编制图 5-25 所示零件的加工程序并进行加工。

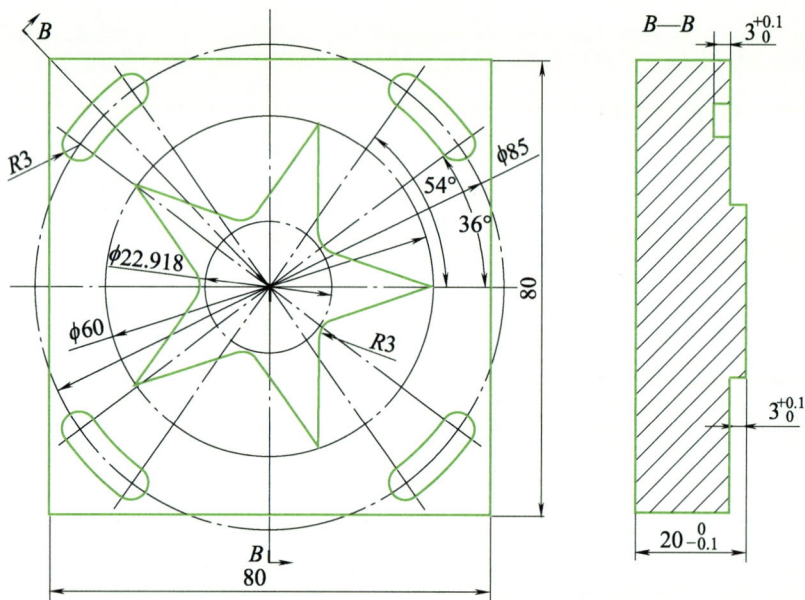

图 5-25　4 题图

# 项目六 零件综合加工和CAD/CAM加工

## 任务一 冲压模板加工

### 学习目标

#### 1. 知识目标

1) 能读懂零件图。

2) 能熟练选择钻孔、铰孔及加工简单型腔所需的刀具及夹具。

3) 掌握钻孔、铰孔及加工简单型腔的工艺知识及切削用量的选择方法。

4) 掌握型腔类零件加工程序的编制方法。

#### 2. 技能目标

1) 会使用寻边器。

2) 会使用刀具长度补偿、半径补偿控制精度。

3) 会选择适当的量具检测工件。

4) 完成图6-1所示零件的加工，其三维效果图如图6-2所示，材料为硬铝。

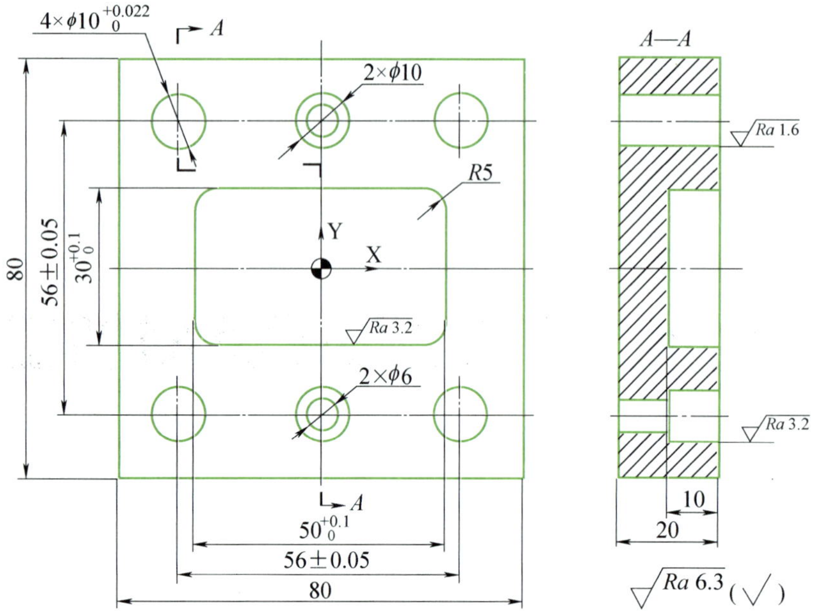

图 6-1  冲压模板零件图

图 6-2  三维效果图

## 知识学习

### 一、加工工艺分析

#### 1. 工、量、刃具选择

（1）工具选择  工件装夹在机用平口钳上，用百分表校正钳口，X、Y 方向用寻边器对刀。具体工具见表 6-1。

（2）量具选择  孔间距及凹槽轮廓尺寸用游标卡尺测量；孔深、槽深用游标深度卡尺测量；$4\times\phi10^{+0.022}_{0}$ mm 孔精度要求较高，用内径千分尺测量，其规格见表 6-1。

（3）刃具选择  工件上表面铣削用面铣刀；孔加工用中心钻、麻花钻、铰刀；凹槽加工用键槽铣刀及立铣刀，具体规格见表 6-1。

表 6-1  工、量、刃具清单

| 种  类 | 序  号 | 名    称 | 规    格 | 数    量 |
|---|---|---|---|---|
| 工具 | 1 | 机用平口钳 | QH160 | 1 个 |
| | 2 | 平行垫铁 | | 若干 |
| | 3 | 塑胶锤子 | | 1 个 |
| | 4 | 呆扳手 | | 若干 |
| | 5 | 寻边器 | $\phi10$mm | 1 只 |
| 量具 | 1 | 游标卡尺 | 0～150mm | 1 把 |
| | 2 | 百分表及表座 | 0～10mm | 1 只 |
| | 3 | 游标深度卡尺 | 0～150mm | 1 把 |
| | 4 | 内径千分尺 | 5～25mm | 1 把 |

（续）

| 种 类 | 序 号 | 名 称 | 规 格 | 数 量 |
|---|---|---|---|---|
| 刀具 | 1 | 面铣刀 | $\phi 60\text{mm}$ | 1 把 |
| | 2 | 中心钻 | A2 | 1 个 |
| | 3 | 麻花钻 | $\phi 6\text{mm}$、$\phi 9.7\text{mm}$ | 各 1 个 |
| | 4 | 机用铰刀 | $\phi 10\text{H}8$ | 1 把 |
| | 5 | 键槽铣刀 | $\phi 10\text{mm}$ | 1 把 |
| | 6 | 立铣刀 | $\phi 10\text{mm}$ | 1 把 |

### 2. 加工工艺方案

（1）加工工艺路线　本任务首先应粗、精铣坯料上表面，然后用键槽铣刀（立铣刀）粗、精铣凹槽；两沉孔精度较低，采用钻孔+铣孔工艺加工；$4 \times \phi 10^{+0.022}_{0}\text{mm}$ 孔采用钻孔（含钻中心孔）+铰孔工艺保证精度；若图样不要求加工上表面，该面只钻孔、铣孔、铰孔等，则在工件装夹时应用百分表校平该表面，而后再加工，这样才能保证孔、槽的深度尺寸及位置精度。其具体工艺路线安排如下。

1）粗、精铣坯料上表面，粗铣余量根据毛坯情况由程序控制，留精铣余量 0.5mm。

2）用中心钻钻中心孔。

3）用 $\phi 10\text{mm}$ 键槽铣刀铣 $2 \times \phi 10\text{mm}$ 孔并粗铣内槽。

4）用 $\phi 10\text{mm}$ 立铣刀精铣内槽。

5）用 $\phi 6\text{mm}$ 钻头钻 $2 \times \phi 6\text{mm}$ 的通孔。

6）用 $\phi 9.7\text{mm}$ 钻头钻 $4 \times \phi 10^{+0.022}_{0}\text{mm}$ 的底孔。

7）用 $\phi 10\text{H}8$ 机用铰刀铰 $4 \times \phi 10^{+0.022}_{0}\text{mm}$ 的孔。

（2）合理选择切削用量　加工铝件，粗加工深度除留精加工余量外，可以一刀切完。切削速度可以提高，但垂直下刀进给量应较小。切削用量见表6-2。

表 6-2 切削用量选择

| 刀 具 号 | 刀 具 规 格 | 工 序 内 容 | $v_1/(\text{mm/min})$ | $n/(\text{r/min})$ |
|---|---|---|---|---|
| T1 | $\phi 60\text{mm}$ 面铣刀 | 粗、精铣坯料上表面 | 100/80 | 500/800 |
| T2 | A2 中心钻 | 钻中心孔 | 100 | 1000 |
| T3 | $\phi 10\text{mm}$ 键槽铣刀 | 铣 $2 \times \phi 10\text{mm}$ 孔及内槽 | 100 | 800 |
| T4 | $\phi 10\text{mm}$ 立铣刀 | 精铣内槽 | 80 | 1000 |
| T5 | $\phi 6\text{mm}$ 麻花钻 | 钻 $2 \times \phi 6\text{mm}$ 的通孔 | 100 | 1000 |
| T6 | $\phi 9.7\text{mm}$ 麻花钻 | 钻 $4 \times \phi 10^{+0.022}_{0}\text{mm}$ 的底孔 | 100 | 800 |
| T7 | $\phi 10\text{H}8$ 机用铰刀 | 铰 $4 \times \phi 10^{+0.022}_{0}\text{mm}$ 的孔 | 80 | 1200 |

## 二、参考程序

选择工件中心为工件坐标系 X、Y 的原点，工件的上表面为工件坐标系的 Z＝1 面。

参考程序（发那科系统程序名为"O0613"，西门子系统程序名为"XK0613.MPF"）见表6-3。

表6-3 参考程序

| 程序<br>段号 | 程序内容<br>（发那科系统） | 程序内容<br>（西门子系统） | 程 序 说 明 |
|---|---|---|---|
| N0010 | G90 G54 G17 G40 G80 G49; | G90 G54 G17 G40 T1 D1 | 设置初始状态，安装 T1 面铣刀 |
| N0020 | M3 S500; | M3 S500 | 主轴正转，转速为 500r/min |
| N0030 | G00 G43 X-80 Y20 Z5 H01; | G00 X-80 Y20 Z5 | 刀具快速移动到（-80，20） |
| N0040 | G01 Z0.5 F100; | G01 Z0.5 F100 | 刀具 Z 方向下刀至 Z0.5 |
| N0050 | X80; | X80 | 直线进给到 X80 处 |
| N0060 | G00 Z5; | G00 Z5 | 刀具快速抬起至 Z5 |
| N0070 | X-80 Y-20; | X-80 Y-20 | 刀具快速运动到（-80，-20） |
| N0080 | G01 Z0.5; | G01 Z0.5 | 刀具 Z 方向下刀至 Z0.5 |
| N0090 | X80; | X80 | 直线进给到 X80 处 |
| N0100 | G00 Z5; | G00 Z5 | 刀具快速抬起至 Z5 |
| N0110 | X-80 Y20; | X-80 Y20 | 刀具快速运动到（-80，20）处 |
| N0120 | M3 S800; | M3 S800 | 主轴正转，精加工转速为 800r/min |
| N0130 | G01 Z0 F80; | G01 Z0 F80 | 刀具 Z 方向下刀，进给速度为 80mm/min |
| N0140 | X80; | X80 | 刀具直线进给到 X80 处 |
| N0150 | G00 Z5; | G00 Z5 | 刀具快速抬起至 Z5 |
| N0160 | X-80 Y-20; | X-80 Y-20 | 刀具快速运动到（-80，-20）处 |
| N0170 | G01 Z0; | G01 Z0 | 直线进给到工件上 Z0 处 |
| N0180 | X80; | X80 | 直线进给到 X80 处 |
| N0190 | G00 Z200; | G00 Z200 | 刀具快速抬起至 Z200 |
| N0200 | M5 M00; | M5 M00 | 主轴停，程序停止，安装 T2 刀具（中心钻） |
| N0210 | G90 G54 G00 X-28 Y28; | G90 G54 G00 X-28 Y28 T2 D1 | 绝对编程、建立工件坐标系，刀具快速移动到 X-28 Y28 |
| N0220 | M03 S1000 M8; | M03 S1000 M8 F100 | 主轴正转，转速为 1000r/min，切削液开 |
| N0230 | Z5 G43 H02; | Z5 | 发那科系统调用 2 号刀具长度补偿 |
| N0240 | G99 G81 Z-3 R5 F100; | CYCLE81（5，0，1，-3，，，2，0，1，12） | 调用孔加工循环，钻中心孔，深 3mm |
| N0250 | X0 Y28; | G00 X0 Y28 | 刀具移至（0，28）继续钻中心孔 |
| N0255 | | CYCLE81 | |
| N0260 | X28 Y28; | G00 X28 Y28 | 刀具移至（28，28）继续钻中心孔 |
| N0265 | | CYCLE81 | |
| N0270 | X28 Y-28; | G00 X28 Y-28 | 刀具移至（28，-28）继续钻中心孔 |
| N0275 | | CYCLE81 | |
| N0280 | X0 Y-28; | G00 X0 Y-28 | 刀具移至（0，-28）继续钻中心孔 |
| N0285 | | CYCLE81 | |

（续）

| 程序<br>段号 | 程序内容<br>（发那科系统） | 程序内容<br>（西门子系统） | 程 序 说 明 |
|---|---|---|---|
| N0290 | G98 X-28 Y-28； | G00 X-28 Y-28 | 刀具移至（-28，-28）继续钻中心孔 |
| N0295 | | CYCLE81 | |
| N0300 | G00 G80 Z100； | G00 Z100 | 刀具Z方向快速退回，发那科系统取消钻孔循环 |
| N0310 | M05 M9 M00； | M05 M9 M00 | 主轴停转，切削液关，程序停止，安装T3刀具（键槽铣刀） |
| N0320 | G90 G54 G00 X0 Y28； | G90 G54 G00 X0 Y28 T3 D1 | 绝对编程、建立工件坐标系，刀具快速移动到X0 Y28 |
| N0330 | M03 S800 M8； | M03 S800 M8 | 主轴正转，转速为800r/min，切削液开 |
| N0340 | G43 H03 Z5； | Z5 | 发那科系统调用3号刀具长度补偿 |
| N0350 | G01 Z-10 F100； | G01 Z-10 F100 | 铣孔，深10mm |
| N0360 | G4 X5； | G4 F5 | 刀具暂停5s |
| N0370 | Z5； | Z5 | 刀具抬到Z5处 |
| N0380 | G00 Y-28； | G00 Y-28 | 刀具快速移到Y-28处 |
| N0390 | G01 Z-10； | G01 Z-10 F100 | 铣孔，深10mm |
| N0400 | G4 X5； | G4 F5 | 刀具暂停5s |
| N0410 | Z5； | Z5 | 刀具抬到Z5处 |
| N0420 | G00 X-10 Y0； | G00 X-10 Y0 | 刀具Z方向进给至Z-5处，粗铣内轮廓 |
| N0430 | G01 Z-5 F100； | G01 Z-5 F100 | |
| N0440 | X19； | X19 | |
| N0450 | Y9； | Y9 | |
| N0460 | X-19； | X-19 | |
| N0470 | Y-9； | Y-9 | |
| N0480 | X19； | X19 | |
| N0490 | Y0； | Y0 | |
| N0500 | G00 Z5； | G00 Z5 | 抬刀 |
| N0510 | X-10 Y0； | X-10 Y0 | 刀具移至（-10，0）位置 |
| N0520 | G01 Z-10 F100； | G01 Z-10 F100 | 刀具Z方向进给至Z-10处，继续粗铣内轮廓 |
| N0530 | X19； | X19 | |
| N0540 | Y9； | Y9 | |
| N0550 | X-19； | X-19 | |
| N0560 | Y-9； | Y-9 | |
| N0570 | X19； | X19 | |
| N0580 | Y0； | Y0 | |
| N0590 | G00 Z150； | G00 Z150 | 抬刀 |

（续）

| 程序段号 | 程序内容（发那科系统） | 程序内容（西门子系统） | 程序说明 |
|---|---|---|---|
| N0600 | M05 M9 M00； | M05 M9 M00 | 主轴停转，切削液关，程序停止，安装 T4 刀具（立铣刀） |
| N0610 | G90 G54 G00 X-10 Y0； | G90 G54 G00 X-10 Y0 T4 D1 | 绝对编程、建立工件坐标系，刀具快速移动到 X-10 Y0 |
| N0620 | M03 S1000 M8； | M03 S1000 M8 | 主轴正转，转速为 1000r/min，切削液开 |
| N0630 | G43 Z1 H04； | Z1 | 发那科系统调用 4 号刀具长度补偿 |
| N0640 | G01 Z-10 F80； | G01 Z-10 F80 | 精铣内轮廓 |
| N0650 | G41 X0 Y-15 D4； | G41 X0 Y-15 | 建立刀具半径补偿 |
| N0670 | X20； | X20 | 直线进给到 X20 处 |
| N0680 | G03 X25 Y-10 I0 J5； | G03 X25 Y-10 I0 J5 | 逆时针圆弧插补 |
| N0690 | G01 Y10； | G01 Y10 | 直线进给到 Y10 处 |
| N0700 | G03 X20 Y15 I-5 J0； | G03 X20 Y15 I-5 J0 | 逆时针圆弧插补 |
| N0710 | G01 X-20； | G01 X-20 | 直线进给到 X-20 处 |
| N0720 | G03 X-25 Y10 I0 J-5； | G03 X-25 Y10 I0 J-5 | 逆时针圆弧插补 |
| N0730 | G01 Y-10； | G01 Y-10 | 直线进给到 Y-10 处 |
| N0740 | G03 X-20 Y-15 I5 J0； | G03 X-20 Y-15 I5 J0 | 逆时针圆弧插补 |
| N0750 | G01 X0； | G01 X0 | 直线进给到 X0 处 |
| N0760 | G40 X10 Y0； | G40 X10 Y0 | 取消刀具半径补偿 |
| N0770 | Z0； | Z0 | 刀具沿 Z 向移动到 Z0 处 |
| N0780 | G00 Z150； | G00 Z150 | 刀具快速移动到 Z150 处 |
| N0790 | M5 M9 M00； | M5 M9 M00 | 主轴停转，切削液关，程序停止，安装 T5 刀具（φ6mm 麻花钻） |
| N0800 | G90 G54 G00 X0 Y28； | G90 G54 G00 X0 Y28 T5 D1 | 绝对编程、建立工件坐标系，刀具快速移动到（0，28） |
| N0810 | M03 S1000 M8； | M03 S1000 M8 F100 | 主轴正转，转速为 1000r/min，切削液开 |
| N0820 | G43 Z5 H05； | Z5 | 发那科系统调用 5 号刀具长度补偿 |
| N0830 | G99 G83 Z-24 R5 Q5 F100； | CYCLE83（5，0，2，，-24，，，5，90，2…） | 调用孔加工循环，钻孔，深 24mm |
| N0840 | G98 X0 Y-28； | G00 X0 Y-28 | 刀具移至（0，-28）处继续钻孔 |
| N0845 | | CYCLE83 | |
| N0850 | G80 G00 Z150； | G00 Z150 | 取消钻孔循环，刀具沿 Z 轴快速移动到 Z150 处 |
| N0860 | M05 M9 M00； | M05 M9 M00 | 主轴停转，切削液关，程序停止，安装 T6 刀具（φ9.7mm 麻花钻） |

（续）

| 程序<br>段号 | 程序内容<br>（发那科系统） | 程序内容<br>（西门子系统） | 程序说明 |
|---|---|---|---|
| N0870 | G90 G54 G00 X-28 Y28； | G90 G54 G00 X-28 Y28 T6 D1 | 绝对编程、建立工件坐标系，刀具快速移动到 X-28 Y28 |
| N0880 | M03 S800 M8； | M03 S800 M8 F100 | 主轴正转，转速为 800r/min，切削液开 |
| N0890 | G43 Z5 H06； | Z5 | 发那科系统调用 6 号刀具长度补偿 |
| N0900 | G99 G83 Z-24 R5 Q5 F100； | CYCLE83（5，0，2，，-24，，，5，90，2…） | 调用孔加工循环，钻孔，深 24mm |
| N0910 | X28 Y28； | G00 X28 Y28 | 刀具移至（28，28）继续钻孔 |
| N0915 | | CYCLE83 | |
| N0920 | X28 Y-28； | G00 X28 Y-28 | 刀具移至（28，-28）继续钻孔 |
| N0925 | | CYCLE83 | |
| N0930 | G98 X-28 Y-28； | G00 X-28 Y-28 | 刀具移至（-28，-28）继续钻孔 |
| N0935 | | CYCLE83 | |
| N0940 | G80 G00 Z100； | G00 Z100 | 抬刀，发那科系统同时取消钻孔循环 |
| N0950 | M05 M9 M00； | M05 M9 M00 | 主轴停转，切削液关，程序停止，安装 T7 刀具（机用铰刀） |
| N0960 | G90 G54 G00 X-28 Y28； | G90 G54 G00 X-28 Y28 T7 D1 | 绝对编程、建立工件坐标系，刀具快速移动到（-28，28） |
| N0970 | M03 S1200 M8； | M03 S1200 M8 F80 | 主轴正转，转速为 1200r/min，切削液开 |
| N0980 | G43 Z5 H07； | Z5 | 调用 7 号刀具长度补偿 |
| N0990 | G99 G85 Z-23 R5 F80； | CYCLE86（5，0，2，-23，，1，3，…） | 调用孔加工循环，铰孔，深 23mm |
| N1000 | X28 Y28； | G00 X28 Y28 | 刀具移至（28，28）继续铰孔 |
| N1005 | | CYCLE86 | |
| N1010 | X28 Y-28； | G00 X28 Y-28 | 刀具移至（28，-28）继续铰孔 |
| N1015 | | CYCLE86 | |
| N1020 | G98 X-28 Y-28； | G00 X-28 Y-28 | 刀具移至（-28，-28）继续铰孔 |
| N1025 | | CYCLE85 | |
| N1030 | G80 G00 Z150； | G00 Z150 | 抬刀，发那科系统同时取消钻孔循环 |
| N1040 | M05 M9 M02； | M05 M9 M02 | 主轴停转，切削液关，程序结束 |

### 任务实施

### 一、加工准备

1）读零件图，并检查坯料的尺寸。

2）开机，机床回参考点。

3）输入程序并检查程序。

4）安装夹具，夹紧工件。

5）装夹刀具。本任务共使用了 7 把刀具，把不同类型的刀具分别安装到对应的刀柄上，注意刀具伸出长度应能满足加工要求，不能发生干涉，并考虑钻头的刚性，然后按序号依次放置在刀架上，分别检查每把刀具安装的牢固性和正确性。

## 二、对刀

（1）X、Y 向对刀 采用寻边器对刀。光电式寻边器（图 6-3）一般由柄部和触头组成，常应用在数控铣床（加工中心）上。触头和柄部之间有一个固定的电位差，触头装在机床主轴上时，工作台上的工件（金属材料）与触头电位相同，当触头与工件表面接触时就形成回路电流，使内部电路产生光电信号。其操作步骤如下。

图 6-3 光电式寻边器

1）把寻边器装在主轴上并校正。

2）沿 X（或 Y）方向缓慢移动触头，直到触头接触到工件被测轮廓，指示灯亮，然后反向移动，指示灯灭。

3）降低移动量，移动触头，直至指示灯亮。

4）逐级降低移动量（0.1mm→0.01mm→0.001mm），重复 2）、3）的操作，最后指示灯亮。

5）进行面板操作，把操作得到的偏置值输入到零点偏置中。

（2）Z 向对刀 测量 7 把刀的刀位点，将从参考点到工件上表面的 Z 值，分别输入到对应的刀具长度补偿中（G54 中 Z 值设为-1）。

## 三、空运行及仿真

注意空运行及仿真时，使机床机械锁定或使 G54 中的 Z 坐标中输入 50mm，按下启动键，适当降低进给速度，检查刀具运动轨迹是否正确。若在机床机械锁定状态下，空运行结束后必须回机床参考点；若在更改 G54 的 Z 坐标状态下，空运行结束后 Z 坐标值恢复为"-1"，机床不需要回参考点。

## 四、零件自动加工

首先使各个倍率开关达到最小状态，按下循环启动键。机床加工过程中适当调整各个倍率开关，保证加工正常进行。

## 五、任务检测与评分标准（见表 6-4）

表 6-4　冲压模板加工检测评价表

| 序号 | 检测项目 | 检测内容及要求 | 配分 | 学生自检 | 学生互检 | 教师检测 | 得分 |
|---|---|---|---|---|---|---|---|
| 1 | 职业素养 | 文明、礼仪 | 5 | | | | |
| 2 | | 安全、纪律 | 10 | | | | |
| 3 | | 行为习惯 | 5 | | | | |
| 4 | | 工作态度 | 5 | | | | |
| 5 | | 团队合作 | 5 | | | | |
| 6 | 制订工艺 | 1）选择装夹与定位方式<br>2）选择刀具<br>3）选择加工路径<br>4）选择合理的切削用量 | 5 | | | | |
| 7 | 程序编制 | 1）编程坐标系选择正确<br>2）指令使用与程序格式正确<br>3）基点坐标计算正确 | 10 | | | | |
| 8 | 机床操作 | 1）开机前检查、开机、回参考点<br>2）工件、刀具的装夹与对刀<br>3）程序输入与校验 | 5 | | | | |
| 9 | 零件加工 | $30^{+0.1}_{0}$ mm | 5 | | | | |
| 10 | | $50^{+0.1}_{0}$ mm | 5 | | | | |
| 11 | | $R5$mm（4 处） | 4 | | | | |
| 12 | | $4\times\phi10^{+0.022}_{0}$ mm | 12 | | | | |
| 13 | | $2\times\phi6$mm | 2 | | | | |
| 14 | | $2\times\phi10$mm | 2 | | | | |
| 15 | | （56±0.05）mm（2 处） | 6 | | | | |
| 16 | | 10mm（3 处） | 3 | | | | |
| 17 | | 表面粗糙度值 $Ra1.6\mu$m（4 处） | 6 | | | | |
| 18 | | 表面粗糙度值 $Ra3.2\mu$m（3 处） | 4 | | | | |
| 19 | | 表面粗糙度值 $Ra6.3\mu$m | 1 | | | | |
| 综合评价 | | | | | | | |

## 六、加工结束，清理机床

松开夹具，卸下工件与刀具，清理机床。

### ♻ 操作注意事项

1）装夹毛坯时，要考虑垫铁与加工部位是否干涉。

2）钻孔前要利用中心钻钻中心孔，保证中心钻和麻花钻对刀的一致性。

3）西门子系统用 CYCLE86 循环铰孔时，X、Y 方向不能有退刀量。

4）本任务所用刀具较多，应注意各刀具号设置及机床参数的调整，避免刀具及参数设置错误，影响加工。

5）使用寻边器前一定先校准，而后再使用，同时注意轻拿轻放。对刀接近工件时倍率要小，以免损坏寻边器。

### 思考与练习

1. 简述使用寻边器对刀的步骤。

2. 使用寻边器时应注意哪些事项？

3. 做一做：针对图 6-4 所示零件，编写加工程序并进行加工。

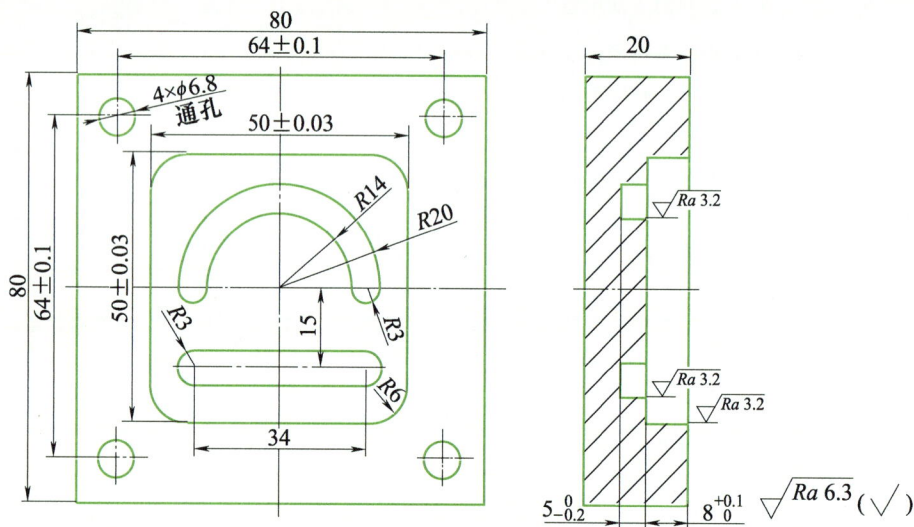

图 6-4　3 题图

## 任务二　底座板加工

### 学习目标

1. 知识目标

1）会识读零件图。

2）熟悉工件安装、刀具选择、工艺编制及切削用量选择方法。

3）掌握台阶工件轮廓加工工艺的制订及程序编制方法。

### 2. 技能目标

1）会使用Z轴设定器。

2）会进行外轮廓和铣孔的精度控制。

3）完成图6-5所示零件的加工，其三维效果图如图6-6所示，材料为硬铝。

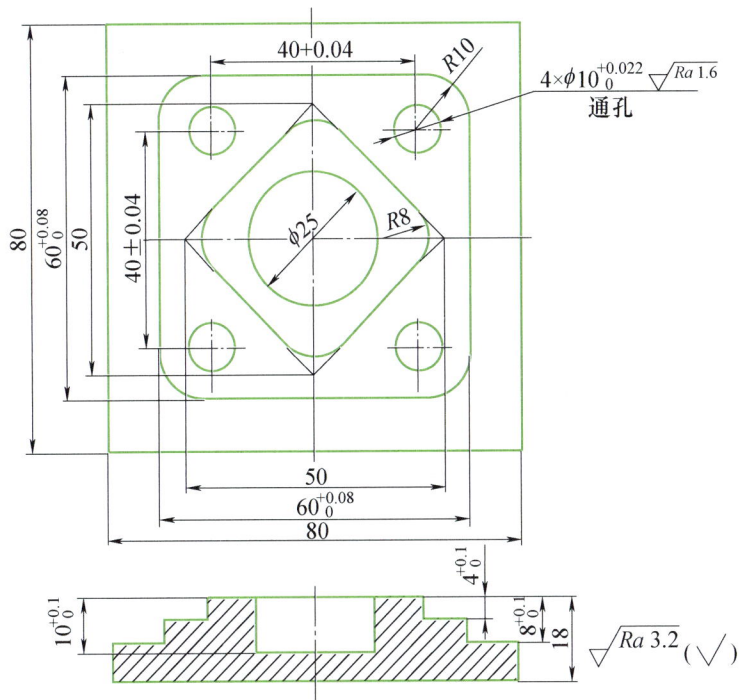

图6-5　底座板零件图

图6-6　三维效果图

**知识学习**

## 一、加工工艺分析

### 1. 工、量、刃具选择

（1）工具选择　工件装夹在机用平口钳上，机用平口钳用百分表校正，X、Y方向用寻边器对刀，Z方向用Z轴设定器对刀，具体工具见表6-5。

（2）量具选择　轮廓及深度尺寸用游标卡尺测量；圆弧半径用半径样板测量；内孔用内径千分尺测量，量具具体规格见表6-5。

（3）刃具选择　上表面铣削用面铣刀；轮廓加工用键槽铣刀；孔加工用中心钻、麻花钻及铰刀，具体规格见表6-5。

### 2. 加工工艺方案

（1）加工工艺路线　本任务以铣削台阶外轮廓、平底孔、钻孔及铰孔为主。该零件外轮廓采用先粗后精的方法加工，若单件加工，可以只编写精加工程序，粗加工通过修改刀具半径的方法设置精加工余量；若批量生产，应直接编写粗、精加工程序，以便提高生产率。对于孔加工，根据被加工孔的精度要求安排钻孔（含钻中心孔）+铰孔加工工艺，且应放在待加工面加工结束后进行。若先钻、铰孔再加工上表面，加工表面时会使铝屑掉入已加工的孔内，使已铰好的孔壁划伤。具体工艺路线如下。

表 6-5 工、量、刃具清单

| 种　类 | 序　号 | 名　称 | 规　格 | 数　量 |
|---|---|---|---|---|
| 工具 | 1 | 机用平口钳 | QH160 | 1个 |
| | 2 | 平行垫铁 | | 若干 |
| | 3 | 塑胶锤子 | | 1个 |
| | 4 | 呆扳手 | | 若干 |
| | 5 | 寻边器 | $\phi 10mm$ | 1只 |
| | 6 | Z轴设定器 | 50mm | 1只 |
| 量具 | 1 | 游标卡尺 | $0 \sim 150mm$ | 1把 |
| | 2 | 百分表及表座 | $0 \sim 10mm$ | 1只 |
| | 3 | 半径样板 | $R8mm$、$R10mm$ | 各1套 |
| | 4 | 内径千分尺 | $5 \sim 25mm$ | 1把 |
| 刃具 | 1 | 面铣刀 | $\phi 60mm$ | 1把 |
| | 2 | 中心钻 | A2 | 1个 |
| | 3 | 麻花钻 | $\phi 9.7mm$ | 1个 |
| | 4 | 机用铰刀 | $\phi 10H8$ | 1把 |
| | 5 | 键槽铣刀 | $\phi 16mm$ | 1把 |

1）粗、精铣坯料上表面。粗铣余量根据毛坯情况由程序控制，留精铣余量0.5mm。

2）用$\phi 16mm$键槽铣刀粗、精铣外轮廓和$\phi 25mm$内轮廓。

3）用中心钻钻$4 \times \phi 10^{+0.022}_{0}mm$中心孔。

4）用$\phi 9.7mm$麻花钻钻$4 \times \phi 10^{+0.022}_{0}mm$孔。

5）用$\phi 10H8$机用铰刀铰$4 \times \phi 10^{+0.022}_{0}mm$孔。

（2）合理选择切削用量　加工铝件，粗加工深度除留精加工余量外，可以一刀切完。切削速度可以提高，但垂直下刀进给量应较小，参考切削用量见表6-6。

表 6-6 切削用量

| 刀　具　号 | 刀具规格 | 工序内容 | $v_f/(mm/min)$ | $n/(r/min)$ |
|---|---|---|---|---|
| T1 | $\phi 60mm$面铣刀 | 粗、精铣坯料上表面 | 100/80 | 500/800 |
| T2 | $\phi 16mm$键槽铣刀 | 粗、精铣外轮廓、内轮廓 | 100 | 800/1200 |
| T3 | A2中心钻 | 钻中心孔 | 100 | 1000 |
| T4 | $\phi 9.7mm$麻花钻 | 钻$4 \times \phi 10^{+0.022}_{0}mm$的底孔 | 100 | 800 |
| T5 | $\phi 10H8$机用铰刀 | 铰$4 \times \phi 10^{+0.022}_{0}mm$的孔 | 100 | 1200 |

## 二、参考程序

选择工件中心为工件坐标系 X、Y 原点，工件的上表面为工件坐标系的 Z＝1 面。外轮廓铣削通过修改刀具半径补偿进行粗、精加工。

参考程序（发那科系统程序名为"O0623"，西门子系统程序名为"ZH0623.MPF"）见表6-7。

表 6-7　参考程序

| 程序段号 | 程序内容（发那科系统） | 程序内容（西门子系统） | 程序说明 |
|---|---|---|---|
| N0010 | G17 G40 G80 G49； | G17 G40 T1 D1 | 设置初始状态 |
| N0020 | M3 S500； | M3 S500 | 正转，转速为 500r/min |
| N0030 | G90 G54 G00 X-80 Y20； | G90 G54 G00 X-80 Y20 | 绝对编程，建立工件坐标，快速移动到（-80，20） |
| N0040 | G43 Z5 H01； | Z5 | 发那科系统调用1号刀具长度补偿 |
| N0050 | G01 Z0.5 F100； | G01 Z0.5 F100 | Z方向下刀，进给速度为 100mm/min |
| N0060 | X80； | X80 | 粗铣上表面 |
| N0070 | G00 Z5； | G00 Z5 | |
| N0080 | X-80 Y-20； | X-80 Y-20 | |
| N0090 | G01 Z0.5； | G01 Z0.5 | |
| N0100 | X80； | X80 | |
| N0110 | G00 Z5； | G00 Z5 | |
| N0120 | X-80 Y20； | X-80 Y20 | |
| N0130 | M3 S800； | M3 S800 | 设置精铣速度 |
| N0140 | G01 Z0 F80； | G01 Z0 F80 | 精铣上表面 |
| N0150 | X80； | X80 | 精铣上表面 |
| N0160 | G00 Z5； | G00 Z5 | |
| N0170 | X-80 Y-20； | X-80 Y-20 | |
| N0180 | G01 Z0； | G01 Z0 | |
| N0190 | X80； | X80 | |
| N0200 | G00 Z200； | G00 Z200 | 刀具快速退回 |
| N0210 | M5 M00； | M5 M00 | 主轴停转，程序停止，安装 T2 刀具（键槽铣刀） |
| N0220 | M03 S800 M8； | M03 S800 M8 | 设置主轴转速 |
| N0230 | G90 G54 G00 X-60 Y-60； | G90 G54 G00 X-60 Y-60 T2 D1 | 设置起刀位置 |
| N0240 | G43 Z5 H02； | Z5 | 发那科系统建立刀具长度补偿 |
| N0250 | Z-10.05； | Z-10.05 | 下刀 |
| N0260 | G42 G00 Y-30.04 D2； | G42 G00 Y-30.04 | 建立刀具半径补偿 |

（续）

| 程序段号 | 程序内容（发那科系统） | 程序内容（西门子系统） | 程 序 说 明 |
|---|---|---|---|
| N0270 | G01 X-30.04 F100； | G01 X-30.04 F100 | 铣削深度可根据刀具、机床及所加工材料分层加工 |
| N0280 | X30.04，R10； | X30.04 RND=10 | 铣台阶轮廓 |
| N0290 | Y30.04，R10； | Y30.04 RND=10 | |
| N0300 | X-30.04，R10； | X-30.04 RND=10 | |
| N0310 | Y-30.04，R10； | Y-30.04 RND=10 | |
| N0320 | X0； | X0 | |
| N0330 | G01 Z-6.05 F500； | G01 Z-6.05 F500 | 抬刀至 Z-6.05 |
| N0340 | Y-25 F100； | Y-25 F100 | 铣中间凸台轮廓 |
| N0350 | X25 Y0，R8； | X25 Y0 RND=8 | |
| N0360 | X0 Y25，R8； | X0 Y25 RND=8 | |
| N0370 | X-25 Y0，R8； | X-25 Y0 RND=8 | |
| N0380 | X0Y-25，R8； | X0 Y-25 RND=8 | |
| N0390 | X25 Y0； | X25 Y0 | |
| N0400 | G01 Z5 F500； | G01 Z5 F500 | 抬刀至 Z5 |
| N0410 | G40 G00 X0 Y0； | G40 G00 X0 Y0 | 刀具移至工件原点，取消刀具半径补偿 |
| N0420 | G01 Z-10.05 F50； | G01 Z-10.05 F50 | 下刀 |
| N0430 | G01 X4.525 F100； | G01 X4.525 F100 | 横向进给 |
| N0440 | G02 I-4.525； | G02 I-4.525 | 铣圆形槽 |
| N0450 | G01 X0 Y0； | G01 X0 Y0 | 刀具移至工件原点 |
| N0460 | G00 Z150； | G00 Z150 | 抬刀 |
| N0470 | M5 M9 M00； | M5 M9 M00 | 主轴停转，程序停止，安装 T3 刀具（中心钻） |
| N0480 | M03 S1000 M8； | M03 S1000 M8 F100 | 调用钻孔循环，钻四个中心孔 |
| N0490 | G90 G54 G00 X-20 Y-20； | G90 G54 G00 X-20 Y-20 T3 D1 | |
| N0500 | G43 Z5 H03； | Z5 F100 | 调用钻孔循环，钻四个中心孔 |
| N0510 | G99 G81 Z-5 R2 F100； | CYCLE81 (5, 0, 1, -5, 0) | |
| N0520 | Y20； | G00 Y20 | |
| N0525 | | CYCLE81 | |
| N0530 | X20； | G00 X20 | |
| N0535 | | CYCLE81 | |
| N0540 | G98 Y-20； | G00 Y-20 | |
| N0545 | | CYCLE81 | |
| N0550 | G80 G00 Z150； | G00 Z150 | 抬刀 |

（续）

| 程序段号 | 程序内容（发那科系统） | 程序内容（西门子系统） | 程序说明 |
|---|---|---|---|
| N0560 | M5 M9 M00； | M5 M9 M00 | 主轴停转，程序停止，安装 T4 刀具（麻花钻） |
| N0570 | G00 G90 G54 X−20 Y−20； | G00 G90 G54 X−20 Y−20<br>T4 D1 | 调用循环，钻 $4\times\phi 10^{+0.022}_{0}$mm 的底孔 |
| N0580 | M03 S800 M8； | M03 S800 M8 | |
| N0590 | G43 Z5 H04； | Z5 F100 | |
| N0600 | G99 G83 Z−24 R5 Q5 F100； | CYCLE83（5，0，2，，−24，，，5，90，2…） | |
| N0610 | Y20； | G00 Y20 | |
| N0615 | | CYCLE83 | |
| N0620 | X20； | G00 X20 | |
| N0625 | | CYCLE83 | |
| N0630 | G98 Y−20； | G00 Y−20 | |
| N0635 | | CYCLE83 | |
| N0640 | G80 G00 Z150； | G00 Z150 | 抬刀 |
| N0650 | M5 M9 M00； | M5 M9 M00 | 主轴停转，程序停止，安装 T5 刀具（机用铰刀） |
| N0660 | G90 G54 G00 X−20 Y−20； | G90 G54 G00 X−20 Y−20<br>T5 D1 | 调用镗孔循环，铰 $4\times\phi 10^{+0.022}_{0}$mm 的孔 |
| N0670 | M03 S1200 M8； | M03 S1200 M8 | |
| N0680 | G43 Z5 H05； | Z5 F100 | |
| N0690 | G99 G85 Z−23 R5 F100； | CYCLE86（5，0，2，，−23，，1，3，…） | |
| N0700 | Y20； | G00 Y20 | |
| N0705 | | CYCLE86 | |
| N0710 | X20； | G00 X20 | |
| N0715 | | CYCLE86 | |
| N0720 | G98 Y−20； | G00 Y−20 | |
| N0725 | | CYCLE86 | |
| N0730 | G80 G00 Z150； | G00 Z150 | 抬刀 |
| N0740 | M5 M9 M30； | M5 M9 M30 | 主轴停，切削液停，程序结束 |

**任务实施**

## 一、加工准备

1）读零件图，并检查坯料的尺寸。

2）开机，机床回参考点。

3）输入程序并检查程序。

4）安装夹具，夹紧工件。将机用平口钳安装在工作台上，用百分表校正钳口。将工件装夹在机用平口钳上并用平行垫铁垫起，使工件伸出钳口 12mm 左右。

5）装夹刀具。本任务共使用了 5 把刀具，把不同类型的刀具分别安装到对应的刀柄上，注意刀具伸出长度应能满足加工要求，不能发生干涉，并考虑钻头的刚性，然后按序号依次放置在刀架上，分别检查每把刀具安装的牢固性和正确性。

## 二、对刀

（1）X、Y 向对刀　采用寻边器对刀。

（2）Z 向对刀　采用 Z 轴设定器对刀。如图 6-7 所示，Z 轴设定器主要用于确定工件坐标系原点在机床坐标系中的 Z 坐标，通过光电指示或指针指示判断刀具与对刀器是否接触，对刀精度应达到 0.005mm。Z 轴设定器的高度一般为 50mm 或 100mm。

图 6-7　Z 轴设定器

其操作步骤如下：

1）校准。以研磨过的圆棒平压 Z 轴设定器的研磨面，并与外圆的研磨面保持在同一平面内，同时调整侧面的表盘，使指针调到零，即完成设定。

2）使用。首先将工件表面擦拭干净，Z 轴设定器的表面和底面一并擦干净，平放在工件上面。然后将机床主轴上的刀具移到 Z 轴设定器的端面，接触后注意表盘，当指针到达设定的零位时，记下机械坐标系的 Z 值，加上 Z 轴设定器的高度即为刀具长度补偿值。

用上述方法分别测量 5 把刀的刀位点，将从参考点到工件上表面的 Z 值分别输入到对应的刀具长度补偿中（G54 中 Z 值设为 "-1"）。

## 三、空运行及仿真

注意空运行及仿真时，使机床机械锁定或使 G54 中的 Z 坐标中输入 50mm，按下启动键，适当降低进给速度，检查刀具运动轨迹是否正确。若在机床机械锁定状态下，空运行结束后必须回机床参考点；若在更改 G54 的 Z 坐标状态下，空运行结束后 Z 坐标改为 "-1"，机床不需要回参考点。

## 四、零件自动加工

首先使各个倍率开关达到最小状态，按下循环启动键。机床加工过程中适当调整各个倍率开关，保证加工正常进行。

## 五、任务检测与评分标准（见表6-8）

表6-8 底座板加工检测评价表

| 序号 | 检测项目 | 检测内容及要求 | 配分 | 学生自检 | 学生互检 | 教师检测 | 得分 |
|---|---|---|---|---|---|---|---|
| 1 | 职业素养 | 文明、礼仪 | 5 | | | | |
| 2 | | 安全、纪律 | 10 | | | | |
| 3 | | 行为习惯 | 5 | | | | |
| 4 | | 工作态度 | 5 | | | | |
| 5 | | 团队合作 | 5 | | | | |
| 6 | 制订工艺 | 1）选择装夹与定位方式<br>2）选择刀具<br>3）选择加工路径<br>4）选择合理的切削用量 | 5 | | | | |
| 7 | 程序编制 | 1）编程坐标系选择正确<br>2）指令使用与程序格式正确<br>3）基点坐标计算正确 | 10 | | | | |
| 8 | 机床操作 | 1）开机前检查、开机、回参考点<br>2）工件、刀具的装夹与对刀<br>3）程序输入与校验 | 5 | | | | |
| 9 | 零件加工 | $60^{+0.08}_{0}$ mm（2处） | 6 | | | | |
| 10 | | 50mm（2处） | 6 | | | | |
| 11 | | $\phi 25$mm | 3 | | | | |
| 12 | | $R8$mm（4处） | 4 | | | | |
| 13 | | $R10$mm（4处） | 4 | | | | |
| 14 | | $4\times\phi10^{+0.022}_{0}$ mm | 3 | | | | |
| 15 | | （$40\pm0.04$）mm（2处） | 6 | | | | |
| 16 | | $10^{+0.1}_{0}$ mm | 3 | | | | |
| 17 | | $8^{+0.1}_{0}$ mm | 3 | | | | |
| 18 | | $4^{+0.1}_{0}$ mm | 3 | | | | |
| 19 | | 表面粗糙度值 $Ra1.6\mu m$（4处） | 6 | | | | |
| 20 | | 表面粗糙度值 $Ra3.2\mu m$ | 3 | | | | |
| | 综合评价 | | | | | | |

## 六、加工结束，清理机床

松开夹具，卸下工件与刀具，清理机床。

**操作注意事项**

1）安装机用平口钳时要对机用平口钳固定钳口进行校正。

2）安装工件时要放在钳口的中间部位，以免钳口受力不均。

3）在钳口上安装工件时，下面要垫平行垫铁，且要避免钻孔时发生干涉。必要时用百分表找正工件上表面，使其保持水平。

4）加工过程中应充分加注切削液。

5）当程序执行到 M00 暂停时，不允许手动移动机床，应在停止位置手动换刀，再继续执行程序。

**思考与练习**

1. 简述使用 Z 轴设定器对刀的步骤。

2. 使用 Z 轴设定器时应注意哪些问题？

3. 练一练：针对图 6-8 所示零件（材料为硬铝），编写加工程序并进行加工。

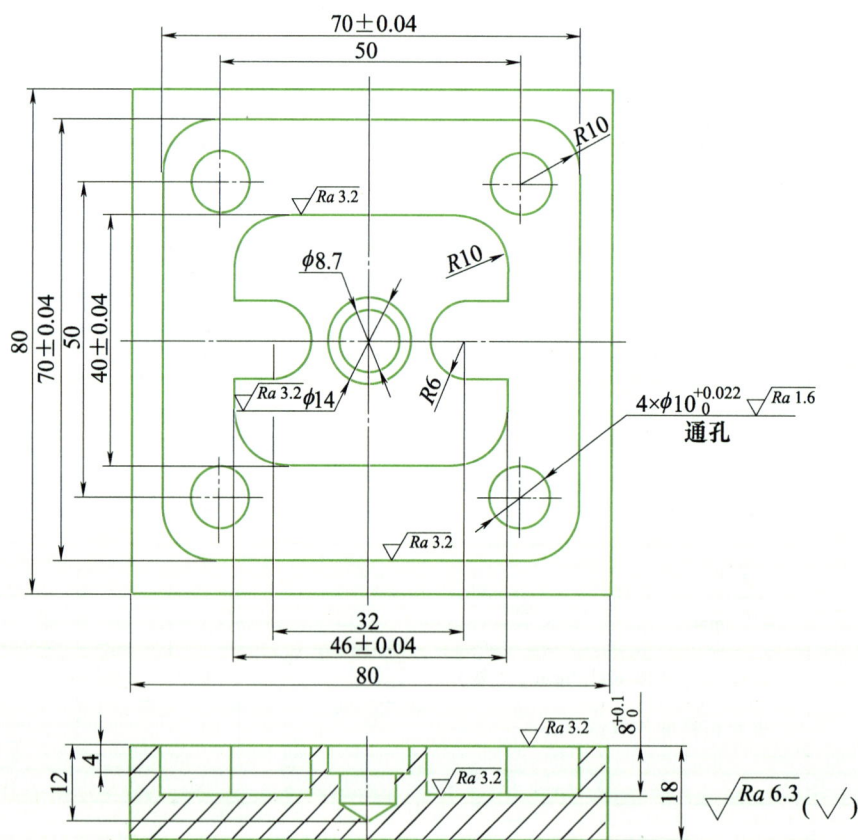

图 6-8　3 题图

# 任务三 油泵端盖加工

## 学习目标

### 1. 知识目标

1) 会识读零件图。

2) 了解机外对刀仪的种类、原理及应用场合。

### 2. 技能目标

1) 会使用对刀仪对刀。

2) 会进行夹具、工件及刀具的安装。

3) 会利用长度和半径补偿控制加工尺寸。

4) 会进行产品质量分析。

5) 完成图6-9所示零件的加工，其三维效果图如图6-10所示，材料为45钢。

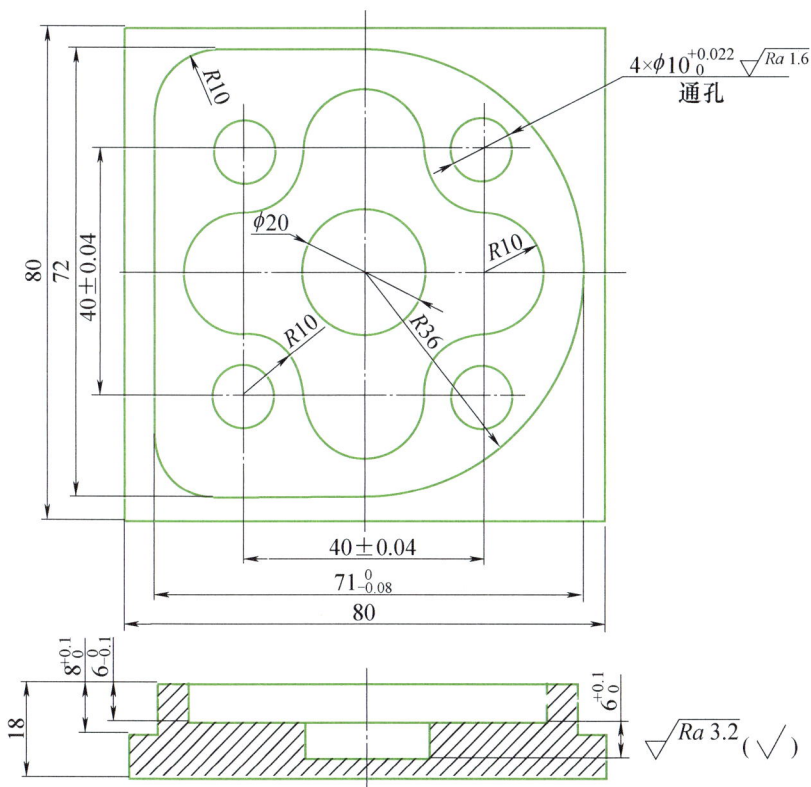

图 6-9 油泵端盖零件图

图 6-10 三维效果图

知识学习

## 一、加工工艺分析

### 1. 工、量、刃具选择

（1）工具选择　工件装夹在机用平口钳上，机用平口钳用百分表校正。X、Y方向用寻边器对刀，Z方向用对刀仪对刀。具体工具见表6-9。

（2）量具选择　内、外轮廓及深度尺寸用游标卡尺测量；圆弧尺寸用半径样板测量；孔径用内径千分尺测量，其规格见表6-9。

（3）刃具选择　上表面铣削用面铣刀；内、外轮廓铣削用键槽铣刀；孔加工用中心钻、麻花钻、铰刀，其规格见表6-9。

表 6-9　工、量、刃具清单

| 种　类 | 序　号 | 名　　称 | 规　格 | 数　量 |
|---|---|---|---|---|
| 工具 | 1 | 机用平口钳 | QH160 | 1个 |
| | 2 | 平行垫铁 | | 若干 |
| | 3 | 塑胶锤子 | | 1个 |
| | 4 | 呆扳手 | | 若干 |
| | 5 | 寻边器 | $\phi 10mm$ | 1只 |
| | 6 | 对刀仪 | | 1只 |
| 量具 | 1 | 游标卡尺 | $0 \sim 150mm$ | 1把 |
| | 2 | 百分表及表座 | $0 \sim 10mm$ | 1只 |
| | 3 | 半径样板 | $R10mm$、$R36mm$ | 各1套 |
| | 4 | 内径千分尺 | $5 \sim 25mm$ | 1把 |
| 刃具 | 1 | 面铣刀 | $\phi 60mm$ | 1把 |
| | 2 | 中心钻 | A2 | 1个 |
| | 3 | 麻花钻 | $\phi 9.7mm$ | 1个 |
| | 4 | 机用铰刀 | $\phi 10H8$ | 1把 |
| | 5 | 键槽铣刀 | $\phi 16mm$ | 1把 |

### 2. 加工工艺方案

（1）加工工艺路线　本任务为内、外轮廓及孔加工。首先粗、精铣坯料上表面，以便测量深度；然后粗、精铣内、外轮廓，最后钻、铰孔。

1）粗、精铣坯料上表面，粗铣余量根据毛坯情况由程序控制，留精铣余量0.5mm。

2）用$\phi 16mm$键槽铣刀粗、精铣内、外轮廓和$\phi 20mm$内轮廓。

3）用中心钻钻$4 \times \phi 10^{+0.022}_{0}mm$中心孔。

4）用 $\phi 9.7\mathrm{mm}$ 麻花钻钻 $4\times\phi 10_{\ 0}^{+0.022}\mathrm{mm}$ 孔。

5）用 $\phi 10\mathrm{H8}$ 机用铰刀铰 $4\times\phi 10_{\ 0}^{+0.022}\mathrm{mm}$ 孔。

（2）合理选择切削用量　加工钢件，粗加工深度除留精加工余量外，应进行分层切削。切削速度不可太高，垂直下刀进给量应较小。参考切削用量见表6-10。

表 6-10　切削用量

| 刀　具　号 | 刀　具　规　格 | 工　序　内　容 | $v_{\mathrm{f}}/(\mathrm{mm/min})$ | $n/(\mathrm{r/min})$ |
|---|---|---|---|---|
| T1 | $\phi 60\mathrm{mm}$ 面铣刀 | 粗、精铣坯料上表面 | 100/80 | 500/800 |
| T2 | $\phi 16\mathrm{mm}$ 键槽铣刀 | 粗、精铣外轮廓、内轮廓 | 100 | 800/1200 |
| T3 | A2 中心钻 | 钻中心孔 | 100 | 1000 |
| T4 | $\phi 9.7\mathrm{mm}$ 麻花钻 | 钻 $4\times\phi 10_{\ 0}^{+0.022}\mathrm{mm}$ 的底孔 | 100 | 800 |
| T5 | $\phi 10\mathrm{H8}$ 机用铰刀 | 铰 $4\times\phi 10_{\ 0}^{+0.022}\mathrm{mm}$ 的孔 | 100 | 1200 |

## 二、参考程序

选择工件中心为工件坐标系 X、Y 坐标的原点，选择工件的上表面为工件坐标系的 Z=1 面。内、外轮廓的铣削通过修改刀具半径补偿进行粗、精加工，粗加工进行分层铣削。

参考程序（发那科系统程序名为"O0633"，西门子系统程序名为"XK0633.MPF"）见表6-11。

表 6-11　参考程序

| 程序段号 | 程序内容（发那科系统） | 程序内容（西门子系统） | 程序说明 |
|---|---|---|---|
| N0010 | G17 G40 G80 G49; | G17 G40 T1 D1 | 设置初始状态，安装面铣刀 |
| N0020 | M3 S500; | M3 S500 | 主轴正转，转速为500r/min |
| N0030 | G90 G54 G00 X-80 Y20; | G90 G54 G00 X-80 Y20 | 绝对编程，建立工件坐标系，刀具快速移动到（-80，20） |
| N0040 | G43 Z5 H01; | Z5 | 调用1号刀具长度补偿 |
| N0050 | G01 Z0.5 F100; | G01 Z0.5 F100 | 粗铣上表面 |
| N0060 | X80; | X80 | |
| N0070 | G00 Z5; | G00 Z5 | |
| N0080 | X-80 Y-20; | X-80 Y-20 | |
| N0090 | G01 Z0.5; | G01 Z0.5 | |
| N0100 | X80; | X80 | |
| N0110 | G00 Z5; | G00 Z5 | 刀具 Z 方向退回 |
| N0120 | X-80 Y20; | X-80 Y20 | 刀具移至（-80，20）处 |
| N0130 | M3 S800; | M3 S800 | 设置精铣上表面转速 |
| N0140 | G01 Z0 F80; | G01 Z0 F80 | 精铣上表面 |
| N0150 | X80; | X80 | |

（续）

| 程序段号 | 程序内容（发那科系统） | 程序内容（西门子系统） | 程序说明 |
|---|---|---|---|
| N0160 | G00 Z5； | G00 Z5 | 精铣上表面 |
| N0170 | X−80 Y−20； | X−80 Y−20 | |
| N0180 | G01 Z0； | G01 Z0 | |
| N0190 | X80； | X80 | 精铣上表面 |
| N0200 | G00 Z200； | G00 Z200 | 刀具 Z 方向退回 |
| N0210 | M5 M00； | M5 M00 | 主轴停转，程序停止，安装 T2 刀具（键槽铣刀） |
| N0220 | G90 G54 G00 X−60 Y−60； | G90 G54 G00 X−60 Y−60 T2 D1 | 刀具移至（−60，−60） |
| N0230 | M03 S800 M8； | M03 S800 M8 | 设置主轴转速，切削液开 |
| N0240 | G43 Z5 H02； | Z5 | 发那科系统建立刀具长度补偿 |
| N0250 | G42 G00 Y−36 D2； | G42 G00 Y−36 | 建立刀具半径补偿 |
| N0260 | G00 Z−8.05 F60； | G00 Z−8.05 F60 | 铣外轮廓（精铣余量通过设置刀具 Z 方向尺寸确定） |
| N0270 | G01 X−35 F100； | G01 X−35 F100 | |
| N0280 | X0； | X0 | |
| N0290 | G03 X0 Y36 R36； | G03 X0 Y36 CR＝36 | |
| N0300 | G01 X−35，R10； | G01 X−35 RND＝10 | |
| N0310 | Y−36，R10； | Y−36 RND＝10 | |
| N0320 | X0； | X0 | |
| N0330 | G01 Z2 F500； | G01 Z2 F500 | 抬刀 |
| N0340 | G00 X0 Y0； | G00 X0 Y0 | 刀具移至工件原点 |
| N0350 | G01 Z−5.95 F100； | G01 Z−5.95 F100 | 下刀 |
| N0360 | X−20 Y−10； | X−20 Y−10 | 铣十字形圆弧凹槽 |
| N0370 | G02 X−20 Y10 R10； | G02 X−20 Y10 CR＝10 | |
| N0380 | G03 X−10 Y20 R10； | G03 X−10 Y20 CR＝10 | |
| N0390 | G02 X10 Y20 R10； | G02 X10 Y20 CR＝10 | |
| N0400 | G03 X20 Y10 R10； | G03 X20 Y10 CR＝10 | |
| N0410 | G02 X20 Y−10 R10； | G02 X20 Y−10 CR＝10 | |
| N0420 | G03 X10 Y−20 R10； | G03 X10 Y−20 CR＝10 | |
| N0430 | G02 X−10 Y−20 R10； | G02 X−10 Y−20 CR＝10 | |
| N0440 | G03 X−20 Y−10 R10； | G03 X−20 Y−10 CR＝10 | |
| N0450 | G02 X−20 Y10 R10； | G02 X−20 Y10 CR＝10 | |
| N0460 | G01 Z2 F500； | G01 Z2 F500 | 抬刀 |
| N0470 | G40 G00 X0 Y0； | G40 G00 X0 Y0 | 取消刀具半径补偿 |
| N0480 | G01 Z−12 F100； | G01 Z−12 F100 | 下刀 |

（续）

| 程序段号 | 程序内容（发那科系统） | 程序内容（西门子系统） | 程 序 说 明 |
|---|---|---|---|
| N0490 | X2; | X2 | |
| N0500 | G02 I-2; | G02 I-2 | 铣削 $\phi$20mm 的平底孔 |
| N0510 | G01 X0 Y0; | G01 X0 Y0 | |
| N0520 | G00 Z150; | G00 Z150 | 抬刀 |
| N0530 | M9 M5 M00; | M9 M5 M00 | 切削液关，主轴停转，程序停止，安装 T3 刀具（中心钻） |
| N0540 | G90 G54 G00 X-20 Y-20; | G90 G54 G00 X-20 Y-20 T 3 D1 | |
| N0550 | M03 S1000 M8; | M03 S1000 F100 M8 | |
| N0560 | G43 Z5 H03; | Z5 F100 | |
| N0570 | G99 G81 Z-5 R5 F100; | CYCLE81 (5, 0, 2, -5, 0) | |
| N0580 | X-20 Y20; | G00 X-20 Y20 | 调用钻孔循环，钻中心孔 |
| N0585 | | CYCLE81 | |
| N0590 | X20 Y20; | G00 X20 Y20 | |
| N0595 | | CYCLE81 | |
| N0600 | G98 X20 Y-20; | G00 X20 Y-20 | |
| N0605 | | CYCLE81 | |
| N0610 | G80 G00 Z150; | G00 Z150 | 抬刀 |
| N0620 | M9 M5 M00; | M9 M5 M00 | 切削液关，主轴停转，程序停止，安装 T4 刀具（麻花钻） |
| N0630 | G90 G54 G00 X-20 Y-20; | G90 G54 G00 X-20 Y-20 T4 D1 | |
| N0640 | M03 S800 M8; | M03 S800 M8 | |
| N0650 | G43 Z5 H04; | Z5 F100 | |
| N0660 | G99 G83 Z-23 R5 Q5 F100; | CYCLE83 (5, 0, 2, , -23, , , 5, 2, 1, 1, 0.5, 1, …) | |
| N0670 | X-20 Y20; | G00 X-20 Y20 | 调用钻孔循环，钻 $4\times\phi10^{+0.022}_{0}$ mm 的底孔 |
| N0675 | | CYCLE83 | |
| N0680 | X20 Y20; | G00 X20 Y20 | |
| N0685 | | CYCLE83 | |
| N0690 | G98 X20 Y-20; | G00 X20 Y-20 | |
| N0695 | | CYCLE83 | |
| N0700 | G80 G00 Z150; | G00 Z150 | 抬刀 |
| N0710 | M9 M5 M00; | M9 M5 M00 | 切削液关，主轴停转，程序停止，安装 T5 刀具（机用铰刀） |

（续）

| 程序段号 | 程序内容（发那科系统） | 程序内容（西门子系统） | 程 序 说 明 |
|---|---|---|---|
| N0720 | G90 G54 G00 X-20 Y-20; | G90 G54 G00 X-20 Y-20 T5 D1 | 调用镗孔循环，铰 $4×\phi 10^{+0.022}_{0}$ mm 的孔 |
| N0730 | M03 S1200 M8; | M03 S1200 M8 | |
| N0740 | G43 Z5 H05; | Z5 F100 | |
| N0750 | G99 G85 Z-22 R5 F100; | CYCLE86（5，0，2，，-22，1，3，…） | |
| N0760 | X-20 Y20; | G00 X-20 Y20 | |
| N0765 | | CYCLE86 | 调用镗孔循环，铰 $4×\phi 10^{+0.022}_{0}$ mm 的孔 |
| N0770 | X20 Y20; | G00 X20 Y20 | |
| N0775 | | CYCLE86 | |
| N0780 | G98 X20 Y-20; | G00 X20 Y-20 | |
| N0785 | | CYCLE86 | |
| N0790 | G80 G00 Z150; | G00 Z150 | 抬刀 |
| N0800 | M9 M5 M30; | M9 M5 M30 | 切削液停，主轴停，程序停 |

## ♻ 任务实施

### 一、加工准备

1）读零件图，并检查坯料的尺寸。

2）开机，机床回参考点。

3）输入程序并检查程序。

4）安装夹具，夹紧工件。

将机用平口钳安装在工作台上，用百分表校正钳口。将工件装夹在机用平口钳上并用平行垫铁垫起，使工件伸出钳口 12mm 左右。

5）装夹刀具。本任务共使用了 5 把刀具，把不同类型的刀具分别安装到对应的刀柄上，注意刀具伸出长度应能满足加工要求，不能发生干涉，并考虑钻头的刚性，然后按序号依次放置在刀架上，分别检查每把刀具安装的牢固性和正确性。

### 二、对刀

#### 1. X、Y 向对刀

采用寻边器对刀。

#### 2. Z 向对刀

采用机外对刀仪对刀。机外对刀仪如图 6-11 所示，主要是测量刀具的长度、直径和刀具形状、角度，准确记录预执行的刀具的主要参数。如果在使用中刀具损坏需更新，则可用机外对刀仪测量新刀具的主要参数值，以便掌握原刀具的偏差，然后通过修改刀补值确保其正常加工。机外对刀仪由以下三部分组成。

（1）刀柄定位机构 机外对刀仪的刀柄定位机构与标准刀柄相对应，它是测量的基准，所以要有高的精度，必须保证测量与使用时定位基准的一致性。

（2）测头与测量机构 测头有接触式和非接触式两种。接触式测头直接接触切削刃的主要测点（最高点和最大外径点）；非接触式测头主要采用光学方法把刀尖投射到光屏上进行测量。测量机构提供切削刃切削点处的 Z 轴和 X 轴（半径）尺寸值，即刀具的轴向尺寸和径向尺寸。

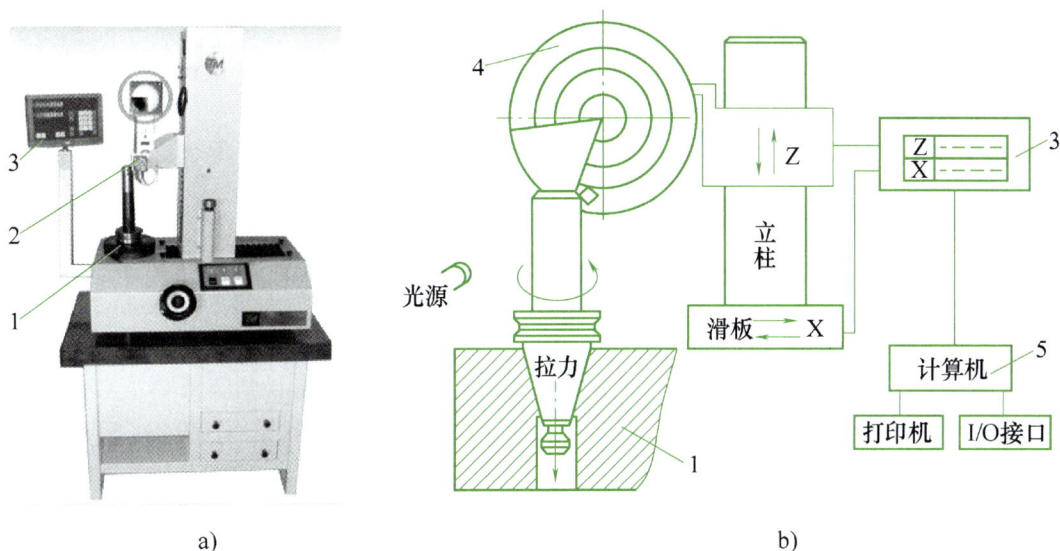

a)                          b)

图 6-11 机外对刀仪

1—刀柄定位机构 2—测头 3—数显装置 4—光屏 5—测量数据处理装置

（3）测量数据处理装置 此装置可以把刀具的测量值自动打印，或与上一级管理计算机联网，进行柔性加工，实现自动修正和补偿。

机外对刀仪的使用方法如下：

1）使用前要用标准对刀心轴进行校准。每台机外对刀仪都随机带有一件标准的对刀心轴，每次使用前要对 Z 轴和 X 轴尺寸进行校准和标定。

2）使用标准对刀心轴从参考点移动到工件零点时，读机床坐标系下的 Z 坐标，把 Z 值叠加心轴长度后，输入到 G54 中。

3）将在机外对刀仪上测量的刀具切削刃长度值补偿到对应的刀具长度补偿号中。

机外对刀仪的使用注意事项如下：

1）使用前，为了校验对刀的位置精度，应用标准刀杆进行校准（校准及标定 Z 轴和 X 轴的尺寸）。标准刀杆是每台机外对刀仪的随机附件，平时要妥善保存，使其不锈蚀，并避免受外力的作用。

2）若用静态测量的刀具尺寸作为对刀尺寸进行零件加工，会发现实际加工出的零件尺寸与理论尺寸之间有一个差值。这是因为机外对刀仪本身精度及使用机外对刀仪的熟练程度、刀具和机床的精度及刚度、加工工件的材料和状况、冷却状况和冷却介质的性质等诸多因素的影响，往往还需要在加工过程中通过试切进行现场调整。因此，对刀时要考虑一个修正量，一般为 0.01~0.05mm。

用上述方法分别测量 5 把刀的刀位点，将参考点相对于标准刀杆的 Z 坐标差值分别输入到对应的刀具长度补偿中。

### 三、空运行及仿真

注意空运行及仿真时，使用机床机械锁定功能进行空运行，空运行结束后必须回机床参考点。

### 四、零件自动加工

首先使各个倍率开关达到最小状态，按下循环启动键。机床加工过程中适当调整各个倍率开关，保证加工正常进行。

### 五、任务检测与评分标准（见表 6-12）

表 6-12　油泵端盖加工检测评价表

| 序号 | 检测项目 | 检测内容及要求 | 配分 | 学生自检 | 学生互检 | 教师检测 | 得分 |
|---|---|---|---|---|---|---|---|
| 1 | 职业素养 | 文明、礼仪 | 5 | | | | |
| 2 | | 安全、纪律 | 10 | | | | |
| 3 | | 行为习惯 | 5 | | | | |
| 4 | | 工作态度 | 5 | | | | |
| 5 | | 团队合作 | 5 | | | | |
| 6 | 制订工艺 | 1）选择装夹与定位方式<br>2）选择刀具<br>3）选择加工路径<br>4）选择合理的切削用量 | 5 | | | | |
| 7 | 程序编制 | 1）编程坐标系选择正确<br>2）指令使用与程序格式正确<br>3）基点坐标计算正确 | 10 | | | | |
| 8 | 机床操作 | 1）开机前检查、开机、回参考点<br>2）工件、刀具的装夹与对刀<br>3）程序输入与校验 | 5 | | | | |

（续）

| 序号 | 检测项目 | 检测内容及要求 | 配分 | 学生自检 | 学生互检 | 教师检测 | 得分 |
|---|---|---|---|---|---|---|---|
| 9 | | $71_{-0.08}^{0}$ mm | 3 | | | | |
| 10 | | 72mm | 1 | | | | |
| 11 | | $\phi$20mm | 2 | | | | |
| 12 | | $R$10mm（8 处） | 8 | | | | |
| 13 | | $R$36mm | 1 | | | | |
| 14 | 零件加工 | $R$10mm（2 处） | 2 | | | | |
| 15 | | $4\times\phi10_{0}^{+0.022}$ mm | 6 | | | | |
| 16 | | （40±0.04）mm（2 处） | 6 | | | | |
| 17 | | $6_{0}^{+0.1}$ mm | 4 | | | | |
| 18 | | $6_{-0.1}^{0}$ mm | 4 | | | | |
| 19 | | $8_{0}^{+0.1}$ mm | 4 | | | | |
| 20 | | 表面粗糙度值 $Ra$1.6μm（4 处） | 6 | | | | |
| 21 | | 表面粗糙度值 $Ra$3.2μm | 3 | | | | |
| 综合评价 | | | | | | | |

零件质量分析见表 6-13。

表 6-13　零件质量分析

| 废品种类 | 产生原因 | 解决方法 |
|---|---|---|
| 孔的尺寸超差 | 中心钻钻中心孔尺寸错误 | 控制中心孔深度 |
| | 麻花钻径向圆跳动过大 | 校正麻花钻 |
| | 铰刀径向圆跳动过大 | 校正铰刀 |
| | 铰孔时切削液供应不足 | 保证切削液供给充足 |
| | 铰削余量太大 | 留适当的铰削余量 |
| 孔表面粗糙度值过大 | 铰刀磨损或铰刀崩刃 | 修磨铰刀或更换铰刀 |
| | 铰刀上有毛刺 | 去除铰刀上的毛刺 |
| | 工艺系统刚性不足 | 增加工艺系统刚性 |
| | 切削用量选择不当，产生积屑瘤 | 选择合理的铰削用量，充分加注切削液 |
| | 铰削余量过大或过小 | 留适当的铰削余量 |
| 轮廓尺寸超差 | 刀具磨损 | 修磨刀具或更换刀具 |
| | 刀具半径参数设置不当 | 正确设置刀具半径参数 |
| | 丝杠间隙过大、主轴跳动过大等导致机床精度降低 | 进行机床精度检测并维修 |
| | 切削液供应不足 | 保证切削液供给充足 |
| 轮廓表面粗糙度值过大 | 刀具崩刃 | 修磨或更换刀具 |
| | 切削用量选择不合理 | 选择合理的切削用量 |
| | 工艺系统刚性不足 | 增加工艺系统刚性 |
| | 切削液供应不足 | 保证切削液供给充足 |
| 轮廓形状错误 | 零件程序错误 | 检查并修改程序 |
| | 操作错误 | 正确、规范操作 |

## 六、加工结束，清理机床

松开夹具，卸下工件与刀具，清理机床。

### 操作注意事项

1）安装机用平口钳时要对机用平口钳固定钳口进行找正。

2）安装工件要放在钳口的中间部位，以免钳口受力不均。

3）用机外对刀仪测量刀具长度时应手动旋转刀柄，使刀尖最高点对准光屏的中心，然后锁紧刀柄，进行读数。

4）加工过程中应充分加注切削液。

### 思考与练习

1. 简述机外对刀仪的使用步骤。

2. 使用机外对刀仪时应注意哪些问题？

3. 练一练：针对图 6-12 所示零件（材料为 45 钢），编写加工程序并进行加工。

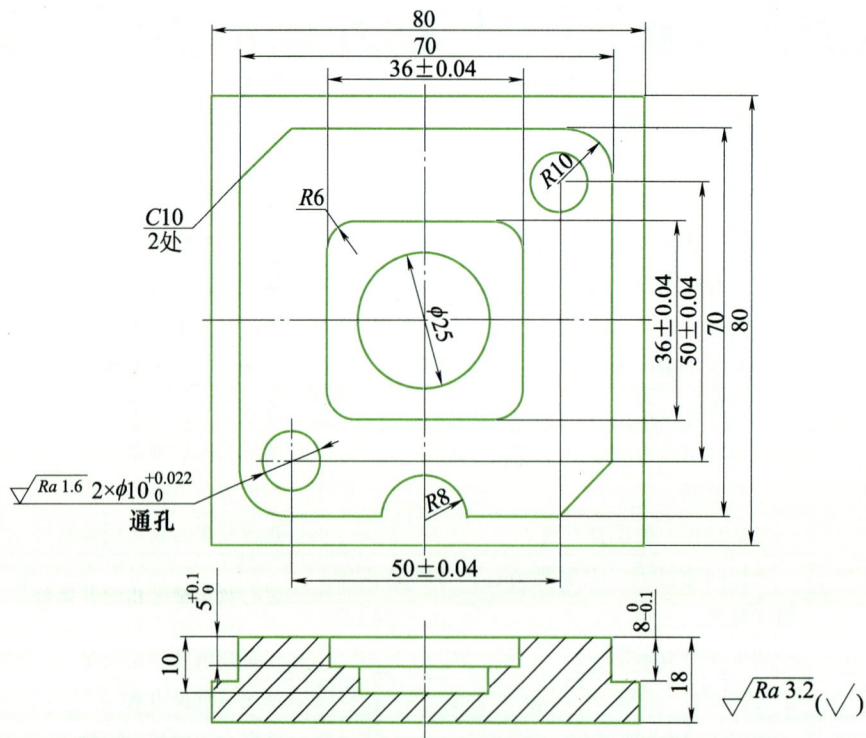

图 6-12　3 题图

# 任务四　模具板 CAD/CAM 加工

## 学习目标

### 1. 知识目标

1）了解 CAD/CAM 基础知识。

3）掌握 CAD/CAM 机床后置参数的设置方法。

3）掌握程序的传输方法。

### 2. 技能目标

1）会用机内自动对刀仪对刀。

2）会进行 CAD/CAM 加工及精度控制。

3）完成图 6-13 所示零件的 CAD/CAM 加工，其三维效果图如图 6-14 所示，材料为 45 钢。

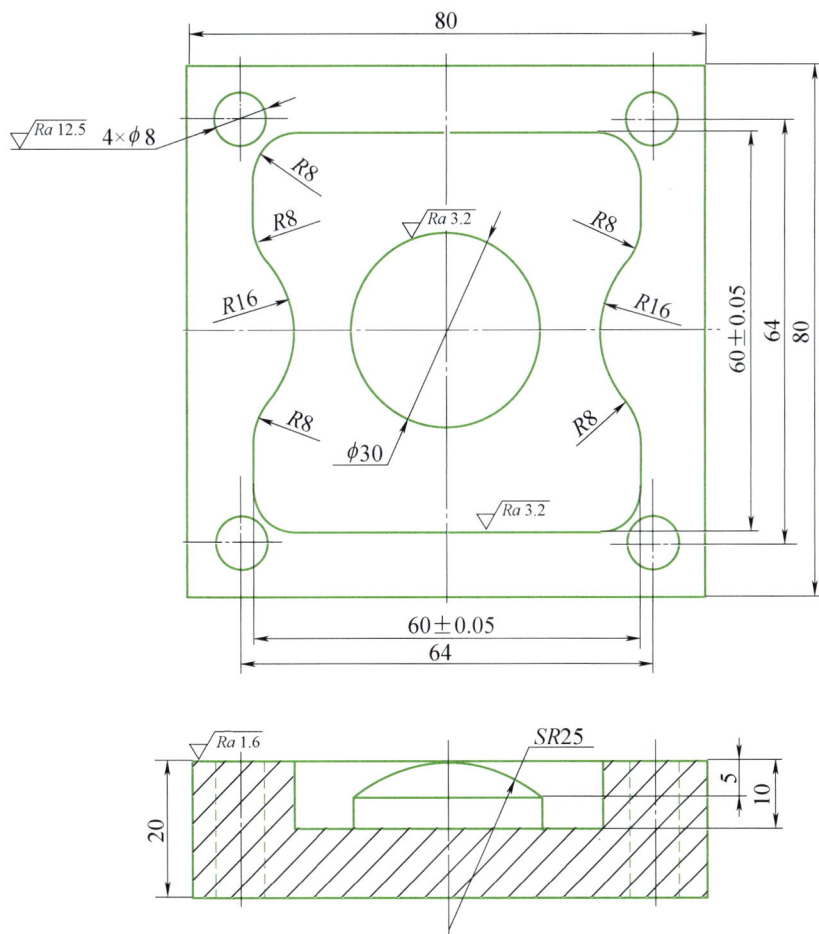

图 6-13　模具板零件图

图 6-14　三维效果图

知识学习

## 一、加工工艺分析

### 1. 工、量、刃具清单

本任务工、量、刃具清单见表6-14。

表6-14 工、量、刃具清单

| 种 类 | 序 号 | 名 称 | 规 格 | 数 量 |
|---|---|---|---|---|
| 工具 | 1 | 机用平口钳 | QH160 | 1个 |
| | 2 | 平行垫铁 | | 若干 |
| | 3 | 塑胶锤子 | | 1个 |
| | 4 | 呆扳手 | | 若干 |
| | 5 | 寻边器 | $\phi$10mm | 1只 |
| | 6 | 机内自动对刀仪 | 50mm | 1只 |
| 量具 | 1 | 游标卡尺 | 0~150mm | 1把 |
| | 2 | 百分表及表座 | 0~10mm | 1只 |
| | 3 | 半径样板 | R8mm、R16mm、R25mm | 各1套 |
| 刃具 | 1 | 面铣刀 | $\phi$100mm | 1把 |
| | 2 | 中心钻 | A2 | 1个 |
| | 3 | 麻花钻 | $\phi$8mm | 1个 |
| | 4 | 键槽铣刀 | $\phi$8mm | 1把 |
| | 5 | 立铣刀 | $\phi$8mm | 1把 |
| | 6 | 球头铣刀 | $\phi$8mm | 1把 |
| | 7 | 球头铣刀 | $\phi$6mm | 1把 |

### 2. 加工工艺方案

1）加工工艺路线。该零件为比较复杂的凸圆弧曲面，在加工过程中应采用CAD/CAM编程软件编写加工程序；加工时可以选用键槽铣刀铣削曲面或用球头铣刀铣削曲面。若加工凹圆弧曲面，在加工过程中只能用球头铣刀铣削曲面。对于凸、凹圆弧曲面，还可以用宏程序或R参数编写加工程序；对于一些复杂的曲面，只能采用CAD软件造型后，再用CAM软件生成加工程序。

① 粗、精铣坯料上表面，粗铣余量由程序控制，留精铣余量0.5mm。

② 用$\phi$8mm键槽铣刀粗铣内轮廓和$\phi$30mm外轮廓。

③ 用$\phi$8mm立铣刀精铣内轮廓和$\phi$30mm外轮廓。

④ 用$\phi$8mm球头铣刀粗铣SR25mm球面。

⑤ 用 φ6mm 球头铣刀精铣 SR25mm 球面。

⑥ 用中心钻钻 4×φ8mm 中心孔。

⑦ 用 φ8mm 麻花钻钻 4×φ8mm 孔。

2）合理选择切削用量。加工钢件，粗加工深度除留精加工余量外，可以分层切削。切削速度不可太高，但垂直下刀进给量应小，用球头铣刀粗、精加工球面时，注意每刀切削深度不能太深，参考切削用量见表 6-15。

表 6-15　切削用量

| 刀 具 号 | 刀 具 规 格 | 工 序 内 容 | $v_f$/(mm/min) | $n$/(r/min) |
|---|---|---|---|---|
| T1 | φ100mm 面铣刀 | 粗、精铣坯料上表面 | 100 | 800 |
| T2 | φ8mm 键槽铣刀 | 粗铣轮廓 | 100 | 800 |
| T3 | φ8mm 立铣刀 | 精铣轮廓 | 80 | 1200 |
| T4 | φ8mm 球头铣刀 | 粗铣 SR25mm 球面 | 100 | 800 |
| T5 | φ6mm 球头铣刀 | 精铣 SR25mm 球面 | 100 | 3000 |
| T6 | A2 中心钻 | 钻 4×φ8mm 中心孔 | 100 | 1000 |
| T7 | φ8mm 麻花钻 | 钻 4×φ8mm 的底孔 | 100 | 800 |

3）CAXA2020 制造工程师三维造型过程如图 6-15 所示。

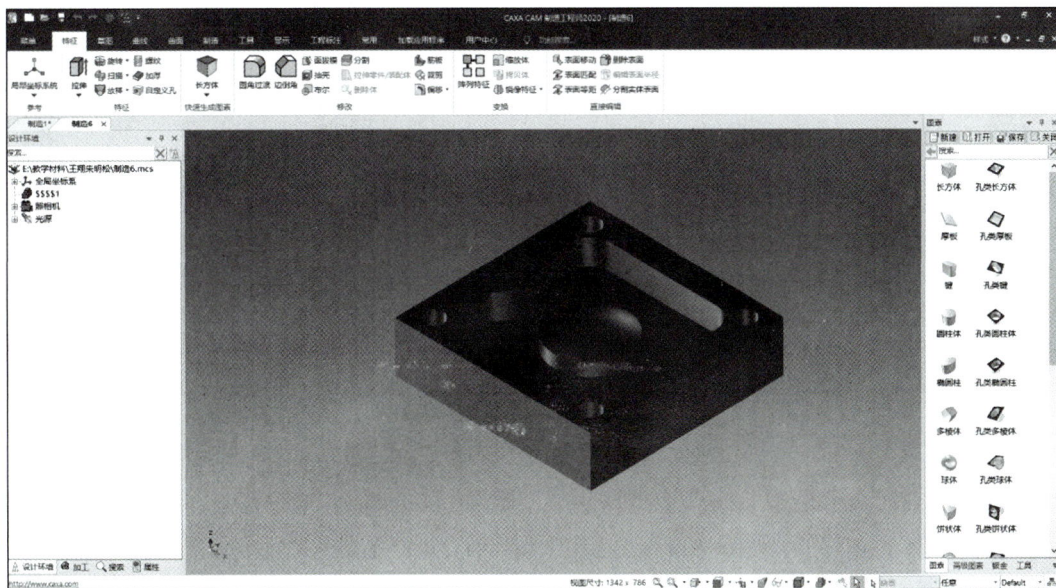

图 6-15　三维造型过程

4）CAXA2020 制造工程师刀具轨迹如图 6-16 所示。

## 二、机床后置处理

机床后置参数设置如图 6-17 所示。

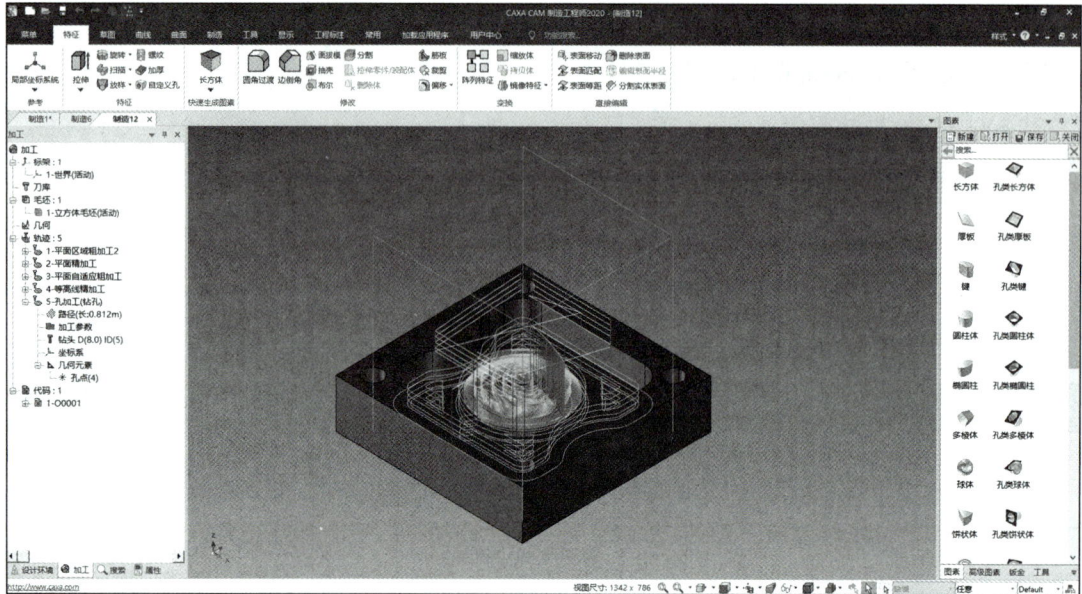

图 6-16　刀具轨迹

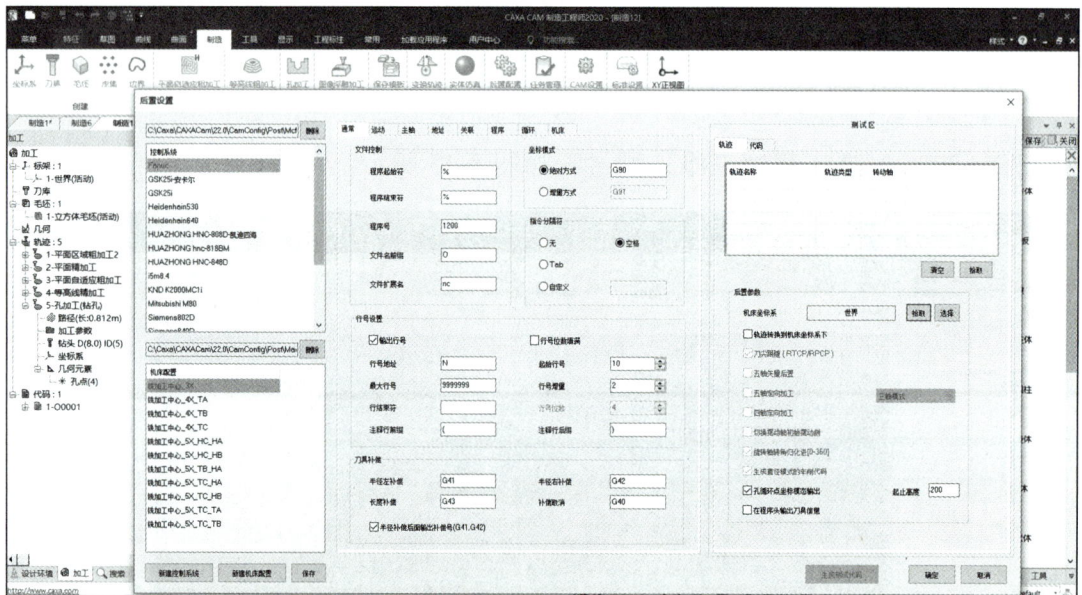

图 6-17　机床后置参数设置

1）发那科系统机床信息。

程序头：G17 G40 G80 G49 G90 @G91 G30 X0 Y0 Z0@ T $TOOL_NO @M06 @$G90 $WCOORD $G0 $COORD_Z@$SPN_F $SPN_SPEED $SPN_CW @G43 H $TOOL_NO@M8。

换刀：M09 @$SPN_OFF @M00 @$G91 G30 X0 Y0 Z0@ T $TOOL_NO @M06 @G90 G54 G0 @$SPN_F $SPN_SPEED $SPN_CW @G43 H $TOOL_NO @M8。

程序尾：M09 @$SPN_OFF @$PRO_STOP。

2）西门子 828D 系统机床信息。

程序头：$G90 $WCOORD @ T $TOOL_NO D $TOOL_NO @$G0 $COORD_Z @$SPN_F $SPN_SPEED $SPN_CW。

换刀：M09 @\$SPN_OFF @ M00 @\$G90 \$WCOORD @ T \$TOOL_NO D \$TOOL_NO @\$G0 \$COORD_Z @\$SPN_F \$SPN_SPEED \$SPN_CW。

程序尾：M09 @\$SPN_OFF @\$PRO_STOP。

3）生成的 G 代码如图 6-18、图 6-19 所示。

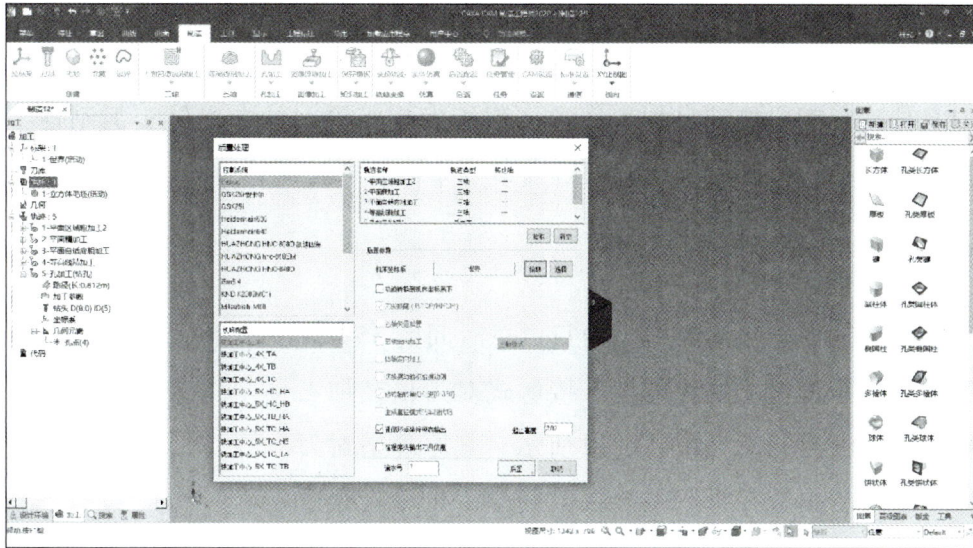

图 6-18　生成的 G 代码（一）

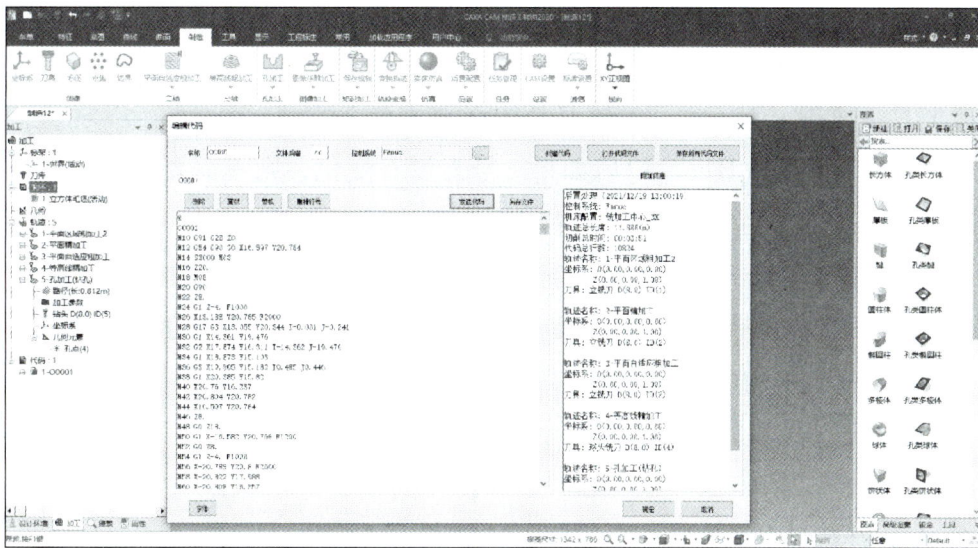

图 6-19　生成的 G 代码（二）

## 任务实施

## 一、加工准备

1）读零件图，并检查坯料的尺寸。

2）开机，机床回参考点。

3）输入程序并检查该程序。

4）安装夹具，夹紧工件。

将机用平口钳安装在工作台上，用百分表校正钳口。将工件装夹在机用平口钳上，并用平行垫铁垫起，使工件伸出钳口 5mm 左右。

5）装夹刀具。本任务共使用了 7 把刀具，把不同类型的刀具分别安装到对应的刀柄上，注意刀具伸出长度应能满足加工要求，不能发生干涉，并考虑钻头的刚性，然后按序号依次放置在刀架上，分别检查每把刀具安装的牢固性和正确性。

## 二、机内自动对刀仪

一个工件的加工，纯机动时间大约只占总时间的 55%，装夹和对刀等辅助时间占 45%。因此，对刀仪便显示出极大的优越性。接触式对刀仪在加工中心对刀应用中已经普遍化，如图 6-20 所示。其原理是对刀仪输出开关量信号，由数控机床系统接收信号，再由宏程序控制进行刀具长度设定、刀具磨耗检测、刀具破损折断检测及机器热变形补正。

图 6-20　接触式对刀仪

使用对刀仪对刀前，需将对刀仪安装、调试好。发那科系统通常对刀程序默认 1 号刀为标准刀具，因此，1 号刀一般不作为加工刀具使用。对刀时，1 号刀必须在对刀仪上对刀，且格式为"G65 P9006 H1;"以后如果 1 号刀没有变化，则不需要再进行对刀，其他刀具长度都以 1 号刀长度作为标准进行偏置。若进行工件坐标系（G54～G59）设定，也是以 1 号刀进行测量设定，其余刀具长度按 1 号刀进行偏置。对刀仪操作步骤如下。

1）将要对刀的刀具安装到机床主轴上，用手轮移动刀具至对刀仪上方 5～10mm 处，慢慢调整 X、Y 方向，使刀具大致在对刀仪中间位置，再慢慢向下移动刀具，使其触发对刀仪信号。

2）在 MDI 方式下输入"G65 P9006 H＊＊;"，启动程序后自动完成刀具测量和数值输入。"＊＊"表示刀具长度补偿号，如 G65 P9006 H5；代表测量 5 号刀具。

3）测量刀具后，使用的刀具长度补偿号需与测量时的刀具号一致，例如，5 号刀具测量是按上述步骤执行"G65 P9006 H5;"，使用 5 号刀具长度补偿时，指令为"G43 H5;"。

西门子系统参考机床说明书，通过对刀操作界面中的"自动对刀"选项对刀。

## 三、程序传送

### 1. 设置数控机床输入/输出通信参数

发那科系统与西门子系统数控机床输入/输出通信参数设置步骤见表 6-16。

表 6-16　发那科系统与西门子系统通信参数设置步骤

| 数控系统 | 发那科系统 | 西门子系统 |
|---|---|---|
| 操作步骤 | （1）按下系统功能键 🔲<br>（2）按下最右边的软键 ▷（扩展键）若干次<br>（3）按下软键 所有IO，或按 参 数 软键，显示如图 6-21 所示的通信参数设置界面<br>（4）按上下光标键 ▲ ▼，将光标移至所需修改参数的框格内，输入修改的参数值，按输入键 🔄 进行存储，设置参数时应注意机床通信参数必须与通信软件参数一致 | （1）按程序管理操作区域键 🔲，按 🔲 软键或本地驱动器软键 📂 本地 驱动器，按软键 ▶▶，出现图 6-22 所示界面<br>（2）按 存档▶ 软键，出现图 6-23 所示界面<br>（3）按 RS232C 设置 软键，显示接口设置窗口，如图 6-24 所示<br>（4）按上下光标键 ▲ ▼，将光标移至所需修改参数的框格内，输入修改的参数值，按输入键 🔄 进行存储，设置参数时应注意机床通信参数必须与通信软件参数一致 |

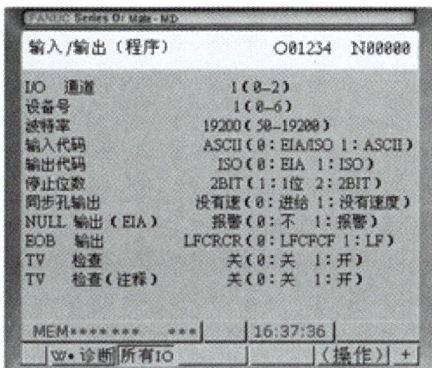

图 6-21　发那科系统通信参数设置界面

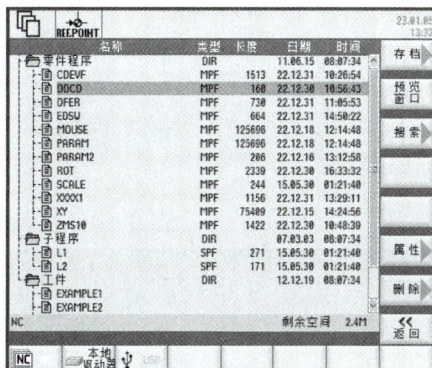

图 6-22　西门子系统存档界面

## 2. 程序传输

发那科系统与西门子系统程序传输操作步骤见表 6-17。

表 6-17　发那科系统与西门子系统程序传输操作步骤

| 数控系统 | 发那科系统 | 西门子系统 |
|---|---|---|
| 程序传输操作步骤 | （1）在 EDIT 方式下，按程序键 🔲<br>（2）按［列表］软键，再按［操作］软键<br>（3）按几次最右侧软键，按［F 读取］软键，进行程序接收 | （1）按程序管理操作区域键 🔲，按 🔲 软键或 📂 本地 驱动器 软键，按软键 ▶▶，出现图 6-22 所示界面<br>（2）按 存档▶ 软键，出现图 6-23 所示界面<br>（3）按 RS232C 接收 软键，进行程序接收；若按 RS232C 发送 软键，则可进行程序发送 |
| | 在 CAXA 制造工程师软件中依次单击主菜单中的"通信"→"标准本地通信"→"发送"，弹出"发送代码"对话框，选择接收机床系统类型和发送程序，单击"确定"按钮，将程序传输至机床 | |

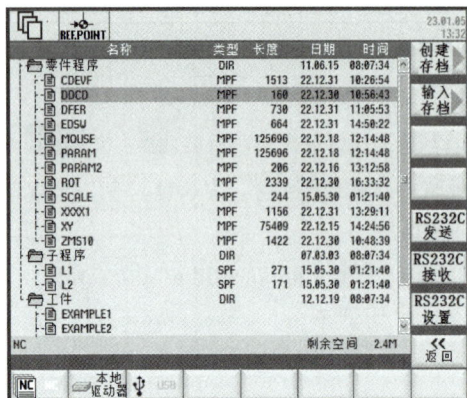

图 6-23　西门子系统 RS232C 界面

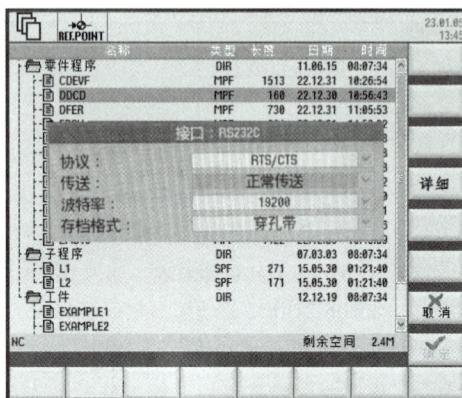

图 6-24　西门子系统通信参数设置窗口

## 四、零件自动加工

首先使各个倍率开关达到最小状态，按下循环启动键。机床加工过程中适当调整各个倍率开关，保证加工正常进行。

## 五、任务检测与评分标准（见表 6-18）

表 6-18　模具板 CAD/CAM 加工检测评价表

| 序号 | 检测项目 | 检测内容及要求 | 配分 | 学生自检 | 学生互检 | 教师检测 | 得分 |
|---|---|---|---|---|---|---|---|
| 1 | 职业素养 | 文明、礼仪 | 5 | | | | |
| 2 | | 安全、纪律 | 10 | | | | |
| 3 | | 行为习惯 | 5 | | | | |
| 4 | | 工作态度 | 5 | | | | |
| 5 | | 团队合作 | 5 | | | | |
| 6 | 制订工艺 | 1）选择装夹与定位方式<br>2）选择刀具<br>3）选择加工路径<br>4）选择合理的切削用量 | 5 | | | | |
| 7 | 程序编制 | 1）编程坐标系选择正确<br>2）指令使用与程序格式正确<br>3）基点坐标计算正确 | 10 | | | | |
| 8 | 机床操作 | 1）开机前检查、开机、回参考点<br>2）工件、刀具的装夹与对刀<br>3）程序输入与校验 | 5 | | | | |

（续）

| 序号 | 检测项目 | 检测内容及要求 | 配分 | 学生自检 | 学生互检 | 教师检测 | 得分 |
|---|---|---|---|---|---|---|---|
| 9 | 零件加工 | （60±0.05）mm（2处） | 8 | | | | |
| 10 | | $R16$mm（2处） | 4 | | | | |
| 11 | | $\phi30$mm | 2 | | | | |
| 12 | | $R8$mm（8处） | 8 | | | | |
| 13 | | $SR25$mm | 4 | | | | |
| 14 | | $4\times\phi8$mm | 4 | | | | |
| 15 | | 64mm（2处） | 4 | | | | |
| 16 | | 5mm | 2 | | | | |
| 17 | | 10mm | 2 | | | | |
| 18 | | 表面粗糙度值 $Ra1.6\mu m$ | 4 | | | | |
| 19 | | 表面粗糙度值 $Ra3.2\mu m$（2处）、$Ra12.5\mu m$ | 8 | | | | |
| | 综合评价 | | | | | | |

## 六、加工结束，清理机床

松开夹具，卸下工件和刀具，清理机床。

### 操作注意事项

1）安装机用平口钳时要对机用平口钳固定钳口进行找正。

2）安装工件时要放在钳口的中间部位，以免钳口受力不均。

3）发那科系统设置通信参数时，系统应处于允许写入参数状态。

4）机床与计算机传输软件中的通信参数必须一致。

5）装、拆通信设备时，应关闭机床和计算机，以免烧坏通信接口。

### 拓展学习

　　长征系列运载火箭是我国自行研制的航天运载工具。1970年我国第一次成功发射人造卫星，经过半个世纪的发展，我国长征系列运载火箭经历了由常温推进剂到低温推进剂、由末级一次起动到多次起动、从串联到并联、从一箭单星到一箭多星、从载物到载人的技术跨越，逐步发展成为由多种型号组成的大家族，具备进入低、中、高等多种轨道的能力，入轨精度达到了国际先进水平。长征系列运载火箭技术的发展推动了中国卫星及其应用以及载人航天技术的发展，有力支持了以"神舟"载人航天工程、"北斗"导航系统、"嫦娥"月球探测工程和"天问"行星探测工程为代表的国家重大工程的成功实施，为我国航天发展提供了强有力的支撑。

长征系列运载火箭

### 思考与练习

1. 常用的 CAD/CAM 软件有哪些？

2. 简述发那科系统和西门子系统程序传输的步骤。

3. 练一练：针对图 6-25 所示 45 钢零件，用 CAD/CAM 编写加工程序并进行加工。

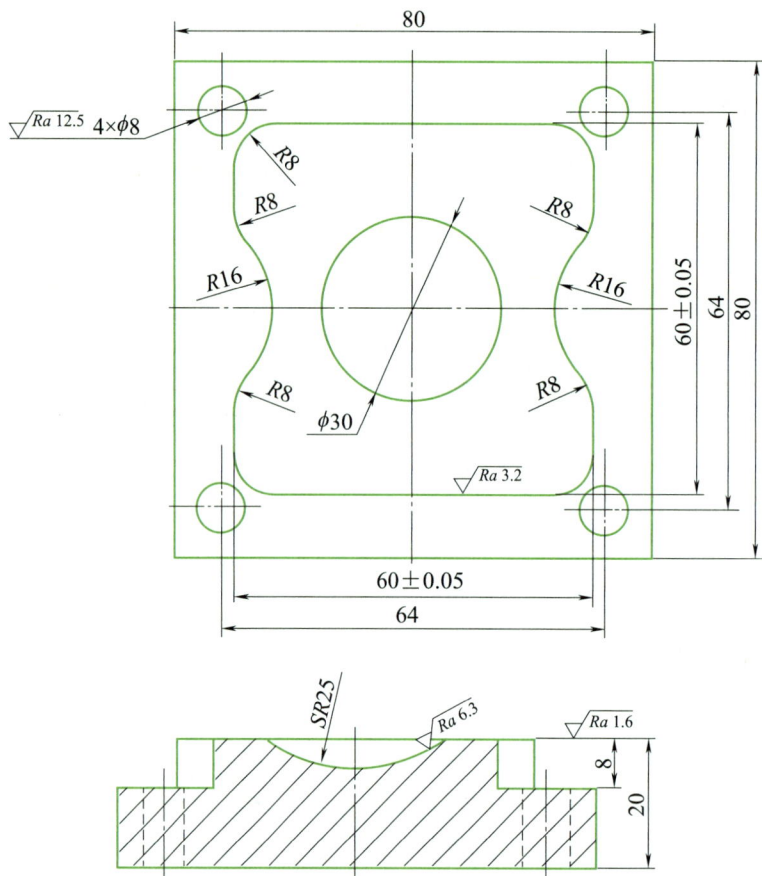

图 6-25  3 题图

## 任务五　槽轮及三角形模板加工

完成图 6-26 所示零件的加工，其三维效果图如图 6-27 所示，材料为 45 钢。评分表见表 6-19。

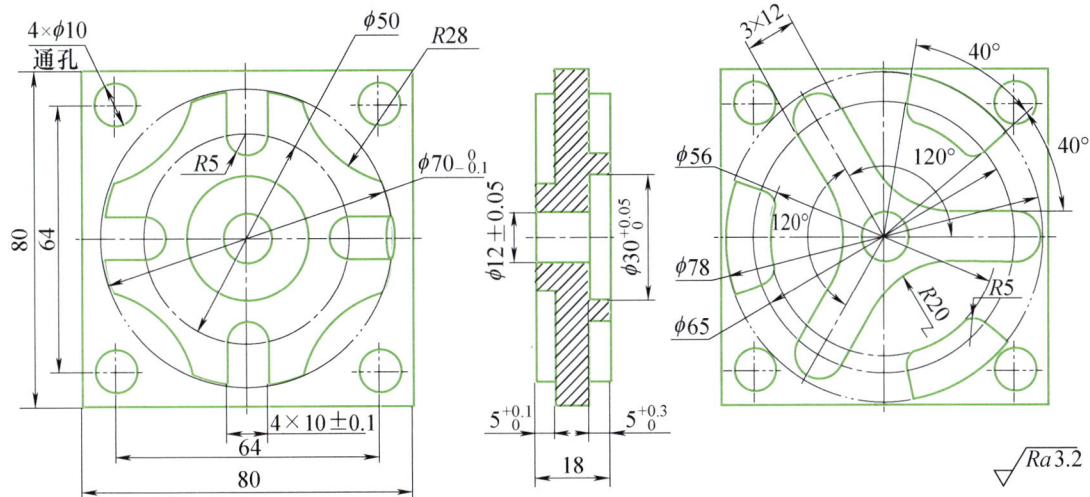

图 6-26　槽轮及三角形模板零件图

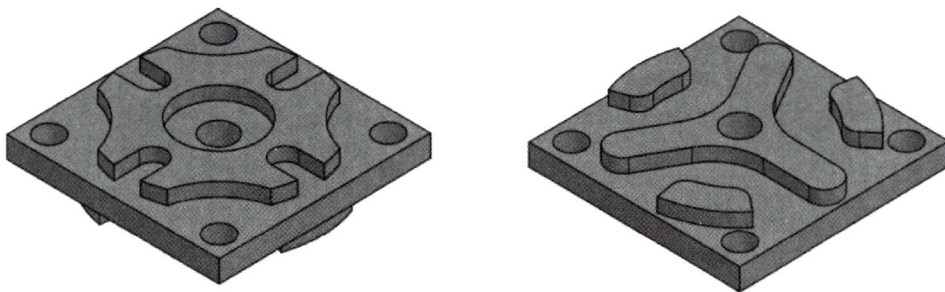

图 6-27　三维效果图

表 6-19　槽轮及三角形模板加工检测评价表

| 序号 | 检测项目 | 检测内容及要求 | 配分 | 评分标准 | 检测结果 | 得分 |
|---|---|---|---|---|---|---|
| 1 | 现场操作 | 工、量、刃具的正确使用 | 2 | 一处不当扣 1 分，扣完为止 | | |
| 2 | | 正确操作设备，加工后清理、保养 | 2 | 一处不当扣 1 分，扣完为止 | | |
| 3 | | 工件表面无磕碰、夹伤、毛刺、尖角 | 4 | 工件表面有磕碰、夹伤、毛刺扣 3 分，尖角扣 1 分 | | |
| 4 | | 安全文明生产 | 2 | 违反安全操作、劳动保护规定全扣 | | |
| 5 | 制订工艺 | 1）选择装夹与定位方式<br>2）选择刀具<br>3）选择加工路径<br>4）选择合理的切削用量<br>5）工序合理 | 5 | 工序划分不合理扣 1~2 分，工艺线路不合理扣 1~2 分，关键工序错误全扣 | | |
| 6 | 程序编制 | 1）编程坐标系选择正确<br>2）指令使用与程序格式正确<br>3）基点坐标正确，简化计算和加工程序 | 5 | 指令不正确扣 3 分，程序不完整扣 2 分，程序格式不正确扣 2 分，不符合工艺要求扣 3 分 | | |

（续）

| 序号 | 检测项目 | 检测内容及要求 | 配分 | 评分标准 | 检测结果 | 得分 |
|---|---|---|---|---|---|---|
| 7 | 正面轮廓 | $R28mm$（4 处） | 4 | 超差不得分 | | |
| 8 | | $R5mm$（4 处） | 4 | 超差不得分 | | |
| 9 | | $\phi70_{-0.1}^{0}mm$ | 6 | 超差 0.1mm 扣 2 分 | | |
| 10 | | $4\times(10\pm0.1)$ mm | 12 | 超差 0.02mm 扣 2 分 | | |
| 11 | | $\phi50mm$ | 2 | 超差不得分 | | |
| 12 | | $\phi30_{0}^{+0.05}mm$ | 8 | 超差 0.01mm 扣 2 分 | | |
| 13 | 背面轮廓 | $3\times12mm$ | 3 | 超差不得分 | | |
| 14 | | $R5mm$（6 处） | 3 | 超差不得分 | | |
| 15 | | $\phi56mm$ | 2 | 超差不得分 | | |
| 16 | | $\phi78mm$ | 2 | 超差不得分 | | |
| 17 | | $\phi65mm$ | 2 | 超差不得分 | | |
| 18 | | $R20mm$（3 处） | 3 | 超差不得分 | | |
| 19 | | 120°（2 处） | 2 | 超差不得分 | | |
| 20 | | 40°（2 处） | 2 | 超差不得分 | | |
| 21 | 孔 | $4\times\phi10mm$ | 4 | 超差不得分 | | |
| 22 | | $\phi(12\pm0.05)$ mm | 4 | 超差 0.02mm 扣 2 分 | | |
| 23 | 深度 | $5_{0}^{+0.3}mm$ | 4 | 超差 0.02mm 扣 2 分 | | |
| 24 | | $5_{0}^{+0.1}mm$ | 6 | 超差 0.02mm 扣 2 分 | | |
| 25 | | 18mm | 2 | 超差不得分 | | |
| 26 | 表面粗糙度 | $Ra3.2\mu m$ | 5 | 降级不得分 | | |
| 综合得分 | | | | | | |

## 任务六　气缸垫圈模板加工

完成图 6-28 所示零件的加工，其三维效果图如图 6-29 所示，材料为 45 钢。评分表见表 6-20。

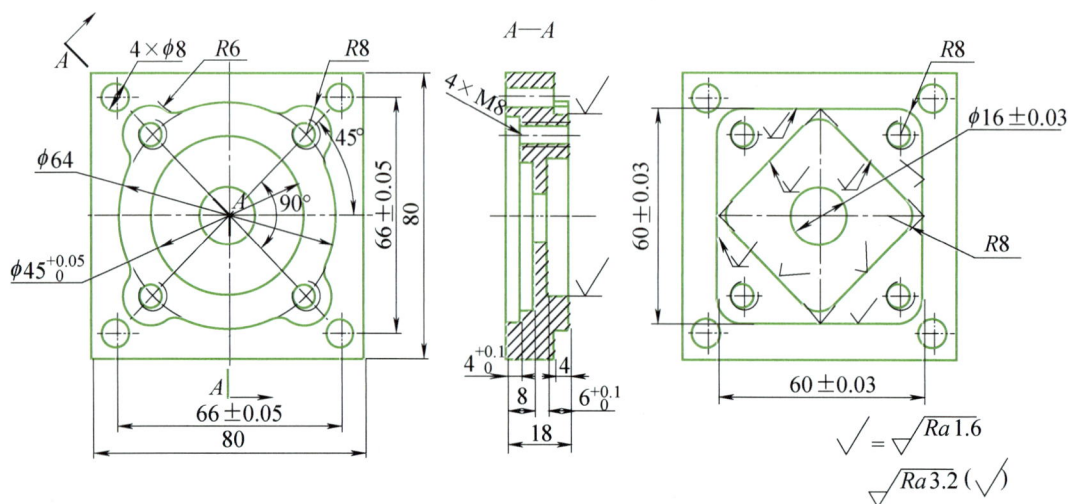

图 6-28　气缸垫圈模板零件图

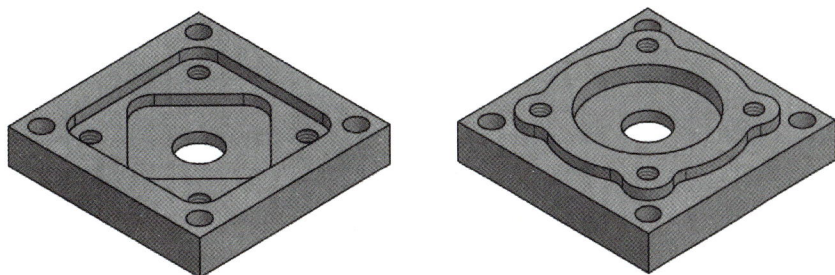

图 6-29 三维效果图

表 6-20 气缸垫圈模板加工检测评价表

| 序号 | 检测项目 | 检测内容及要求 | 配分 | 评分标准 | 检测结果 | 得分 |
|---|---|---|---|---|---|---|
| 1 | 现场操作 | 工、量、刃具的正确使用 | 2 | 一处不当扣1分，扣完为止 | | |
| 2 | | 正确操作设备，加工后清理保养 | 2 | 一处不当扣1分，扣完为止 | | |
| 3 | | 工件表面无磕碰、夹伤、毛刺、尖角 | 4 | 工件表面有磕碰、夹伤、毛刺扣3分，尖角扣1分 | | |
| 4 | | 安全文明生产 | 2 | 违反安全操作、劳动保护规定全扣 | | |
| 5 | 制订工艺 | 1）选择装夹与定位方式<br>2）选择刀具<br>3）选择加工路径<br>4）选择合理的切削用量<br>5）工序合理 | 5 | 工序划分不合理扣1~2分，工艺线路不合理扣1~2分，关键工序错误全扣 | | |
| 6 | 程序编制 | 1）编程坐标系选择正确<br>2）指令使用与程序格式正确<br>3）基点坐标正确，简化计算和加工程序 | 5 | 指令不正确扣3分，程序不完整扣2分，程序格式不正确扣2分，不符合工艺要求扣3分 | | |
| 7 | 轮廓 | $\phi$64mm | 2 | 超差不得分 | | |
| 8 | | $\phi 45^{+0.05}_{0}$mm | 6 | 超差0.01mm扣2分 | | |
| 9 | | $R$8mm（12处） | 6 | 超差不得分 | | |
| 10 | | $R$6mm（8处） | 8 | 超差不得分 | | |
| 11 | | （60±0.03）mm（2处） | 8 | 超差0.02mm扣2分 | | |
| 12 | 孔 | 4×$\phi$8mm | 4 | 超差不得分 | | |
| 13 | | （66±0.05）mm（2处） | 6 | 超差0.02mm扣2分 | | |
| 14 | | 4×M8 | 6 | 超差不得分 | | |
| 15 | | $\phi$（16±0.03）mm | 4 | 超差不得分 | | |
| 16 | | 45° | 2 | 超差不得分 | | |
| 17 | | 90° | 2 | 超差不得分 | | |
| 18 | 深度 | 18mm | 2 | 超差不得分 | | |
| 19 | | 8mm | 2 | 超差不得分 | | |
| 20 | | 4mm | 2 | 超差不得分 | | |
| 21 | | $4^{+0.1}_{0}$mm | 4 | 超差0.05mm扣2分 | | |
| 22 | | $6^{+0.1}_{0}$mm | 4 | 超差0.05mm扣2分 | | |
| 23 | 表面粗糙度 | $Ra$1.6μm（10处） | 8 | 降级不得分 | | |
| 24 | | $Ra$3.2μm | 4 | 降级不得分 | | |
| 综合得分 | | | | | | |

# 任务七　复合模板加工

完成图 6-30 所示零件的加工，其三维效果图如图 6-31 所示，材料为 45 钢。评分表见表 6-21。

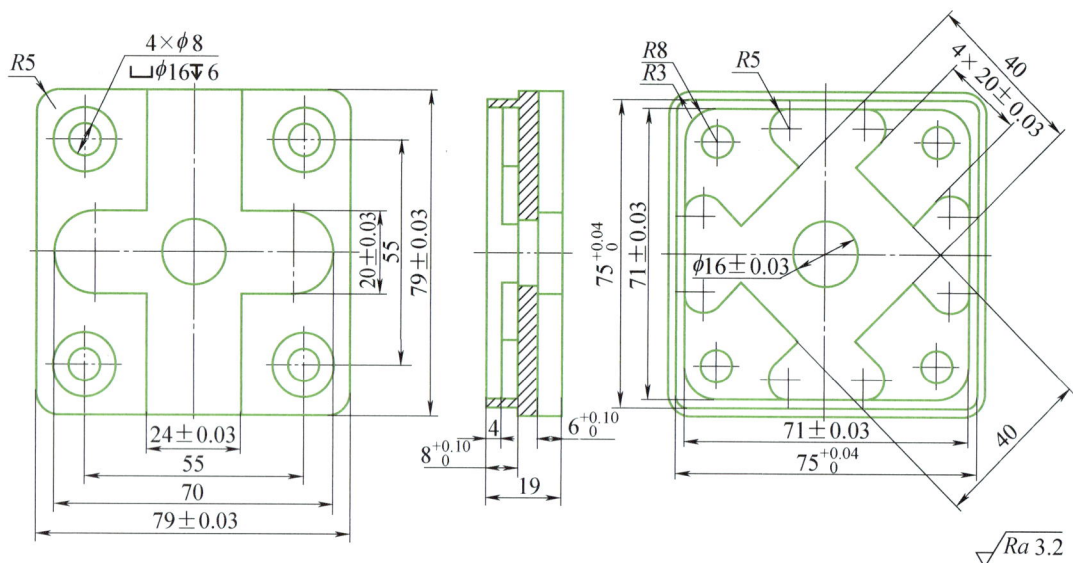

图 6-30　复合模板零件图

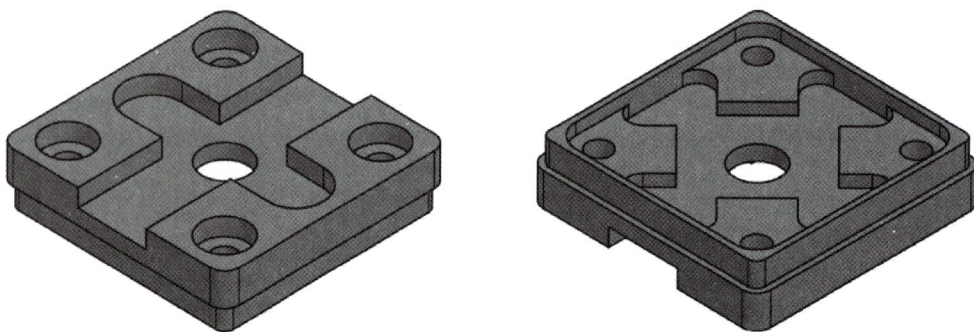

图 6-31　三维效果图

表 6-21　复合模板加工检测评价表

| 序号 | 检测项目 | 检测内容及要求 | 配分 | 评分标准 | 检测结果 | 得分 |
|---|---|---|---|---|---|---|
| 1 | 现场操作 | 工、量、刃具的正确使用 | 2 | 一处不当扣 1 分，扣完为止 | | |
| 2 | | 正确操作设备，加工后清理保养 | 2 | 一处不当扣 1 分，扣完为止 | | |
| 3 | | 工件表面无磕碰、夹伤、毛刺、尖角 | 4 | 工件表面有磕碰、夹伤、毛刺扣 3 分，尖角扣 1 分 | | |
| 4 | | 安全文明生产 | 2 | 违反安全操作、劳动保护规定全扣 | | |

（续）

| 序号 | 检测项目 | 检测内容及要求 | 配分 | 评分标准 | 检测结果 | 得分 |
|---|---|---|---|---|---|---|
| 5 | 制订工艺 | 1）选择装夹与定位方式<br>2）选择刀具<br>3）选择加工路径<br>4）选择合理的切削用量<br>5）工序合理 | 5 | 工序划分不合理扣 1~2 分，工艺线路不合理扣 1~2 分，关键工序错误全扣 | | |
| 6 | 程序编制 | 1）编程坐标系选择正确<br>2）指令使用与程序格式正确<br>3）基点坐标正确，简化计算和加工程序 | 5 | 指令不正确扣 3 分，程序不完整扣 2 分，程序格式不正确扣 2 分，不符合工艺要求扣 3 分 | | |
| 7 | 轮廓 | (79±0.03) mm（2 处） | 4 | 超差 0.01mm 扣 2 分 | | |
| 8 | | (24±0.03) mm | 2 | 超差 0.02mm 扣 2 分 | | |
| 9 | | (20±0.03) mm | 2 | 超差 0.02mm 扣 2 分 | | |
| 10 | | $R5$mm（12 处） | 6 | 超差不得分 | | |
| 11 | | 70mm | 2 | 超差不得分 | | |
| 12 | | $75^{+0.04}_{0}$mm（2 处） | 8 | 超差 0.01mm 扣 2 分 | | |
| 13 | | (71±0.03) mm（2 处） | 4 | 超差 0.02mm 扣 2 分 | | |
| 14 | | 40mm（2 处） | 2 | 超差不得分 | | |
| 15 | | $R3$mm（4 处） | 4 | 超差不得分 | | |
| 16 | | $R8$mm（4 处） | 4 | 超差不得分 | | |
| 17 | | (20±0.03) mm（4 处） | 12 | 超差 0.02mm 扣 2 分 | | |
| 18 | 孔 | 55mm（2 处） | 2 | 超差不得分 | | |
| 19 | | $\phi8$mm（4 处） | 4 | 超差不得分 | | |
| 20 | | $\phi16$mm（4 处） | 4 | 超差不得分 | | |
| 21 | | 6mm（4 处） | 2 | 超差不得分 | | |
| 22 | | $\phi$ (16±0.03) mm | 4 | 超差 0.02mm 扣 2 分 | | |
| 23 | 深度 | $6^{+0.10}_{0}$mm | 4 | 超差 0.1mm 扣 2 分 | | |
| 24 | | $8^{+0.10}_{0}$mm | 4 | 超差 0.1mm 扣 2 分 | | |
| 25 | | 4mm | 1 | 超差不得分 | | |
| 26 | | 19mm | 1 | 超差不得分 | | |
| 27 | 表面粗糙度 | $Ra3.2\mu m$ | 4 | 降级不得分 | | |
| 综合得分 | | | | | | |

# 附录 FANUC 0i 系统与 SINUMERIK 828D系统常用G代码功能

| G 代码 | 组 别 | 发那科系统含义 | 西门子系统含义 |
|---|---|---|---|
| G00 | 1 | 快速点定位（快速移动） | 快速点定位（快速移动） |
| *G01 | 1 | 直线插补 | 直线插补 |
| G02 | 1 | 顺时针圆弧插补/螺旋插补 | 顺时针圆弧插补/螺旋插补 |
| G03 | 1 | 逆时针圆弧插补/螺旋插补 | 逆时针圆弧插补/螺旋插补 |
| G04 | 0 | 暂停 | 暂停 |
| G15 | 12 | 极坐标取消指令 | 未指定 |
| G16 | 12 | 极坐标指令 | 用 RP、AP 表示极坐标参数，用 G110、G111、G112 指令定义极点 |
| *G17 | 2 | XY 平面选择 | XY 平面选择 |
| G18 | 2 | XZ 平面选择 | XZ 平面选择 |
| G19 | 2 | YZ 平面选择 | YZ 平面选择 |
| G20 | 6 | 英寸输入 | 用 G70、G700 表示英寸输入 |
| *G21 | 6 | 毫米输入 | 用 *G71、G710 表示毫米输入 |
| G28 | 0 | 返回参考点 | 用 G74 表示返回参考点 |
| G29 | 0 | 从参考点返回 | 用 G75 表示从参考点返回 |
| G33 | 1 | 螺纹切削 | 螺纹切削 |
| *G40 | 7 | 取消刀具半径补偿 | 取消刀具半径补偿 |
| G41 | 7 | 刀具半径左补偿 | 刀具半径左补偿 |
| G42 | 7 | 刀具半径右补偿 | 刀具半径右补偿 |
| G43 | 8 | 正向刀具长度补偿 | 未指定 |
| G44 | 8 | 负向刀具长度补偿 | 未指定 |

（续）

| G 代码 | 组　别 | 发那科系统含义 | 西门子系统含义 |
|---|---|---|---|
| ＊G49 | 8 | 取消刀具长度补偿 | 未指定 |
| G50.1 | 9 | 取消可编程镜像 | MIRROR；不带数值，清除所有偏移、偏转、镜像 |
| G51.1 | 9 | 可编程镜像有效 | MIRROR X0 Y0 Z0；可编程镜像，清除以前的偏移、偏转、镜像<br>AMIRROR X0 Y0 Z0；附加的可编程镜像 |
| G52 | 10 | 可编程的坐标系偏移 | 西门子 802C/S 系统用 G158，802D、828D、810D、840D 系统用 TRANS 及 ATRANS |
| G53 | 0 | 取消可设定的零点偏置（或选择机床坐标系） | 用 G53、G500 表示取消可设定的零点偏置 |
| G54 | 5 | 第一可设定零点偏置 | 第一可设定零点偏置 |
| G55 | 5 | 第二可设定零点偏置 | 第二可设定零点偏置 |
| G56 | 5 | 第三可设定零点偏置 | 第三可设定零点偏置 |
| G57 | 5 | 第四可设定零点偏置 | 第四可设定零点偏置 |
| G58 | 5 | 第五可设定零点偏置 | 西门子 802S/C 系统未指定，802D、828D、810D、840D 以上系统含义同发那科系统 |
| G59 | 5 | 第六可设定零点偏置 | |
| G64 | 15 | 切削方式 | 连续路径 |
| G65 | 00 | 宏指令调用 | 未指定 |
| G66 | 12 | 宏模态调用 | 未指定 |
| G67 | 12 | 宏模态调用取消 | 未指定 |
| G68 | 10 | 坐标系偏转 | 西门子 802C/S 系统用 G258、G259，用 G158 取消；802D、828D、810D、840D 系统用 ROT 及 AROT |
| ＊G69 | 10 | 取消坐标系偏转 | |
| ＊G80 | 1 | 取消固定循环 | 未指定 |
| G81 | 1 | 钻孔、钻中心孔循环（孔底不停留，快速退出） | 西门子钻孔、钻中心孔循环用 CYCLE81 |
| G73 | 1 | 高速深孔钻循环 | 西门子钻深孔循环用 CYCLE83 |
| G83 | 1 | 深孔钻削循环 | |
| G74 | 1 | 左螺旋切削循环 | 西门子螺纹加工循环用 CYCLE84 或 CYCLE840 |
| G84 | 1 | 右螺旋切削循环 | |
| G76 | 1 | 精镗孔循环 | 未指定 |
| G82 | 1 | 钻孔、镗阶梯孔循环（孔底暂停，快速退出） | 西门子钻孔、钻中心孔循环用 CYCLE82 |
| G85 | 1 | 镗孔循环（孔底无动作，进给退出） | 西门子镗孔循环①CYCLE85 |
| G86 | 1 | 镗孔循环（孔底主轴停，快速退出） | 西门子镗孔循环②CYCLE86 |
| G87 | 1 | 反镗孔循环 | 西门子镗孔循环③CYCLE87 |

（续）

| G 代码 | 组　别 | 发那科系统含义 | 西门子系统含义 |
|---|---|---|---|
| G88 | 1 | 镗孔循环（孔底主轴停，手动退出） | 西门子镗孔循环④CYCLE88 |
| G89 | 1 | 镗孔循环（孔底暂停，进给方式退出） | 西门子镗孔循环⑤CYCLE89 |
| ＊G90 | 3 | 绝对值编程 | 绝对值编程 |
| G91 | 3 | 增量值编程 | 增量值编程 |
| G92 | 0 | 设置工件坐标系 | 未指定 |
| ＊G94 | 4 | 每分钟进给 | 每分钟进给 |
| G95 | 4 | 每转进给 | 每转进给 |
| ＊G98 | 11 | 固定循环返回起始点 | 未指定 |
| G99 | 11 | 返回固定循环 R 点 | 未指定 |

注：1. 指令前标"＊"西门子系统表示程序启动时生效，发那科系统则需通过参数设置才能在程序启动时生效。

2. "0"组指令为非模态指令，即程序段有效指令。

3. 西门子循环还有钻线性排列孔循环 HOLES1、圆弧排列孔循环 HOLES2 和各种凹槽加工循环、轮廓加工循环等，且西门子循环都是非模态指令。

# 参 考 文 献

［1］　顾京. 数控加工编程及操作［M］. 北京：高等教育出版社，2021.

［2］　付化举. 数控铣床 Siemens 系统编程与操作实训［M］. 北京：中国劳动社会保障出版社，2006.

［3］　郑书华，张凤辰. 数控铣削编程与操作训练［M］. 北京：高等教育出版社，2023.

［4］　沈建峰，虞俊. 数控铣工/加工中心操作工：高级［M］. 北京：机械工业出版社，2007.

［5］　顾雪艳. 数控加工编程操作技巧与禁忌［M］. 北京：机械工业出版社，2007.

［6］　朱明松，朱德浩. 数控加工技术［M］. 2 版. 北京：机械工业出版社，2022.